METEOROLOGISCHER UND HYDROLOGISCHER DIENST
DER DEUTSCHEN DEMOKRATISCHEN REPUBLIK

Geomagnetisches Institut und Observatorium Potsdam / Niemegk

Erdmagnetisches Jahrbuch 1952

mit wissenschaftlichen Mitteilungen

1955

AKADEMIE-VERLAG · BERLIN

Erschienen im Akademie-Verlag GmbH., Berlin W 8, Mohrenstraße 39
Lizenz-Nr. 1228
Gedruckt in der Buchdruckerei Paul Dünnhaupt, Köthen (IV/5/1) L 238/54
Bestell- und Verlags-Nr. 2021/6
Preis: 46,— DM
Printed in Germany

Vorbemerkung von G. Fanselau

Ergebnisse der Beobachtungen am Adolf-Schmidt-Observatorium für Erdmagnetismus in Niemegk im Jahre 1952,
bearbeitet von H. Wiese

Erfahrungen über die Verwendung des Sonnenspiegels bei der Bestimmung des Azimutes
von H. Bolz und O. Lucke

Über Mehrfachreflexionen bei geomagnetischen Variometern
von G. Fanselau und O. Mating

Zur Vergrößerung von Lichtzeigerausschlägen mittels reflektierender gekrümmter Flächen
von H. Schmidt

Inhaltsverzeichnis

Vorbemerkung

Mit dem vorliegenden Jahrbuch für 1952 soll erstmalig eine gewisse Änderung des Inhalts vorgenommen werden, und zwar insofern, als in diesem Jahrbuch nicht nur die Ergebnisse der geomagnetischen Beobachtungen am Observatorium in Niemegk für das Jahr 1952 enthalten sein sollen, sondern darüber hinaus noch ein Jahresbericht über die wissenschaftliche Tätigkeit des Geomagnetischen Instituts und Observatoriums Potsdam-Niemegk. Außerdem werden in den Jahrbüchern kleinere Mitteilungen enthalten sein über wissenschaftliche Themen, die sich ihrer Art nach nicht, oder wenigstens vorerst nicht, zur Veröffentlichung in einer Zeitschrift eignen.

Es sei gestattet, hier einen kurzen Überblick zu geben über die Entwicklung des Instituts. Das jetzige „Geomagnetische Institut und Observatorium Potsdam-Niemegk" ist hervorgegangen aus dem früheren „Geophysikalischen Institut Potsdam", das unter der Leitung von Prof. Dr. J. BARTELS von 1937—1945 bestanden hatte. Zu diesem Institut gehörte auch das „Adolf-Schmidt-Observatorium für Erdmagnetismus in Niemegk", das im Jahre 1930, am 70. Geburtstag von Geheimrat Prof. Dr. Dr.-Ing. E. h. ADOLF SCHMIDT, seiner Bestimmung übergeben wurde.

Es gelang nach dem Umbruch, das gesamte Institut bald wieder aktionsfähig zu machen und die eingetretenen Kriegsschäden zu überwinden. Mit Rücksicht auf die Tatsache, daß sich die Aufgaben des Instituts fast ganz auf den Sektor der Geoelektrizität und des Geomagnetismus beschränken, wurde der Name geändert. Dabei ist natürlich die Bezeichnung des Observatoriums in Niemegk völlig unangetastet geblieben. Es trägt heute noch den Namen seines überragenden Schöpfers ADOLF SCHMIDT.

Die wissenschaftlichen Arbeiten innerhalb des Instituts wurden nun so geteilt, daß in Potsdam überwiegend Statistik und Theorie vertreten sind, im Observatorium Niemegk dagegen experimentelle Forschung. Dies schon aus dem Grund, weil ja in Potsdam die vagabundierenden Ströme der elektrischen Berliner Vorortbahn elektrische und magnetische Messungen hoher Genauigkeit unmöglich machen und zudem geeignete Räumlichkeiten für instrumentelle Untersuchungen gegenwärtig nicht zur Verfügung stehen.

Das Institut besteht aus insgesamt sechs Abteilungen; drei davon arbeiten in Potsdam, und zwar 1. Theorie des Erdinnern im Hinblick auf die Erklärung des Erdinnenfeldes unter der Leitung von Herrn Dr. OTTO LUCKE, 2. Statistik und angewandte Geomagnetik unter der Leitung von Herrn Dr. ERWIN THIELE und 3. Geomagnetische Vermessungsarbeiten im Felde unter der Leitung von Herrn HEINZ BOLZ. Im Observatorium Niemegk sind gleichfalls drei Abteilungen vorgesehen. 1. Experimentelle Forschungsarbeiten und Entwicklung von Geräten unter der Leitung von Herrn Dr. HERBERT SCHMIDT, 2. der eigentliche Observatoriumsbetrieb unter der Leitung von Herrn Dr. HORST WIESE und 3. Abteilung für Geoelektrizität unter der Leitung von Herrn Dr. HEINZ JUST. Insgesamt sind gegenwärtig 10 Wissenschaftler am Institut tätig.

In rein äußerlicher Hinsicht konnte sich nur der Niemegker Institutsteil gegenüber dem Stand von 1945 weiterentwickeln. Hier wurde das Gelände wesentlich vergrößert, um ein ungestörtes Nebeneinanderarbeiten der verschiedenen Abteilungen zu gewährleisten. Neu errichtet wurden auf dem Gelände eine Meß- und Justierhütte des VEB Geräte- und Regler-Werke Teltow für die geomagnetischen Feldwaagen, außerdem noch zwei Meßhäuschen für die Konstanthaltungsanlage großräumiger Magnetfelder, die von Herrn Dr. SCHMIDT erstellt wird. Erwähnt sei noch, daß es dem Observatorium gelang, das ehemalige Kabeltrennhaus in Zeuden zu erwerben und für besondere Aufgaben auszubauen. Dieses Haus ist deshalb besonders wertvoll, weil es mit dem Observatorium in Niemegk durch ein 8 km langes mehradriges Kabel verbunden ist und so die einzigartige Möglichkeit bietet, besondere Untersuchungen durchzuführen, so z. B. Messungen des Erdpotentialgradienten auf langen Leitungen und Erstellung einer Anlage zur Messung der örtlichen Gradienten des Geomagnetischen Feldes. Ferner sei noch darauf hingewiesen, daß das Institut zur Durchführung besonderer Arbeiten während des internationalen geophysikalischen Jahres drei Außenstellen errichten will. Es ist beabsichtigt, mit Hilfe dieser drei Außenstellen das geomagnetische und geoelektrische Registriernetz zu verdichten, um auf diese Weise erfolgreiche Studien über die örtliche Variabilität der geomagnetischen und geoelektrischen Variationen machen zu können.

Was die wissenschaftliche Tätigkeit des Instituts anbelangt, so sei hier zunächst auf die Veröffentlichungen hingewiesen. Um eine bessere Übersicht zu erhalten, wurden diejenigen Veröffentlichungen aus dem Institut, die in den verschiedensten Zeitschriften erschienen, mit dem Zusatz „Mitteilung aus dem Geomagnetischen Institut und Observatorium Potsdam-Niemegk Nr. . . ." versehen. Es sei hier eine Zusammenstellung dieser Arbeiten von 1945—1952 gegeben:

Mitteilungen

1. R. Bock: „Über magnetische Orientierung". Z. f. Met., Okt. 1946, Bd. 1, H. 1, S. 21.
2. R. Bock: „Ergänzung hierzu". Z. f. Met., Nov./Dez. 1946, Bd. 1, H. 2/3, S. 96.
3. G. Fanselau: „Über die Bedeutung der aus lokal-begrenztem Beobachtungsmaterial berechneten Parameter des Magnetfeldes der Erde". I. Teil. Z. f. Met., Nov./Dez. 1946, Bd. 1, H. 2/3, S. 55.
4. G. Fanselau: „Die erdmagnetische Aktivität im Jahre 1946 nach den Beobachtungen in Niemegk". Z. f. Met., Dez. 1947, Bd. 1, H. 15, S. 449—456.
5. G. Fanselau: „Über eine neue magnetische Vertikalfadenwaage". Z. f. Met., Juli/Aug. 1948, Bd. 2, H. 7/8, S. 216.
6. H. P. Schmitz: „Zur Theorie der Austauschströme". Z. f. Met., März 1948, Bd. 2, H. 3, S. 71.
7. W. Schumann: „Über die theoret. Erfaßbarkeit der Erdströme". Z. f. Met., Jan./Febr. 1949, Bd. 3, H. 1/2, S. 39—42.
8. H. P. Schmitz: „Zur Interpretation von Erdstrommessungen". Z. f. Met., Juli/Aug. 1948, Bd. 2, H. 7/8, S. 210.
9. W. Schumann: „Forschungen und Erkenntnisse auf dem Gebiete des Gesteinsmagnetismus". Forschungen und Fortschritte, Febr. 1949, Jahrg. 25, H. 3/4, S. 39—41.
10. G. Fanselau: „Die erdmagnetische Aktivität im Jahre 1947 nach den Beobachtungen in Niemegk". Z. f. Met., Jan./Febr. 1949, Bd. 3, H. 1/2, S. 19—25.
11. G. Fanselau: „Über die Störung der Ionosphäre vom 24.—26. Januar 1949". Z. f. Met., April 1949, Bd. 3, H. 4, S. 100—109.
12. G. Fanselau: „Über die sogenannten zweiten erdmagnetischen Kennziffern". Z. f. Met., Aug./Sept. 1949, Bd. 3, H. 8/9, S. 236—240.
13. G. Fanselau und H. Wiese: „Vorläufige Mittelwerte der Deklination 1947 und 1948". Z. f. Met., Nov./Dez. 1949, Bd. 3, H. 11/12, S. 366.
14. W. Schumann: „Über die Einführung und Bedeutung einer Eisen-Charakterzahl für Minerale". Gerl. Beitr. 1950, Bd. 61, H. 2, S. 70—78.
15. R. Bock: „Die normale Verteilung der erdmagnetischen Vertikalintensität in Europa für die Epoche 1944.5". Gerl. Beitr. 1950, Bd. 61, H. 2, S. 104—115.
16. H. Wiese: „Solare Korpuskelstrahlung und Großwetterlagen". Z. f. Met., Juni 1950, Bd. 4, H. 6, S. 179—182.
17. G. Fanselau: „Weitere Versuche mit der magnetischen Fadenwaage". Z. f. Met., Juli/Aug. 1951, Bd. 5, H. 7/8, S. 239—245 (2. Süring-Heft).
18. G. Fanselau: „Gedanken über die technische Durchführung des geomagnetischen Registrierbetriebes". Z. f. Met., Dez. 1951, Bd. 5, H. 12, S. 364—373.
19. H. Wiese: „Die erdmagnetischen Bays und ihre Beziehungen zu den Strömungsverhältnissen der Ionosphäre". Z. f. Met., Nov. 1951, Bd. 5, H. 11, S. 341—347.
20. (Erscheint im Jahrbuch 1953).
21. (Erscheint im Jahrbuch 1953).
22. H. Wiese: „Zur Frage der extraterrestrischen Wetterbeeinflussung". Die Sterne, 1951, Jahrg. 28, H. 9/10.
23. H. Wiese: „Anomalien des täglichen Ganges im Erdmagnetismus und ihr Zusammenhang mit den Windströmungen der tiefen Ionosphäre". Z. f. Met., Dez. 1951, Bd. 5, H. 12, S. 373—377.

Neben diesen Veröffentlichungen laufen noch die Instituts-Abhandlungen, d. h. also die Fortsetzung der seinerzeit von Prof. Dr. Bartels begonnenen Reihe der Abhandlungen des Geophysikalischen Instituts Potsdam und der Erdmagnetischen Jahrbücher. Auch diese Veröffentlichungen seien hier zusammengestellt, und zwar die Abhandlungen vollständig, die Erdmagnetischen Jahrbücher soweit sie nach 1945 erschienen sind.

Abhandlungen

Nr.		
1	R. Bock:	Das Adolf-Schmidt-Observatorium Niemegk (Kreis Zauch-Belzig).
2	J. Bartels und G. Fanselau:	Geophysikalische Mond-Tafeln 1850—1975.
3	H. R. Scultetus:	Die Sonnentätigkeit im Jahre 1938 geophysikalisch gesehen.
4	W. Dieminger und H. Plendl:	Fortlaufende Senkrechtlotungen der Ionosphäre auf 3670 kHz (81,7 m) im Jahre 1938.
5	P. Mauersberger:	Betrachtungen über die zeitliche Änderung der Parameter des geomagnetischen Feldes auf Grund der vorliegenden Potentialentwicklungen.
5	K. Sellien:	Das Normalfeld der Schwere für Deutschland.
5	E. Thiele:	Das Rössigersche Normalfeld der Vertikalintensität und seine zeitliche Änderung.
5	M. Richard:	Über die Anordnung geomagnetischer Variometer auf engstem Raum.
6	R. Bock, F. Burmeister und F. Errulat:	Magnetische Reichsvermessung 1935.0, Teil I (Tabellen).
7	G. Fanselau:	Ergebnisse der erdmagnetischen Beobachtungen Prof. Filchners auf seiner zweiten Tibetreise 1935—1937, I. Teil.
8	R. Bock, ergänzt und weitergeführt v. W. Schumann:	Katalog der Jahresmittel der magnetischen Elemente der Observatorien und der Stationen, an denen eine Zeitlang erdmagnetische Beobachtungen stattfanden. Bd. I.
9	R. Bock, ergänzt und weitergeführt v. W. Schumann:	dto. Bd. II.
10	R. Bock, ergänzt und weitergeführt v. W. Schumann:	dto. Bd. III.
11	R. Bock, ergänzt und weitergeführt v. W. Schumann:	dto. Bd. IV.

Nr. 12 nicht veröffentlicht	
„ 13 M. Richard und H. Wiese:	Die Neubestimmung der absoluten erdmagnetischen Feldgrößen am Adolf-Schmidt-Observatorium für Erdmagnetismus in Niemegk.
„ 14 W. Schumann:	Erdmagnetische Anomalien in Europa und ihre Beziehungen zu den geologischen Verhältnissen. (Eine Studie über den Gesteinsmagnetismus.)
„ 15 Heinz Just:	Die zweiten erdmagnetischen Kennziffern nach Fanselau.

Erdmagnetische Jahrbücher

R. Bock:	Ergebnisse der Beobachtungen am Adolf-Schmidt-Observatorium für Erdmagnetismus in Niemegk in den Jahren 1932 und 1933.
G. Fanselau:	Ergebnisse der Beobachtungen am Adolf-Schmidt-Observatorium für Erdmagnetismus in Niemegk in den Jahren 1939—1944, I. Teil.
G. Fanselau:	dto., II. Teil.
G. Fanselau:	dto., III. Teil.
G. Fanselau und H. Wiese:	Ergebnisse der Beobachtungen am Adolf-Schmidt-Observatorium für Erdmagnetismus in Niemegk im Jahre 1951.

Die Lücke von 1945—1950 wird demnächst durch das Sammeljahrbuch 1946—1950 geschlossen werden. Von April 1945 bis 1. Februar 1946 war der Registrierbetrieb im Observatorium Niemegk nicht durchführbar. Es sei jedoch schon darauf hingewiesen, daß die Jahre vor 1950 infolge äußerer Schwierigkeiten bei weitem nicht die Genauigkeit aufweisen wie die früheren und folgenden Jahre, denn einmal mußte zunächst behelfsmäßig gearbeitet werden, bis es allmählich gelang, die entstandenen Schäden zu beseitigen, und zum andern mußte mit neuem, fachfremdem Personal begonnen werden, das naturgemäß einige Zeit zur Einarbeitung benötigte. Wegen der geringen Sicherheit des zu verarbeitenden Materials wird das Jahrbuch in stark gekürzter Form im wesentlichen nur die Aktivitätszahlen sowie die Stunden-, Tages-, Monats- und Jahresmittel bringen.

Das wissenschaftliche Leben findet weiterhin seinen Ausdruck in den

Kolloquien,

die im Rahmen des Instituts durchgeführt wurden.

Im Jahre 1952 waren es die folgenden:

Referent:	Thema:
Richard, Observatorium Niemegk	Die Technik der geomagnetischen Variationsaufzeichnungen.
Prof. Dr. Pavel, Geodät. Inst. Potsdam	Quarzuhren.
Schmidt, Observatorium Niemegk	Geomagnetische Sondenmeßgeräte.
Taubenheim, Inst. f. Geophysik d. Humb.-Univ. Bln., Bln.-Friedrichshagen	Theorie der Gezeiten der festen Erde.
Dr. Günzel-Lingner, Astrophys. Obs. Potsdam	Chromosphärische Eruptionen und ihre terrestrischen Einflüsse.
Mauersberger, Inst. f. Geophysik d. Humb.-Univ. Bln., Bln.-Friedrichshagen	Über die Zufallswahrscheinlichkeit des 3-achsigen Erdellipsoids.
Dr. Wiese Observatorium Niemegk	Zur Frage der extraterrestrischen Wetterbeeinflussung.
Dr. Jung, Heinr.-Hertz-Inst. f. Schwing.-Forsch., Bln.-Adlershof	Die physikalischen Probleme des Geoskops.
Prof. Dr. Buchheim, Inst. f. theoret. Phys. u. Geophys. d. Bergak. Freiberg und Dr. Jung, Heinr.-Hertz-Inst. f. Schwing.-Forsch., Bln.-Adlershof	Zur Unterscheidung von Elektrolyt- und Metalleitern im Boden beim elektrischen Prospektieren.
Dr. Loesche, Phys. Inst. Leipzig	Über die Entwicklung der neueren physikalischen Statistik.
Prof. Dr. Fanselau, Observatorium Niemegk	Th. Neugebauer: Über einen Zusammenhang zwischen Gravitation und Magnetismus, Acta Physica, Budapest 1951.
Dr. Lucke, Geomagnet. Inst. Potsdam	Magnetische Effekte in der turbulenten Strömung eines ionisierten Gases. [Bericht über die Arbeiten G. K. Batchelor: On the spont. magn. field in a conducting liquid in turbulent motion. Proc. Roy. Soc. 1950. I. K. Csada: The effect of turbulence on a magn. field. Act. phys. Ac. sci. Hung. (1951)].

JUST, Observatorium Niemegk	Charakteristische Störungen des geomagnetischen Variationsfeldes.
Dr. HINZPETER, MHD, Hauptobservat. Potsdam	Der gegenwärtige Stand der Solarkonstanten-Bestimmung.
Dr. v. KILINSKI, MHD, Hauptobservat. Potsdam	Einiges über den luftelektrischen Vertikalstrom und seine Erfassung mit einem neuen Gerät.
Dr. MIE, Astrophys. Obs. Potsdam	Radiowellen von der Sonne.
ISERT, Inst. f. theoret. Phys. der Pädagog. Hochschule Potsdam	Laplace-Transformationen und ihre Anwendung zur Lösung von Differentialgleichungen.
Dr. LUCKE, Geomagnet. Inst. Potsdam	Theoretische Grundlagen des absoluten galvanischen Theodoliten von JOHNSON.
Dr. GÜNZEL-LINGNER, Astrophys. Obs. Potsdam	Über solare Aktivitätszentren.
SCHMIDT, Observatorium Niemegk	Elektronen-Rechenmaschinen.

Ergebnisse der Beobachtungen am Adolf-Schmidt-Observatorium für Erdmagnetismus in Niemegk im Jahre 1952

bearbeitet von H. Wiese

I. Einleitung

Als zweites Jahrbuch nach dem Kriege erscheint das Jahrbuch 1952. Das Instrumentarium des Observatoriums wurde in diesem Jahre weiterhin vervollkommnet durch Bau eines Schwingungskastens und eines QHMs.

Anfang 1952 wurde die Neubestimmung des absoluten Niveaus der Horizontalintensität abgeschlossen und die neuen Standardmagnete für die laufenden Messungen eingesetzt. Die Absolutbestimmung, die an anderer Stelle beschrieben ist[1]), besitzt eine Unsicherheit von nicht mehr als $1\overset{\gamma}{.}3$, wenn man alle maximalen Fehler der Vielzahl von Messungen und Konstantenbestimmungen nach dem Gaussschen Fehlergesetz addiert. Die Magnete haben sich als äußerst stabil erwiesen, so daß bis jetzt eine Änderung des Moments innerhalb der Meßgenauigkeit nicht zu erkennen ist.

Durch öftere Parallelmessungen auf dem Theodolit Wanschaff nach der Lamontschen Methode und auf Theodolit Schmidt nach der Ad. Schmidtschen Methode werden Parameter der Magnete und Ablenkungsentfernungen laufend überprüft, so daß langsame Änderungen der Fundamentalkonstanten der Niveaubestimmung nicht unbemerkt bleiben werden.

Die relativen Horizontalintensitätsmessungen der Jahre 1946 bis 1951 mit Hilfsmagnet M 4[2]) wurden durch viele Vergleichsmessungen im Jahre 1952 auf das neue Niveau bezogen. Außerdem wurden mit einem QHM laufend Vergleichsmessungen durchgeführt, besonders zu der Zeit, als die Schiene des Theodolit Wanschaff zur Messung der Entfernungsanschläge beim Deutschen Amt für Maß und Gewicht war.

Das Jahrbuch 1952 schließt sich in seiner Form nahezu vollkommen an das Jahrbuch 1951 an. Wie im Vorjahre wurde die Auswahl der Tage zur Berechnung des täglichen Ganges an den ruhigen und gestörten Tagen nach neuen Gesichtspunkten vorgenommen. Mit Hilfe der Kennziffern konnte eine Auswahl ganz ruhiger und gleichmäßig gestörter Tage erreicht werden. Dieses Verfahren ist zweifellos zweckmäßiger als die stereotype Berechnung des Ganges an den fünf ruhigen und den fünf gestörten Tagen eines jeden Monats, da nach diesem Verfahren häufig Tage recht verschiedenen Störungsgrades zusammengefaßt werden (vgl. hierzu Bartels[3]) und Wiese[4])). Im Einzeljahr sind zwar manchmal in einigen Gruppen recht wenig oder gar keine Tage vorhanden, die den Auswahlbedingungen genügen, aber im Mittel vieler Jahre wird sich bei dieser Berechnungsmethode ein einwandfreies Bild der täglichen Variationen ergeben, wie sich aus der Bearbeitung der Jahre 1908 bis 1944 gezeigt hat[4]). Außerdem wurden nach der seit Jahrzehnten üblichen Art die täglichen Gänge an allen Tagen berechnet.

Zur Erforschung der kurzzeitigen Änderungen des erdmagnetischen Feldes laufen seit Ende 1952 Registrierungen der zeitlichen Gradienten der X-, Y-, Z-Komponente. Es wurden große Luftspulen verwendet, um phasen- und amplitudentreue Registrierungen zu erhalten. Die Registrierung geschieht mit empfindlichen Galvanometern. Im nächsten Jahrbuch wird darüber ausführlich berichtet werden.

---

[1]) M. Richard und H. Wiese, Die Neubestimmung der absoluten erdmagnetischen Feldgrößen am Adolf-Schmidt-Observatorium für Erdmagnetismus in Niemegk. 1954. Abhandlungen Nr. 13 des Geophysikalischen Instituts Potsdam.

[2]) Vgl. W. Brückmann, Ergebnisse der magnetischen Beobachtungen in Potsdam 1892—1900, Ergänzungsband.

[3]) J. Bartels, Zeitschrift für Meteorologie, 1951, S. 236.

[4]) H. Wiese, Gerlands Beiträge zur Geophysik, Jahrgang 63, Heft 4, 1954, S. 282—301, 302—317.

Die absoluten Messungen führten Dr. H. Just, H. Kraatz, M. Richard, Dr. H. Wiese und W. Zander durch. Die Berechnungen erfolgten durch L. Feist und W. Zander. Den Tabellenteil des Jahrbuches erstellten Ch. Feist, L. Feist, B. Neubert und L. Neubert. Die Aktivitätszahlen und Kennziffern schätzten Prof. Dr. Fanselau, R. Kiltz und Dr. H. Wiese. Die Zeichnungen fertigte G. Otto an.

II. Arbeiten an den Variometern

Das Südsystem (X, Y, Z)

Von diesem Registriersystem wurden während des ganzen Jahres die Stundenmittel der horizontalen Komponenten abgeleitet. Die Stundenmittel der Vertikalkomponente wurden vorläufig von der Z-Waage des Ostsystems berechnet, da erst festgestellt werden mußte, ob die im November 1951 aufgestellte Z-Waage mit Bandaufhängung einwandfrei registrierte. Erst ab 1953 werden von dieser Registrierung die Stundenmittel abgeleitet.

Alle drei Variometer registrierten das ganze Jahr über einwandfrei. Die bereits im Jahrbuch 1951 angegebenen Konstanten der Spulen für die Skalenwertsbestimmung sind folgende:

X/Y-Spule . . . . 5.011 γ/mA
Z-Spule . . . . . 15.99 γ/mA.

Wie im Vorjahre wurde für die Strommessung bei der Skalenwertsbestimmung ein geeichtes Präzisions-Milliamperemeter der Genauigkeitsklasse 0.2 verwendet. Die im Laufe des Jahres durchgeführten Skalenwertsbestimmungen sind in Tab. 1 angegeben.

Die Reduktion der Variationen geschah mit dem gleichen Temperaturkoeffizienten wie im Vorjahr. Diese sind, bezogen auf das Bourdonrohr des X-Variometers:

$$a_X = -0.0061, \quad a_Y = 0.0530, \quad a_Z = -0.384.$$

Der Skalenwert des Bourdonrohres im X-Variometer betrug 0.107° C/mm. Damit errechnete sich die Temperaturabhängigkeit in γ/Grad für X zu -0.1, für Y zu 1.0, für Z zu -19.6.

Tabelle 1
Skalenwerte Südsystem

1952	e_x beob.	e_x ausgegl.	e_y beob.	e_y ausgegl.	e_z beob.	e_z ausgegl.	1952	e_x beob.	e_x ausgegl.	e_y beob.	e_y ausgegl.	e_z beob.	e_z ausgegl.
	γ	γ	γ	γ	γ	γ		γ	γ	γ	γ	γ	γ
Jan. 2	2.01	2.01	2.00	2.00	5.46	5.46	Juli 12	2.02	2.00	2.02	2.02	5.46	5.46
9	2.02	2.01	2.01	2.00	5.45	5.46	19	2.02	2.00	2.03	2.02	5.48	5.46
18	2.00	2.01	2.03	2.00	5.44	5.46	26	2.01	2.00	2.03	2.02	5.45	5.46
26	1.99	2.01	2.01	2.01	5.45	5.46	Aug 2	2.01	2.01	2.03	2.02	5.44	5.46
Febr. 2	2.00	2.00	2.01	2.01	5.47	5.46	9	1.99	2.01	2.01	2.02	5.48	5.46
15	2.00	2.00	2.03	2.01	5.49	5.46	16	2.01	2.01	2.02	2.02	5.45	5.46
23	2.01	2.00	2.03	2.01	5.49	5.46	30	2.03	2.01	2.00	2.02	5.46	5.46
März 1	2.02	2.00	2.02	2.02	5.48	5.47	Sept 6	2.00	2.01	2.02	2.02	5.47	5.46
12	2.01	2.00	2.02	2.02	5.44	5.47	13	1.99	2.01	2.04	2.02	5.44	5.46
15	2.00	2.00	2.02	2.02	5.47	5.47	20	2.01	2.01	2.03	2.02	5.45	5.46
22	2.02	2.00	2.04	2.02	5.49	5.47	27	1.99	2.01	2.00	2.02	5.48	5.46
April 9	1.99	2.01	2.01	2.02	5.45	5.47	Okt 4	2.00	2.01	2.01	2.02	5.51	5.46
19	2.01	2.01	2.01	2.02	5.45	5.47	10	2.03	2.01	2.03	2.02	5.47	5.46
25	1.99	2.01	2.03	2.02	5.49	5.47	18	2.03	2.01	2.02	2.02	5.48	5.46
Mai 5	2.00	2.00	2.01	2.02	5.44	5.47	Nov. 1	2.02	2.02	2.03	2.02	5.46	5.46
10	1.99	2.00	2.03	2.02	5.45	5.47	8	2.00	2.02	2.03	2.02	5.49	5.46
16	2.01	2.00	2.04	2.02	5.44	5.47	14	2.02	2.02	2.03	2.02	5.50	5.46
23	2.00	2.00	2.02	2.02	5.46	5.47	22	—	2.02	2.03	2.02	5.48	5.46
31	1.98	2.00	2.01	2.02	5.47	5.47	29	2.02	2.02	2.04	2.02	5.51	5.46
Juni 7	2.01	2.00	2.03	2.02	5.43	5.47	Dez 8	2.03	2.02	2.01	2.03	5.49	5.47
14	2.00	2.00	2.01	2.02	5.46	5.47	15	2.03	2.02	2.04	2.03	5.47	5.47
22	1.97	2.00	2.02	2.02	5.44	5.47	19	2.04	2.02	2.03	2.03	5.44	5.47
28	2.01	2.00	2.01	2.02	5.44	5.47	31	2.02	2.02	2.03	2.03	5.50	5.47

Jahresmittel: 2.01 2.02 5.47

Das Westsystem (D, H, Z)

Da das Bourdonrohr der Z-Waage schadhaft war und zu öfteren Eingriffen in das Variometer Anlaß gab, werden die Basiswerte erst ab Ende März mitgeteilt. Allerdings wurden im Kurzverfahren seit Jahresbeginn die absoluten Messungen auch auf dieses System bezogen und mit Hilfe von zehnstündigen Vergleichen auf das Südsystem umgerechnet. Ab Ende März registrierten alle 3 Variometer einwandfrei. Die Konstante der Spulen zur Skalenwertsbestimmung ist für alle drei Variometer die gleiche: 3.998 γ/mA. Die im Laufe des Jahres durchgeführten Skalenwertsbestimmungen sind in Tab. 2 angegeben.

Die Bestimmung der Temperaturkoeffizienten Anfang März 1952 ergab, bezogen auf das Bourdonrohr der Z-Waage, folgende Temperaturkoeffizienten:

$$\alpha_H = 0.112, \quad \alpha_Z = -0.0535.$$

Beim D-Variometer ließ sich kein Temperatureinfluß feststellen. Der Skalenwert des Bourdonrohres der Z-Waage betrug 0.0304° C/mm. Damit errechnete sich die Temperaturabhängigkeit in γ/Grad für H = 7.7, für Z = — 3.2.

Tabelle 2

Skalenwerte Westsystem

1952	ε_D beob.	ε_D ausgegl.	ε_H beob.	ε_H ausgegl.	ε_Z beob.	ε_Z ausgegl.	1952	ε_D beob.	ε_D ausgegl.	ε_H beob.	ε_H ausgegl.	ε_Z beob.	ε_Z ausgegl.
	′	′	γ	γ	γ	γ		′	′	γ	γ	γ	γ
Jan. 2	0.412	0.411	2.10	2.09	2.68	2.68	Juli 12	0.416	0.411	2.08	2.08	1.82	1.82
9	0.411	0.411	2.09	2.09	2.66	2.68	19	0.413	0.411	2.07	2.08	1.83	1.82
18	0.409	0.411	2.06	2.09	—	— [1]	26	0.412	0.411	2.08	2.08	1.83	1.82
26	0.412	0.411	2.09	2.09	—	—	Aug. 2	0.414	0.411	2.06	2.08	1.83	1.82
Febr. 2	0.407	0.411	2.09	2.09	—	—	9	0.413	0.411	2.11	2.08	1.84	1.82
15	0.413	0.411	2.06	2.09	—	—	16	0.414	0.411	2.11	2.08	1.82	1.82
23	0.411	0.411	2.09	2.09	—	—	30	0.414	0.411	2.10	2.08	1.81	1.82
März 1	0.413	0.411	2.09	2.09	1.77	1.78	Sept. 6	0.410	0.411	2.06	2.08	1.83	1.82
12	0.414	0.411	2.07	2.09	1.77	1.78	13	0.418	0.411	2.09	2.08	1.83	1.82
15	0.416	0.411	2.07	2.09	1.78	1.78	20	0.412	0.411	2.11	2.08	1.83	1.82
22	0.415	0.411	2.09	2.09	1.79	1.78	27	0.418	0.411	2.06	2.08	1.82	1.82
April 9	0.410	0.413	2.09	2.09	1.79	1.79	Okt. 4	0.410	0.411	2.08	2.08	1.81	1.82
19	0.412	0.413	2.08	2.09	1.78	1.79	10	0.412	0.411	2.07	2.08	1.84	1.82
25	0.414	0.413	2.06	2.09	1.78	1.79	18	0.416	0.411	2.08	2.08	1.82	1.82
Mai 5	0.410	0.412	2.07	2.08	1.80	1.79	Nov. 1	0.415	0.412	2.10	2.08	1.82	1.82
10	0.408	0.412	2.06	2.08	1.81	1.79	8	0.410	0.412	2.08	2.08	1.82	1.82
16	0.415	0.412	2.08	2.08	1.79	1.79	14	0.413	0.412	2.11	2.08	1.84	1.82
23	0.416	0.412	2.07	2.08	1.80	1.79	22	0.413	0.412	2.11	2.08	1.83	1.82
31	0.416	0.412	2.10	2.08	1.81	1.79	29	0.414	0.412	2.08	2.08	1.84	1.82
Juni 7	0.413	0.413	2.09	2.08	1.82	1.80	Dez. 8	0.412	0.412	2.09	2.08	1.82	1.83
14	0.409	0.413	2.07	2.08	1.81	1.80	15	0.416	0.412	2.11	2.08	1.82	1.83
22	0.408	0.413	2.08	2.08	1.82	1.80	19	0.410	0.412	2.08	2.08	1.82	1.83
28	0.409	0.413	2.08	2.08	1.80	1.80	31	0.412	0.412	2.08	2.08	1.84	1.83
							Jahresmittel:	0.413		2.08		1.81	

[1] Variometer ausgebaut

Das Ostsystem (D, H, Z)

Auch die Variometer des Ostsystems registrierten bis Ende September ohne Unterbrechung. Die Aufzeichnungen der Z-Waage dienten zur Ableitung der Stundenmittel. Nur das D-Variometer wurde Anfang Juni unempfindlich. Nach einer Reinigung arbeitete es wieder zufriedenstellend.

Die Variometer müssen im Abstand von zwei bis drei Jahren nachjustiert werden, da wegen der Säkularvariation die Stellung der Variometernadeln allmählich von ihrer Sollrichtung abweicht. Daher wurde im Oktober eine Neujustierung der Variometer durchgeführt. Gleichzeitig wurde das H-Variometer umgebaut und mit zwei drehbaren Zusatzmagneten zur Temperaturkompensation und zur Empfindlichkeitseinstellung ausgerüstet. Im D-Variometer wurde der Magnet mit Nordpol nach Norden gehängt, dafür wurde die optische Empfindlichkeit durch Verlängerung des Lichtweges über einen Spiegel vergrößert. Auch das Z-Variometer erhielt Zusatzmagnete zur Temperaturkompensation, außerdem wurde die Spule zur Skalenwertsbestimmung durch eine große Helmholtzspule ersetzt. In das D- und H-Variometer wurden Fäden mit verdickten Enden eingesetzt nach dem Prinzip von VENSKE und LA COUR, die in eigener Werkstatt aus dünnen Quarzstangen gezogen wurden.

Die Justierung erfolgte in der üblichen Weise, kontrolliert wurde sie durch Einstellen der Spulen in den magnetischen Meridian (D-Variometer) bzw. senkrecht dazu (H-Variometer). Selbst bei Strömen von 400 mA zeigten die Registrierungen nur Ausschläge kleiner als 0.5 mm.

Die Spulenkonstanten zur Skalenwertsbestimmung sind folgende:

D-Spule = 4.085 γ/mA, H-Spule = 4.083 γ/mA,
Z-Spule bis 30. 9. 52 = 3.963 γ/mA, Z-Spule ab 10. 10. 52 = 4.067 γ/mA.

Die wöchentlichen Skalenwertsbestimmungen sind in Tab. 3 mitgeteilt.

Zur Reduktion der D-, H-, Z-Variationen wurden bis Ende September die gleichen Temperaturkoeffizienten wie im Vorjahre verwendet:

$$A_D = -0.018, \quad A_H = 0.322, \quad A_Z = 0.460.$$

Der Skalenwert des Bourdonrohres im H-Variometer war 0.0526° C/mm. Daraus errechnete sich die Temperaturabhängigkeit in Bogenminuten bzw. γ/Grad. D = — 0.14, H = 13.2, Z = 22.7.

Nach der Neujustierung im Oktober ergaben sich folgende Temperaturkoeffizienten:

$$A_D = -0.0040, \quad A_H = -0.119, \quad A_Z = 0.168.$$

Der Skalenwert des Bourdonrohres blieb der gleiche wie vorher. Die Temperaturabhängigkeit der Variometer nach der Neuaufstellung in Bogenminuten bzw. γ/Grad ist für D = — 0.03, für H = — 4.5, für Z = 8.9.

Tabelle 3

Skalenwerte Ostsystem

1952	E_D beob.	E_D ausgegl.	E_H beob.	E_H ausgegl.	E_Z beob.	E_Z ausgegl.
	′	′	γ	γ	γ	γ
Jan. 2	0.401	0.401	2.22	2.18	2.63	2.60
9	0.403	0.401	[2] 2.15	2.15	2.62	2.60
18	0.406	0.401	2.13	2.15	2.61	2.60
26	0.402	0.401	2.14	2.15	2.63	2.60
Febr. 2	0.399	0.401	2.14	2.15	2.60	2.61
15	0.402	0.401	2.15	2.15	2.60	2.61
23	0.405	0.401	2.16	2.15	2.64	2.61
März 1	0.404	0.402	2.14	2.15	2.61	2.61
12	0.400	0.402	2.14	2.15	2.67	2.61
15	0.399	0.402	2.14	2.15	2.62	2.61
22	0.398	0.402	—	2.15	2.63	2.61
April 9	0.406	0.402	2.14	2.14	2.61	2.62
19	0.400	0.402	2.13	2.14	2.62	2.62
25	0.407	0.402	2.14	2.14	2.62	2.62
Mai 5	0.401	0.402	2.16	2.14	2.60	2.62
10	0.400	0.402	2.17	2.14	2.61	2.62
16	0.402	0.402	2.15	2.14	2.60	2.62
23	0.401	0.402	2.14	2.14	2.61	2.62
31	0.409	0.402	2.17	2.14	2.60	2.62
Juni 7	0.410	0.402	2.15	2.15	2.56	2.61
14	[1] 0.401	0.402	2.15	2.15	2.60	2.61
22	0.408	0.402	2.15	2.15	2.64	2.61
28	0.408	0.402	2.16	2.15	2.58	2.61

1952	E_D beob.	E_D ausgegl.	E_H beob.	E_H ausgegl.	E_Z beob.	E_Z ausgegl.
	′	′	γ	γ	γ	γ
Juli 12	0.404	0.404	2.15	2.15	2.60	2.61
19	0.404	0.404	2.15	2.15	2.63	2.61
26	0.405	0.404	2.14	2.15	2.55	2.61
Aug. 2	0.402	0.404	2.15	2.15	2.58	2.61
9	0.405	0.404	2.15	2.15	2.56	2.61
16	0.404	0.404	2.15	2.15	2.60	2.61
30	0.404	0.403	2.10	2.15	2.58	2.61
Sept. 6	0.402	0.403	2.15	2.15	2.57	2.60
13	0.406	0.403	2.16	2.15	2.61	2.60
20	0.402	0.403	2.14	2.15	2.62	2.60
27	0.407	0.403	2.16	2.15	2.59	2.60
Okt. 4 [3]	—	—	—	—	—	—
10	0.455	0.455	1.99	1.99	2.68	2.68
18	0.453	0.455	1.99	1.99	2.70	2.69
Nov. 1	0.455	0.455	1.99	1.99	[4] 2.73	2.68
8	0.452	0.455	1.99	1.99	2.76	2.71
14	0.457	0.455	2.02	1.99	2.71	2.74
22	0.460	0.455	2.01	1.99	2.80	2.77
29	0.457	0.455	1.99	1.99	2.80	2.79
Dez. 8	0.452	0.456	2.00	1.99	2.80	2.79
15	0.456	0.456	1.99	1.99	2.80	2.79
19	0.455	0.456	1.99	1.99	2.80	2.79
31	0.451	0.456	2.01	1.99	2.84	2.79

[1]) Variometer unempfindlich. Gereinigt
[2]) Eingriff am 5. Januar
[3]) Neujustierung
[4]) Z nachjustiert

Sturmvariometer (D, H, Z)

Als unempfindliches Registriersystem diente eine Reiseregistrierstation nach G. FANSELAU[1]), die wegen ihrer kleinen Ausmaße zusätzlich im Westraum des Variationshauses untergebracht werden konnte. Die Spulenkonstanten sind folgende:

$$\text{D- und H-Spule} = 13.15\,\gamma/\text{mA}, \qquad \text{Z-Spule} = 11.58\,\gamma/\text{mA}.$$

Als Mittel aus vier Bestimmungen wurden folgende Skalenwerte im Jahre 1952 verwendet:

$$u_D = 4.80', \qquad u_H = 24.0\,\gamma, \qquad u_Z = 13.4\,\gamma.$$

Da während des Jahres keine großen Stürme auftraten, brauchte dieses System nicht zur Ergänzung stark gestörter Stunden herangezogen werden. Die empfindlichen Registriersysteme waren immer auswertbar.

Allgemeines

Wie auch im Jahre 1951 wurden die Variometer zweimal täglich durch Stundenmittel 0—1 und 12 bis 13 Uhr MGZ untereinander verglichen. Dieser Vergleich erfolgte zwischen dem Ost- und Südsystem. Beim Westsystem wurden die horizontalen Komponenten mit denen des Südsystems, die Vertikalkomponente mit der des Ostsystems verglichen. Die Vergleiche wurden bei der Ableitung der Basiswerte des Südsystems (X, Y) bzw. des Ostsystems (Z) aus den absoluten Messungen mit benutzt.

Zum Übergang von den astronomisch zu den magnetisch orientierten Feldkomponenten dienen die Tabellen 4 und 5. Sie sind wie in früheren Jahrbüchern so zu verstehen, das links in der vertikalen Spalte die gesuchte Variation steht, während in der horizontalen Zeile die Elemente genannt sind, mit deren Hilfe die Berechnung vorgenommen werden soll.

Angaben über die Genauigkeit der Variometeraufzeichnungen sind im Jahrbuch 1951 zu finden.

Tabelle 4
Umrechnungsfaktoren für die Elemente in der Horizontalebene

	ΔX	ΔY	ΔH	ΔD′
	—	—	0.999	0.247
ΔX	—	-21.687	—	116.359
	—	0.0461	1.001	—
	—	—	-0.0461	5.353
ΔY	-0.0461	—	—	5.365
	21.687	—	-21.712	—
	—	-21.712	—	116.225
ΔH	1.001	—	—	-0.247
	0.999	-0.0461	—	—
	—	0.187	0.0086	—
ΔD′	4.051	—	-4.047	—
	0.0086	0.186	—	—

$\Delta D^{(\gamma)} = 5.357\, \Delta D^{(')}$

Tabelle 5
Umrechnungsfaktoren für die Elemente in der Ebene des magnetischen Meridians

	ΔH	ΔZ	ΔF	ΔJ′
	—	—	0.387	12.756
ΔH	—	0.420	—	-15.007
	—	-2.38	2.58	—
	—	—	0.922	5.36
ΔZ	2.38	—	—	35.719
	-0.420	—	1.085	—
	—	1.085	—	-5.813
ΔF	2.58	—	—	32.931
	0.387	0.922	—	—
	—	0.187	-0.172	—
ΔJ′	-0.0784	—	0.0304	—
	-0.0666	0.0280	—	—

$\Delta J^{(\gamma)} = 13.83\, \Delta J^{(')}$

[1]) G. FANSELAU, Zeitschrift für Meteorologie, 1951, S. 364.

III. Absolute Messungen

Deklination

Die absoluten Messungen der Deklination wurden mit den Magneten M_8 und M_9 am Theodolit WANSCHAFF und am Theodolit SCHMIDT ausgeführt. Mit Theodolit SCHMIDT wurde besonders von Februar bis April gemessen, da der Theodolit WANSCHAFF während dieser Zeit zum Zwecke der Ausmessung der Entfernungsanschläge auseinandergenommen war. An die Messungen des Theodoliten SCHMIDT wurde eine Korrektion von 0'.48 angebracht, um die Werte auf die des Theodoliten WANSCHAFF zu beziehen. Nach einer Neujustierung des Theodoliten SCHMIDT im Jahre 1953 verschwand die Differenz zwischen beiden Theodoliten.

Theodolit WANSCHAFF steht auf Pfeiler 8, Theodolit SCHMIDT auf Pfeiler 9 des Hauses für absolute Messungen. Kirchturm und Wasserturm des Ortes Niemegk dienen als Miren, als Azimute werden nach Neueinmessung des Katasteramtes Potsdam folgende Werte benutzt:

Pfeiler 8	Kirchturm Niemegk	65° 00'.11	Differenz 26° 10'.56
	Wasserturm Niemegk	91° 10'.67	
Pfeiler 9	Kirchturm Niemegk	64° 54'.34	Differenz 26° 10'.51
	Wasserturm Niemegk	91° 04'.85	

Die mit Theodolit WANSCHAFF und SCHMIDT gemessenen Winkeldifferenzen der Fernmiren stimmen im Jahresmittel gut mit den oben angegebenen Werten überein (Tab. 6).

Tabelle 6

Richtung nach den Fernmiren vom Theodolit WANSCHAFF

1952 Tag		Wasser-turm	Kirch-turm	Δ	1952 Tag		Wasser-turm	Kirch-turm	Δ
Januar	3	200° 38'.54	174° 27'.87	26° 10'.67	Juli	10	200° 32'.00	174° 21'.46	26° 10'.54
	10	38.66	28.10	10.56		17	32.00	21.54	10.46
	17	38.63	28.02	10.61		24	32.02	21.50	10.52
	24	38.69	28.08	10.61	August	1	32.02	21.49	10.53
	31	38.71	28.21	10.50		7	32.02	21.47	10.55
Februar	14	38.61	28.01	10.60		14	31.94	21.45	10.49
	21	38.67	28.11	10.56		21	32.02	21.47	10.55
	26	38.68	28.07	10.61		28	32.00	21.46	10.54
	27	38.64	28.00 [1]	10.64	Sept.	4	31.96	21.40	10.56
April	2	31.95	21.44	10.51		11	31.97	21.48	10.49
	10	32.04	21.56	10.48		19	31.97	21.46 [2]	10.51
	17	31.99	21.47	10.52		25	31.72	21.17	10.55
	24	32.04	21.46	10.58		30	31.57	21.06	10.51
Mai	2	32.02	21.50	10.52	Oktober	23	31.60	21.02	10.58
	9	31.99	21.49	10.50		30	31.79	21.22	10.57
	15	32.02	21.50	10.52	Nov.	6	31.66	21.06	10.60
	23	32.04	21.45	10.59		13	31.66	21.12	10.54
	29	32.06	21.58	10.48		20	31.64	21.07	10.57
Juni	4	32.05	21.46	10.59		28	31.61	21.05	10.56
	13	32.02	21.56	10.46	Dez.	5	31.66	21.04	10.62
	19	32.03	21.48	10.55		11	31.56	20.90	10.66
	26	32.02	21.51	10.51		18	31.58	20.97	10.61
Juli	3	32.01	21.54	10.47		23	31.52	20.96	10.56

Δ-Mittel: 26° 10'.55

Theodolit SCHMIDT

1952 Tag		Wasser-turm	Kirch-turm	Δ	1952 Tag		Wasser-turm	Kirch-turm	Δ
Februar	26	325° 30'.53	299° 19'.93	26° 10'.60	März	20	325° 30'.52	299° 20'.08	26° 10'.44
	27	30.56	19.99	10.57		27	30.56	20.06	10.50
März	6	30.42	19.84	10.58	April	2	30.58	20.04	10.54
	13	30.49	19.92	10.57	Mai	10	30.53	20.06	10.47

Δ-Mittel: 26° 10'.53

[1]) Theodolit neu aufgestellt.

[2]) Teilkreis verstellt.

Tabelle 7. Absolute Messungen der Deklination. Ostsystem

Hilfsbasen: bis 4. Okt. D = 40, ab 18. Okt. D = 120

1952 Tag		Welt-zeit	Instru-ment	Starker Magnet M 8	Schwacher Magnet M 9	Torsions-korrektion	Magne-tischer Meridian	Astrono-mischer Meridian	D	D korri-giert[1])	Abweichung vom Basiswert	Beobachter
		h										
Jan.	3	8.2	W	286° 44′.98	286° 46′.99	-2′.26	286° 42′.72	289° 27′.87	-2° 45′.15	-2° 45′.00	-0′.08	Zd.[2])
	10	10.0	,,	44.83	46.77	-2.18	42.65	27.99	45.34	45.10	-0.01	,,
	17	8.4	,,	42.42	42.24	0.20	42.62	27.96	45.34	45.14	-0.01	,,
	24	10.6	,,	42.53	42.27	0.29	42.82	28.02	45.20	45.16	-0.06	,,
	31	8.2	,,	42.43	42.26	0.19	42.62	28.04	45.42	45.21	-0.11	,,
Febr.	14	8.2	,,	42.42	42.36	0.07	42.49	27.94	45.45	45.49	-0.04	,,
	21	8.2	,,	41.93	41.94	-0.01	41.92	28.00	46.08	45.80	0.13	,,
	25	13.0	,,	42.22	42.30	-0.09	42.13	28.02	45.89	45.83	0.10	,,
	26	16.5	,,	42.30	42.39	-0.10	42.20	28.01	45.81	45.69	-0.05	,,
	26	14.6	Schm.	231 39.30	231 39.39	-0.09	231 39.21	234 25.68	46.47	45.88	0.14	,,
	27	10.0	W	286 42.22	286 42.26	-0.04	286 42.18	289 27.97	45.79	45.64	-0.11	,,
	27	16.8	Schm.	231 39.28	231 39.29	-0.01	231 39.27	234 25.71	46.44	45.79	0.04	,,
März	6	9.1	,,	39.47	39.59	-0.13	39.34	25.57	46.23	45.73	-0.12	,,
	13	8.2	,,	39.26	39.19	0.08	39.34	25.64	46.30	45.47	-0.46	,,
	20	8.2	,,	39.16	39.23	-0.08	39.08	25.67	46.59	46.01	-0.02	,,
	27	8.2	,,	39.02	39.09	-0.08	38.94	25.71	46.77	46.14	0.00	,,
April	2	10.2	,,	39.14	39.20	-0.07	39.07	25.73	46.66	45.97	-0.25	,,
	2	15.1	W	106 35.12	106 35.26	-0.16	106 34.96	109 21.28	46.32	46.11	-0.11	,,
	10	8.2	,,	35.08	35.46	-0.43	34.65	21.37	46.72	46.54	0.30	,,
	17	8.3	,,	35.20	35.64	-0.49	34.71	21.32	46.61	46.36	0.10	,,
	24	8.0	,,	35.30	35.74	-0.49	34.81	21.37	46.56	46.47	0.20	,,
Mai	2	8.2	,,	35.50	36.04	-0.61	34.89	21.35	46.46	46.28	-0.02	,,
	9	8.2	,,	34.94	35.08	-0.16	34.78	21.32	46.54	46.37	0.04	,,
	10	8.3	Schm.	231 38.85	231 38.89	-0.04	231 38.81	234 25.68	46.87	46.24	0.09	,,
	15	8.0	W	106 35.20	106 35.53	-0.37	106 34.83	109 21.35	46.52	46.40	0.05	,,
	23	8.2	,,	35.23	35.48	-0.28	34.95	21.37	46.42	46.26	-0.12	,,
	29	8.1	,,	35.18	35.51	-0.37	34.81	21.39	46.58	46.37	-0.04	,,
Juni	4	10.2	,,	35.12	35.46	-0.38	34.74	21.38	46.64	46.54	0.11	,,
	13	8.4	,,	35.24	35.70	-0.52	34.72	21.35	46.63	46.51	0.03	,,
	19	8.3	,,	35.14	35.68	-0.60	34.54	21.36	46.82	46.58	0.08	,,
	26	10.3	,,	35.30	36.02	-0.81	34.49	21.35	46.86	46.67	0.18	,,
Juli	3	9.4	,,	35.50	36.20	-0.78	34.72	21.34	46.62	46.39	-0.06	,,
	10	9.2	,,	35.88	36.78	-1.01	34.87	21.33	46.46	46.27	-0.09	,,
	17	8.4	,,	36.13	36.95	-0.92	35.21	21.33	46.12	46.03	-0.22	,,
	24	8.2	,,	35.96	37.02	-1.19	34.77	21.35	46.58	46.44	0.29	,,
Aug.	1	8.2	,,	36.32	37.48	-1.30	35.02	21.35	46.33	46.09	0.04	,,
	7	8.3	,,	36.60	37.84	-1.39	35.21	21.35	46.14	45.98	-0.04	,,
	14	8.3	,,	36.60	37.96	-1.52	35.08	21.27	46.19	45.95	-0.06	,,
	21	8.8	,,	36.63	37.99	-1.51	35.12	21.35	46.23	45.98	-0.03	Kr.[2])
	28	8.6	,,	36.80	38.16	-1.52	35.28	21.33	46.05	45.97	-0.04	,,
Sept.	4	8.2	,,	36.69	38.26	-1.76	34.93	21.29	46.36	46.24	0.23	Zd.
	12	15.4	,,	36.60	38.15	-1.74	34.86	21.30	46.44	46.31	0.32	,,
	19	8.4	,,	36.95	38.45	-1.68	35.27	21.30	46.03	45.98	0.00	,,
	25	8.2	,,	36.64	38.14	-1.68	34.96	21.05	46.09	46.04	0.07	,,
	30	8.2	,,	36.66	38.25	-1.78	34.88	20.90	46.02	46.05	0.11	,,
Okt.	23	8.4	,,	46.58	49.96	-3.79	42.79	20.93	38.14	38.01	-0.02 [3])	,,
	30	8.2	,,	46.67	50.14	-3.89	42.78	21.12	38.34	38.27	0.20	,,
Nov.	6	8.4	,,	46.86	50.32	-3.88	42.98	20.99	38.01	37.97	-0.04	,,
	13	8.0	,,	42.85	42.58	0.30	43.15	20.99	37.84	37.83	-0.08	,,
	20	9.6	,,	42.82	42.54	0.31	43.13	20.97	37.84	37.80	-0.01	,,
	28	8.4	,,	43.05	42.88	0.19	43.24	20.94	37.70	37.65	-0.05	,,
Dez.	5	8.4	,,	43.17	43.05	0.13	43.30	20.99	37.69	37.66	0.02	,,
	11	8.3	,,	42.94	42.77	0.19	43.13	20.89	37.76	37.72	0.13	,,
	18	12.6	,,	43.52	43.60	-0.09	43.43	20.91	37.48	37.46	-0.09	,,
	23	8.3	,,	43.55	43.71	-0.18	43.37	20.85	37.48	37.45	-0.08	,,

[1]) Endgültiger Deklinationswert nach Anbringung einer Temperaturkorrektion und einer Korrektion für den Normallauf des Registriersystems. An Messungen vom Theodolit SCHMIDT ist eine Korrektion von + 0′.48 angebracht (s. Text).

[2]) Beobachter: ZANDER, KRAATZ. [3]) Neujustierung.

Zur Bestimmung des Torsionseinflusses des Fadens wurde mit Magnet M 8 und M 9 eine Torsionsbestimmung durchgeführt:

August 25. M 8: 0.01296
M 9: 0.02448 q: 1.12

Damit ist das Torsionsverhältnis gegenüber dem Vorjahr unverändert geblieben.

Der Abstand der Okularfäden im Fernrohr des Theodoliten WANSCHAFF ergab sich im Jahresdurchschnitt von 48 Messungen insgesamt also aus 384 Werten bei M 8 zu 13'.46, bei M 9 zu 13'.61. Er ist unverändert gegenüber dem Vorjahre

Die Einstellung des Okularfadens auf ± 30 Pars der Okularskala im Theodolit SCHMIDT ergab im Mittel von 8 Messungen also aus 64 Werten bei M 8 = 30'.32, bei M 9 = 30'.73.

Der doppelte Kollimationswinkel war im Mittel aller Messungen, also aus je 192 (Beobachtung des Südspiegels am Theodolit WANSCHAFF) bzw. aus je 32 Werten (Beobachtung des Südspiegels am Theodolit SCHMIDT) bei M 8 = 12'.58 bzw. 12'.77 bei M 9 = 23'.84 bzw. 24'.07.

Die innere Genauigkeit wurde wie in früheren Jahren getrennt errechnet als halbe Differenz zweier vollständiger Sätze und ergab sich im Mittel aller Messsungen auf Theodolit WANSCHAFF für M 8 zu $0'.02_7$, für M 9 zu $0'.03_7$, auf Theodolit SCHMIDT für M 8 zu $0'.04_2$, für M 9 zu $0'.05_9$.

Die ausführlichen Ergebnisse der Messungen, bezogen auf das Ostsystem, bringt Tab. 7, bezogen auf das Westsystem abgekürzt Tab. 8. Die Reduktion der Messungen geschah in ausführlicher Form auf das Ostsystem, in Form einer Kurzreduktion auf das Westsystem. Diesen Messungen liegen auch die entsprechenden Basiswerte (Tab. 21, 22) zugrunde.

Tabelle 8

Absolute Messungen der Deklination. Westsystem

Hilfsbasis D = 40

1952 Tag	Instrument	D	Abweichung vom Basiswert	1952 Tag	Instrument	D	Abweichung vom Basiswert
März 31	W	-2° 44'.60	-0'.17	August 14	W	-2° 44'.84	-0'.04
April 2	,,	44.40	-0.38	21	,,	44.84	0.01
10	,,	44.71	-0.11	28	,,	44.79	0.01
17	,,	44.91	0.06	September 4	,,	44.73	0.01
24	,,	44.75	-0.13	11	,,	44.57	-0.08
Mai 2	,,	44.84	-0.07	19	,,	44.73	0.16
9	,,	44.64	-0.28	25	,,	44.68	0.17
15	,,	44.91	-0.03	30	,,	44.35	-0.11
23	,,	44.97	0.02	Oktober 9	,,	44.56 [1]	0.23
29	,,	44.79	-0.16	16	,,	43.48 [2]	-0.30
Juni 4	,,	44.59	-0.36	23	,,	43.96	-0.26
13	,,	44.97	0.01	30	,,	44.44	0.21
19	,,	45.22	0.24	November 6	,,	44.38	0.17
26	,,	45.17	0.17	13	,,	44.21	0.01
Juli 3	,,	45.10	0.02	20	,,	43.73	-0.41
10	,,	45.10	0.00	28	,,	43.97	-0.09
17	,,	44.70	-0.36	Dezember 5	,,	44.08	0.07
24	,,	44.96	-0.05	11	,,	43.97	0.00
August 1	,,	44.99	0.03	18	,,	43.61	0.35
7	,,	44.79	-0.13	23	,,	43.79	-0.17

[1] [2] Sprung 0'48 durch Ein- bzw. Ausbau von Variometern im Ostraum

Horizontalintensität

Wie bereits erwähnt, wurden ab Januar 1952 die neuen Standardmagnete zu den absoluten Messungen eingesetzt. Über die Konstantenbestimmung ist an anderer Stelle berichtet worden[1]. Bis April wurde außerdem noch laufend mit dem früher benutzten Hilfsmagneten M 4 gemessen, um einen sicheren Anschluß der Jahre 1946 bis 1951 an die neue Absolutbestimmung zu erreichen. Daneben wurde zur Kontrolle der

[1] M. RICHARD, H. WIESE, l. c.

Basisgänge, besonders als Theodolit WANSCHAFF zur Ausmessung der Ablenkungsentfernungen auseinandergenommen war, das vom Geophysikalischen Observatorium Collm der Universität Leipzig freundlicherweise geliehene QHM 54 eingesetzt.

Da die neuen Standardmagnete Vollzylinder ohne Suspensionsstifte sind, wurde ein neuer Schwingungskasten in eigener Werkstatt mit besonderem Gehänge gebaut.

Aus der bereits erwähnten absoluten Niveaubestimmung der erdmagnetischen Feldgrößen seien hier nur die wichtigsten Angaben wiederholt:

Entfernung der Anschläge Theodolit WANSCHAFF
kleine Entfernung 525.414 mm
große Entfernung 866.594 mm.
Entfernung der Drehlager Theodolit SCHMIDT 601.615 mm.

Alle Entfernungsangaben gelten für 15° C.

Parswert der Okularskala des neuen Schwingungskastens

$$1 \text{ Pars} = 0\overset{\circ}{.}042123.$$

Parswert der Okularskala des Schwingungskastens SCHMIDT

$$1 \text{ Pars} = 0\overset{\circ}{.}04308.$$

Standardmagnete

	M I (Eichzeichen 69 DAMG 51)		M II (Eichzeichen 70 DAMG 51)	
Länge	74.9069 mm	bei 20° C	74.9248 mm	bei 20° C
∅ Mittel	10.8100 mm		10.8628 mm	
Masse	55.94474 g		56.50101 g	
Trägheitsmoment (Vakuum)	265.648 cm² g	bei 15° C	268.457 cm² g	bei 15° C

Trägheitsmoment der Aufhängung (Vakuum) im neuen Schwingungskasten 3,598 cm² g
Einfluß der mitschwingenden Luft für Magnet und Aufhängung 0.104 cm² g

Wirksame Trägheitsmomente bei Schwingungen mit Magnet I bzw. II im neuen Schwingungskasten

M I 269.350 ± 0.027 cm² g
M II 272.159 ± 0.027 cm² g
für 15° C

im alten Schwingungskasten M II 276.07 cm² g.

Temperaturkoeffizient der Magnete M I $= -2.46_2 \times 10^{-4}$
M II $= -2.59_3 \times 10^{-4}$

Induktionskoeffizient M I $= 0.395 \times 10^{-2}$
M II $= 0.418 \times 10^{-2}$.

Die Bestimmung der Ablenkungsfunktion aus großer und kleiner Entfernung wurde auf Theodolit WANSCHAFF durchgeführt. In Tab. 9 sind die Ergebnisse niedergelegt. Zwei eindeutig herausfallende Werte wurden in Klammern gesetzt und zur Mittelbildung nicht benutzt.

Für die Bestimmung der Ablenkungsfunktion werden bei der Lamontschen Methode gewisse Prämissen gemacht, so muß das Verhältnis der Längen von Magnet und Nadel gleich dem Verhältnis der Polabstände gleich 0.467 sein, damit das q-Glied in der Gleichung

$$k = 1 + \frac{p}{e^2} + \frac{q}{e^4} \quad \text{verschwindet.}$$

Dabei ist

$$p = 2\,L^2 - 3\,l^2$$

$$q = 3\,X\,L^4 - 15\,L^2\,l^2 + \frac{45}{8}\,\chi\,l^4.$$

L, l sind die halben Polabstände von Stab und Nadel;

X, χ die Verteilungskoeffizienten von Stab und Nadel, die bei der Lamontschen Methode gleich 1 gesetzt werden.

Im vorliegenden Falle ist aber X gleich 1.09 und das Verhältnis der Polabstände ist 0.420 bzw. 0.416, obgleich das Verhältnis der Längen zu 0.467 gewählt wurde. Diese Werte ergaben sich bei der ausführlichen Bestimmung der Parameter der Magnete nach der Schmidtschen Methode.

Tabelle 9

Ablenkungsfunktion

		Magnet I Bo	Magnet I Bu			Magnet II Bo	Magnet II Bu
April	1	1.01746	1.01760	März	31	1.01809	1.01779
	8	(1697)	1779	April	4	1828	1785
	15	1755	1741		10	1846	1815
	25	1738	1744		16	1825	1826
Mai	15	1738	1762		26	1808	1788
Juni	3	1732	1756	Mai	2	1775	1775
	13	1748	1767		9	1818	1818
	19	1775	1756		23	1805	1816
Juli	10	1742	1744		29	1807	(1771)
	24	1772	1785	Juni	26	1779	1847
	31	1775	1802	Juli	3	1840	1817
August	8	1790	1798		17	1828	1817
	28	1715	1786	August	7	1819	1816
Sept.	12	1751	1758		21	1808	1800
	25	1738	1758	Sept.	4	1835	1796
					19	1820	1823
					30	1839	1805
				Oktober	23	1791	1809
Mittel:		1.01758_1	1.01766_4	Mittel:		1.01815_6	1.01807_8
Gesamtmittel:		$1.01758_8 \pm 3.9 \cdot 10^{-5}$		Gesamtmittel:		$1.01811_7 \pm 3.5 \cdot 10^{-5}$	
$\varepsilon^2\, qe^{-4}$		-0.000064		$\varepsilon^2\, qe^{-4}$		-0.00006_9	
		$1.01752_4 \pm 3.9 \cdot 10^{-5}$				**$1.01804_8 \pm 3.5 \cdot 10^{-5}$**	

Die Ablenkungsfunktionen in Tab. 9 müssen daher um den Faktor $\varepsilon^2\, q \cdot e^{-4}$ korrigiert werden, da das q-Glied verschieden von null ist. ε ist eine Verhältniszahl, die durch Berechnung der Ablenkungsfunktion nach einem von SCHMIDT[1]) angegebenen Verfahren auftritt. Man sieht also, daß man für eine exakte Bestimmung der Parameter eines Magneten bzw. der Ablenkungsfunktionen immer auf die voraussetzungsfreie SCHMIDTsche Methode zurückgreifen muß. Bei dieser Methode ergaben sich nach Umrechnung auf die Entfernung des Theodoliten WANSCHAFF folgende Werte der Ablenkungsfunktion:

M I $k = 1.01751_5$ M II $k = 1.01796_1$

gegenüber den Werten der Tab. 9

M I $k = 1.01752_4$ M II $k = 1.01804_8$

benutzt wurden:

M I $k = 1.01752$ M II $k = 1.01805$.

Für Magnet M II war die Messung nach der Schmidtschen Methode nur abgekürzt durchgeführt worden, daher wurde auf den zweiten Wert mehr Gewicht gelegt. Der Unterschied von 9 Einheiten in der fünften Dezimale ist aber trotzdem recht klein und beträgt $0.8\,\gamma$ im Endergebnis der Horizontalintensitätsmessungen.

Unterschiede zwischen den mit Magnet I und II gewonnenen Basiswerten der Horizontalintensität sind nicht zu bemerken, wie sich aus den nachfolgenden Tab. 10, 11 und 12 ergibt.

Mit Magnet II wurde bis zur Fertigstellung des neuen Schwingungskastens am Schwingungskasten SCHMIDT gemessen. In der Zeit vom 31. März bis 26. April wurden zum Vergleich Schwingungen in beiden Schwingungskästen durchgeführt. Beide Ergebnisse sind in Tab. 10 aufgeführt.

---

[1]) AD. SCHMIDT, Ergebnisse der magnetischen Beobachtungen in Potsdam und Seddin im Jahre 1911, S. 12.

Tabelle 10

Absolute Messungen der Horizontalintensität mit Magnet II. Ostsystem

Hilfsbasen bis 4. Oktober: D = 40, H = 80, T = 100
ab 18. Oktober: D = 120, H = 20, T = 60

1951/1952 Tag	Welt-zeit	Lage	Reduzierter Ablenkungs-winkel	Reduzierte Schwin-gungsdauer	Moment	Mittel	Horizontal-intensität[1])	Mittel	Abweichung vom Basiswert	Beob.
			Schwingungskasten Schmidt							
1951	h			s	Γ cm³	Γ cm³	Γ γ	Γ γ		
Dezember 1	8.7	Bo	25° 5'.68	3.78894	1034.02	1033.84	0.18351.9	0.18349.0	—	Kr.
		u	5.65	9018	1033.67		346.0			
5	14.9	Bo	25 5.08	3.78978	1033.60	1033.55	0.18351.3	0.18351.2	—	,,
		u	4.95	8999	50		351.0			
14	13.2	Bo	25 5.03	3.78952	1033.65	1033.64	0.18352.9	0.18352.2	—	,,
		u	5.11	8971	63		351.4			
1952										
Januar 4	15.4	Bo	25 4.70	3.78914	1033.65	1033.56	0.18356.6	0.18354.7	-1.6	,,
		u	4.73	8988	46		352.8	2)		
18	12.1	Bo	25 1.83	3.78656	1033.43	1033.46	0.18385.7	0.18386.6	-2.0	,,
		u	1.80	8625	50		387.4			
25	14.0	Bo	25 1.70	3.78659	1033.38	1033.52	0.18386.3	0.18388.8	-0.4	,,
		u	1.69	8556	66		391.4			
Februar 1	15.4	Bo	25 1.47	3.78578	1033.53	1033.46	0.18391.6	0.18390.4	0.4	,,
		u	1.49	8627	40		389.1			
8	12.4	Bo	25 1.45	3.78642	1033.35	1033.42	0.18388.6	0.18389.4	-0.8	,,
		u	1.55	8598	50		390.1			
15	14.0	Bo	25 1.44	3.78510	1033.71	1033.62	0.18395.1	0.18393.8	3.4	,,
		u	1.39	8566	53		392.6			
22	12.3	Bo	25 1.55	3.78592	1033.52	1033.54	0.18390.5	0.18391.4	0.8	,,
		u	1.45	8568	55		392.2			
27	14.2	Bo	25 1.51	3.78560	1033.59	1033.58	0.18392.2	0.18391.8	1.0	,,
		u	0.56	8574	57		391.3			
März 31	15.5	Bo	25 0.92	3.78531	1033.48	1033.44	0.18397.1	0.18396.5	3.4	,,
		u	0.89	8559	39		395.9			
April 4	14.8	Bo	25 1.17	3.78526	1033.57	1033.42	0.18395.9	0.18394.0	0.8	,,
		u	1.05	8620	27		392.0			
10	13.8	Bo	25 1.42	3.78548	1033.59	1033.50	0.18393.4	0.18392.0	-0.6	,,
		u	1.39	8608	42		390.6			
26	10.6	Bo	25 1.64	3.78667	1033.34	1033.32	0.18386.3	0.18386.8	-2.0	,,
		u	1.51	8661	31		387.3			
			Neuer Schwingungskasten							
März 31	14.8	Bo	25° 0'.92	3.75872	1033.39	1033.39	0.18395.4	0.18395.6	2.5	,,
		u	0.89	5870	39		395.7			
April 4	15.2	Bo	25 1.17	3.75872	1033.47	1033.42	0.18394.0	0.18393.7	0.5	,,
		u	1.05	5899	36		393.4			
10	14.6	Bo	25 1.42	3.75904	1033.47	1033.53	0.18391.0	0.18392.4	-0.2	,,
		u	1.39	5854	59		393.7			
16	14.0	Bo	25 1.41	3.75964	1033.30	1033.41	0.18388.2	0.18390.2	-1.0	,,
		u	1.39	5882	52		392.3			
26	10.3	Bo	25 1.64	3.75880	1033.60	1033.46	0.18390.9	0.18389.1	0.3	,,
		u	1.51	5969	32		387.3			
Mai 2	11.8	Bo	25 1.57	3.75925	1033.46	1033.50	0.18389.1	0.18390.0	2.2	,,
		u	1.57	5889	55		390.9			
9	17.2	Bo	25 1.73	3.75964	1033.40	1033.45	0.18386.3	0.18387.3	0.3	,,
		u	1.71	5926	50		388.3			
23	13.8	Bo	25 1.97	3.76068	1033 19	1033.40	0.18379.8	0.18383.6	2.8	,,
		u	1.99	5914	62		387.3			
29	14.0	Bo	25 1.99	3.75899	1033.66	1033.62	0.18388.0	0.18387.5	1.4	,,
		u	1.99	5932	57		387.0			

1) Korrektion von 2.8 γ bzw. 2.0 γ ab 23. 10. angebracht zur Reduktion auf den Normallauf des Registriersystems.

2) Sprung um 30.3 γ.

Tabelle 10 (Fortsetzung)

1951/1952 Tag	Weltzeit	Lage	Reduzierter Ablenkungswinkel	Reduzierte Schwingungsdauer	Moment	Mittel	Horizontalintensität[1]	Mittel	Abweichung vom Basiswert	Beob.
	h			s	Γ cm³	Γ cm³	Γ γ	Γ γ	γ	
Juni 26	14.1	Bo	25′ 2.′26	3.75978	1033.53	1033.48	0.18382.5	0.18380.8	-2.6	Kr.
		u	2.41	6031	44		379.1			
Juli 3	13.6	Bo	25 2.77	3.75920	1033.86	1033.68	0.18382.5	0.18380.3	-0.7	,,
		u	2.61	6029	51		378.1			
17	13.8	Bo	25 2.99	3.76025	1033.64	1033.60	0.18376.1	0.18375.9	-0.6	,,
		u	2.91	6042	57		375.7			
August 7	14.8	Bo	25 3.33	3.76075	1033.60	1033.53	0.18371.5	0.18371.6	-1.3	,,
		u	3.11	6098	46		371.6			
21	12.3	Bo	25 3.56	3.76125	1033.55	1033.54	0.18368.0	0.18368.6	-1.3	,,
		u	3.43	6116	53		369.2			
Sept. 4	10.2	Bo	25 3.54	3.76130	1033.53	1033.52	0.18367.8	0.18367.6	-1.2	,,
		u	3.55	6137	51		367.4			
19	10.3	Bo	25 3.41	3.76136	1033.47	1033.48	0.18368.3	0.18368.0	-1.2	,,
		u	3.49	6136	50		367.8			
30	11.5	Bo	25 3.44	3.76063	1033.68	1033.63	0.18371.7	0.18371.2	0.7	,,
		u	3.36	6090	58		370.8			
Oktober 23	13.0	Bo	25 0.91	3.75757	1033.65	1033.65	0.18400.9	[2] 0.18401.0	4.0	,,
		u	0.90	5776	65		401.0			
30	10.4	Bo	25 0.30	3.75753	1033.52	1033.50	0.18405.6	0.18405.4	0.8	,,
		u	0.28	5763	49		405.2			
Nov. 6	11.5	Bo	25 0.24	3.75729	1033.57	1033.64	0.18407.1	0.18408.2	0.9	,,
		u	0.27	5684	70		409.2			
13	10.6	Bo	25 0.07	3.75730	1033.51	1033.54	0.18408.1	0.18408.7	0.6	,,
		u	0.07	5696	58		409.3			
20	11.8	Bo	25 0.24	3.75706	1033.63	1033.57	0.18408.3	0.18407.4	-1.0	,,
		u	0.21	5746	51		406.5			
28	11.4	Bo	25 0.16	3.75713	1033.59	1033.58	0.18408.4	0.18407.6	-0.8	,,
		u	0.28	5732	57		406.8			
Dez. 5	10.5	Bo	25 0.28	3.75669	1033.74	1033.74	0.18409.8	0.18409.8	1.7	,,
		u	0.20	—	—		—			
11	10.5	Bo	25 0.20	3.75684	1033.68	1033.64	0.18409.6	0.18409.0	1.2	,,
		u	0.19	5709	60		408.4			
18	8.8	Bo	25 0.02	3.75690	1033.60	1033.60	0.18410.3	0.18409.8	2.3	,,
		u	0.10	5705	59		409.2			
23	10.3	Bo	25 0.20	—	—	1033.53	—	0.18409.0	1.8	,,
		u	0.20	5737	1033.53		0.18409.0			

Gesamtmittel: 1033.53

[1]) Siehe Fußnote 1, Seite 21. [2]) Neujustierung.

Die Ergebnisse der Relativmessungen mit Hilfsmagnet M 4 und QHM 54, bezogen auf das Ostsystem und das absolute Niveau der beiden Standardmagnete, sind in Tab. 13 aufgeführt. Diese Messungen gewährleisten den Anschluß der Werte von 1946—51 an den neuen Standard.

Im März wurden außerdem während der Zeit der Ausmessung der Ablenkungsentfernung auf Theodolit WANSCHAFF Schwingungen mit M 4 und M II im Schwingungskasten SCHMIDT durchgeführt.

Die Messungen mit M I, M II und M 4 wurden in ausführlicher Reduktion auf das Ostsystem, in Kurzreduktion auf das Westsystem bezogen. Aus bereits geschilderten Gründen wurden die Messungen, bezogen auf das Westsystem, erst ab April 1952 veröffentlicht.

Die innere Genauigkeit der Messungen mit M I und M II kann wie in früheren Jahren beurteilt werden durch die halbe Differenz der Ergebnisse in den beiden Lagen B_o und B_u. Es ergaben sich folgende durchschnittliche Werte für die Differenzen:

	ΔM (Γ cm³)	ΔH (γ)	ΔT (10^{-5} sec)	$\Delta\varphi^{(')}$
M I	0.05	0.9	16	0.05
M II	0.06	1.0	20	0.03

Die senkrechte Stellung der Ablenkungsschiene zum Fernrohr wurde bei jeder Messung bestimmt, im Jahresmittel ergab sich der gleiche Wert wie im Vorjahr, nämlich 89° 59!9.

Der Torsionseinfluß des Fadens im Schwingungskasten Schmidt ergab sich für M 4 zu 0.007766, für M II zu 0.005545. Bei den Torsionsbestimmungen im neuen Schwingungskasten wurden folgende Werte gemessen:

Magnet I		Magnet II	
März 26	0.005370	März 28	0.005843
Mai 27	0.005404	März 28	0.005850
Juni 12	0.005407	Juni 17	0.005864
August 25	0.005426	August 25	0.005893

Die Änderung des Torsionseinflusses ist auf die Alterung des Fadens zurückzuführen, bis Ende 1953 hat sich dann der Torsionseinfluß um weniger als ein pro mille geändert.

Tabelle 11

Absolute Messungen der Horizontalintensität mit Magnet I. Ostsystem

Hilfsbasen: D = 40, H = 80, T = 100

1952 Tag		Weltzeit	Lage	Reduzierter Ablenkungswinkel	Reduzierte Schwingungsdauer	Moment	Mittel	Horizontalintensität[1]	Mittel	Abweichung vom Basiswert	Beob.
		h			s	Γ cm³	Γ cm³	Γ γ	Γ γ	γ	
April	1	14.6	Bo	27° 20!54	3.58764	1122.75	1122.78	0.18392.8	0.18393.6	0.4	Kr.
			u	20.44	8740	80		394.5			
	8	14.6	Bo	27 20.43	3.58704	1122.91	1122.91	0.18396.5	0.18394.4	1.5	,,
			u	20.84	8744	91		392.2			
	15	14.5	Bo	27 20.65	—	—	1122.72	—	0.18392.2	0.7	,,
			u	20.55	3.58788	1122.72		0.18392.2			
	25	13.8	Bo	27 21.01	3.58770	1122.88	1122.82	0.18390.1	0.18389.2	0.2	,,
			u	21.01	8807	77		388.2			
Mai	15	13.8	Bo	27 21.24	3.58767	1122.96	1122.90	0.18389.0	0.18388.0	1.3	,,
			u	21.22	8809	83		387.0			
Juni	3	12.8	Bo	27 21.50	3.58791	1122.97	1123.00	0.18386.4	0.18386.8	0.9	,,
			u	21.52	8776	03		387.1			
	13	14.1	Bo	27 21.68	3.58809	1122.97	1123.03	0.18384.6	0.18385.4	0.0	,,
			u	21.72	8776	09		386.1			
	19	13.4	Bo	27 21.72	3.58893	1122.72	1122.75	0.18380.1	0.18380.2	-4.7	,,
			u	21.78	8880	78		380.4			
Juli	10	13.6	Bo	27 22.30	3.58844	1123.06	1122.87	0.18379.6	0.18377.6	-0.7	,,
			u	22.08	8944	68		375.5			
	24	13.2	Bo	27 22.54	3.58914	1122.92	1122.97	0.18374.8	0.18376.1	0.7	,,
			u	22.46	8872	02		877.4			
	31	13.2	Bo	27 22.67	3.58892	1123.03	1123.02	0.18375.3	0.18375.2	0.5	Ju.[2]
			u	22.74	8907	00		375.1			
Aug.	14	14.6	Bo	27 23.12	3.58974	1122.91	1122.86	0.18368.7	0.18368.5	-2.3	Kr.
			u	23.00	8994	81		368.3			
	28	13.2	Bo	27 22.28	3.58947	1122.92	1122.95	0.18371.3	0.18370.4	1.2	,,
			u	23.14	8954	98		369.6			
Sept.	12	9.7	Bo	27 22.67	3.58931	1122.90	1122.82	0.18373.2	0.18371.8	2.8	,,
			u	22.68	8986	73	————[3]	370.4			
	25	10.2	Bo	27 24.29	3.58820	1123.76	1123.80	0.18370.5	0.18370.8	0.9	,,
			u	24.36	8802	84		371.1			

Gesamtmittel bis 12. Sept. 1122.89

[1]) Korrektion von 2.8 γ angebracht zur Reduktion auf den Normallauf des Registriersystems.

[2]) Beobachter: Dr. Just.

[3]) Sprung im Moment durch Erschütterung.

Benützt wurden

	M I	M II
März bis Mai 15	0.005370	0.005843
Mai 16 bis Juli	0.005406	0.005864
ab August	0.005426	0.005893

Aus den Messungen der Tab. 10 bis 12 wurden die Basiswerte der Tab. 21, 22 durch graphische Ausgleichung gewonnen.

Tabelle 12

Absolute Messungen der Horizontalintensität. Westsystem

Hilfsbasen: D = 40, H = 100, T = 60

1952 Tag		Moment Mittel	Horizontal-intensität Mittel	Abweichung vom Basiswert	1952 Tag		Moment Mittel	Horizontal-intensität Mittel	Abweichung vom Basiswert
		Γ cm³	Γ γ	γ			Γ cm³	Γ γ	γ
Magnet II									
März	31	1033.44	0.18402.5	-0.6	Sept.	19	1033.48	0.18424.8	-0.4
April	4	44	403.0	-1.1		30	68	429.6	0.2
	10	54	400.3	-0.5	Okt.	9	46	429.6	-3.4
	16	43	398.1	-1.3		16	46	436.4	0.8
	26	45	399.6	-0.4		23	56	442.4	3.8
Mai	2	52	400.8	0.3		30	51	439.4	-2.0
	9	46	400.2	-0.7	Nov.	6	61	445.2	0.7
	23	40	401.1	-1.9		13	56	447.5	0.1
	29	59	405.6	0.3		20	54	450.6	-0.1
Juni	26	50	408.1	-1.7		28	54	455.4	0.0
Juli	3	69	409.4	-0.8	Dez.	5	80	459.7	0.6
	17	62	411.8	0.1		11	64	462.5	1.0
August	7	53	416.1	-0.7		18	62	465.4	1.9
	21	54	416.1	-2.1		23	52	464.2	-0.2
Sept.	4	51	422.0	1.4					
Moment: Gesamtmittel 1033.54									
Magnet I									
April	1	1122.70	0.18401.6	-1.2	Juli	10	1122.82	0.18408.8	-1.6
	8	90	401.3	0.2		24	98	416.2	1.7
	15	73	399.7	0.2		31	97	415.8	-0.3
	25	84	400.2	0.3	August	14	84	413.9	-3.6
Mai	15	88	402.6	1.2		28	93	420.1	1.0
Juni	3	96	409.0	2.0	Sept.	12	86	424.2	1.2
	13	06	408.7	-0.2		25	1123.82[1]	0.18428.2	0.8
	19	70	404.0	-5.4					

Moment: Gesamtmittel bis 12. Sept. 1022.87

[1]) Sprung im Moment durch Erschütterung.

Inklination

Die Messungen der Inklination wurden mit dem bewährten Erdinduktor SCHULZE I und mit einem nach dem Kriege gebauten Erdinduktor der Firma MATING und WIESENBERG durchgeführt. Beide Instrumente ergaben im Jahresdurchschnitt eine befriedigende Übereinstimmung. Ihre Werte unterschieden sich im Jahresmittel um 0ʹ.1. Dieser etwas größere Unterschied als im Vorjahr ist darauf zurückzuführen, daß der Erdinduktor MATING und WIESENBERG sehr schnell dejustiert ist und fünfmal im Jahr neu horizontiert

Tabelle 13

Absolute Messungen bezogen auf das Ostsystem. Horizontalintensität

Hilfsbasen: D = 40, H = 80, Z = 100, T_z = 100

1952 Tag	Welt-zeit	Horizontal-intensität Mittel	Abweichung vom Basiswert	Beob.	1952 Tag	Welt-zeit	Horizontal-intensität Mittel	Abweichung vom Basiswert	Beob.
			Hilfsmagnet 4						
	h	Γ γ	γ			h	Γ γ	γ	
Jan. 17	13.8	0.18391.1	2.6	Kr.	April 4	10.0	0.18392.6	-0.6	Kr.
31	14.0	389.6	-0.2	,,	9	14.3	392.3	-0.5	,,
Febr. 14	14.1	392.4	2.0	,,	17	14.4	391.4	0.5	,,
21	14.3	392.4	1.8	,,	24	12.8	389.4	0.6	,,
28	9.2	391.4	0.5	,,					
			Instrument QHM 54						
	h	Γ γ	γ			h	Γ γ	γ	
Jan. 2	13.3	0.18355.1	-1.1	Ri.	April 25	8.3	0.18387.9	-1.1	Ri.[2]
11	13.5	[1] 388.0	0.1	,,	Mai 3	8.6	388.1	0.4	,,
18	8.8	387.5	-1.1	,,	12	8.7	386.4	-0.4	,,
Febr. 2	8.7	390.5	0.7	Wi.	30	8.8	384.6	-1.5	,,
8	15.8	389.9	-0.3	Ri.	Juni 7	11.2	385.1	-0.7	,,
14	16.4	390.8	0.4	,,	13	11.0	383.7	-1.7	,,
22	15.5	390.8	0.2	,,	20	14.3	382.4	-2.4	,,
29	15.2	390.2	-0.7	,,	Juli 11	10.8	379.3	1.4	,,
März 7	9.1	392.2	0.9	,,	18	8.9	375.4	-0.9	,,
13	17.5	392.0	0.5	,,	25	13.4	375.4	0.1	,,
21	8.8	391.8	-0.4	,,	30	13.7	374.0	-0.8	Wi.[3]
28	16.2	391.1	-1.8	,,	Aug. 23	11.4	372.1	2.4	Ri.
April 3	8.4	393.0	-0.3	,,	29	8.6	370.0	0.9	,,
10	9.8	393.4	0.8	,,	Sept. 15	14.6	371.4	2.3	,,
17	10.2	392.6	1.7	,,	26	14.7	370.4	0.4	,,

[1] Sprung.

[2] [3] Beobachter: Richard, Dr. Wiese.

werden mußte. Die große Instabilität ist wahrscheinlich darauf zurückzuführen, daß die Spule durch ein Handrad, das fest am Induktor befestigt ist, angetrieben wird. Dabei läßt sich ein wechselnder Druck auf das Instrument nicht vermeiden. Durch Antrieb mittels einer biegsamen Welle ist Erdinduktor Schulze I diesen Beanspruchungen nicht ausgesetzt. Bis auf Neueinstellung des magnetischen Meridians war eine Nachjustierung dieses Instruments daher nicht erforderlich.

Die Instrumentalkonstanten waren bei beiden Induktoren unter Angabe des mittleren Fehlers der Einzelmessung:

	ΔKE	ΔKW	Δ
Schulze I (48 Messungen)	— 0.'70 ± 0.'30	0.'55 ± 0.'28	0.'00 ± 0.'11
Wiesenberg u. Mating (33 Messungen)	+ 0.'39 ± 0.'62	— 0.'12 ± 0.'56	0.'04 ± 0.'25.

Hierbei bedeutet ΔKE die Differenz zwischen Kurbeldrehung (+) und Kurbeldrehung (—) bei der Kreislage Ost, ΔKW dasselbe bei der Kreislage West. Δ die ist Differenz der Inklinationswerte zwischen Kreislage Ost und West. Die innere Genauigkeit der Inklinationsmessungen kann wieder beurteilt werden auf Grund des Fehlers der Differenz der Einzelmessungen in den Kreislagen Ost und West.

Die Ergebnisse der Messungen der Inklination, bezogen auf das Ostsystem, enthält Tab. 14, bezogen auf das Westsystem, Tab. 15. Aus diesen Messungen wurden die Basiswerte der Tab. 21 bzw. 22 festgelegt. In den Tabellen ist Induktor Schulze I mit I_1, Induktor Mating mit I_2 bezeichnet.

Tabelle 14

Absolute Messungen der Inklination. Ostsystem

Hilfsbasen bis 4. Oktober: H = 80, Z = 100, T = 100

Hilfsbasen ab 18. Oktober: H = 20, Z = 100, T = 60

1952 Tag		Weltzeit	Instrument	Kreislage	Nadirpunkt	Reduzierte Inklinationsrichtung	Inklination reduziert	Mittel[1]	Abweichung vom Basiswert	Beob.
		h				°				
Januar	3	16.1	1	Ost	89° 59'.99	157° 16'.62	67° 16'.74	67° 16'.76	-0'.03	Ju/Ri
				West	59.88	22 43.20	16.79			
	3	16.9	2	Ost	89 59.74	157 16.62	67 16.99	67 16.84 [2]	0.05	,,
				West	59.75	22 43.16	16.70			
	11	9.7	1	Ost	89 59.99	157 14.44	67 14.56	67 14.54 [3]	-0.16	,,
				West	59.85	22 45.44	14.52			
	11	10.6	2	Ost	89 59.70	157 14.19	67 14.60	67 14.57	-0.13	,,
				West	59.75	22 45.32	14.54			
	17	10.4	1	Ost	89 59.95	157 14.39	67 14.55	67 14.54	-0.13	,,
				West	59.95	22 45.54	14.52			
	17	15.7	2	Ost	89 59.78	157 14.19	67 14.52	67 14.54	-0.13	,,
				West	59.78	22 45.33	14.56			
	24	13.7	1	Ost	90 0.02	157 14.46	67 14.55	67 14.58	-0.05	,,
				West	89 59.92	22 45.44	14.59			
	26	8.4	2	Ost	89 59.85	157 14.16	67 14.42	67 14.36	-0.26	,,
				West	59.76	22 45.58	14.29			
	31	10.4	1	Ost	90 0.02	157 14.56	67 14.65	67 14.61	0.02	,,
				West	89 59.92	22 45.46	14.57			
	31	11.3	2	Ost	89 59.86	157 14.16	67 14.41	67 14.46	-0.13	,,
				West	59.78	22 45.38	14.51			
Februar	7	13.5	1	Ost	90 0.04	157 14.50	67 14.57	67 14.52	-0.05	,,
				West	89 59.81	22 45.44	14.48			
	14	10.4	1	Ost	89 59.99	157 14.44	67 14.56	67 14.58	0.03	,,
				West	59.92	22 45.42	14.61			
	14	11.2	2	Ost	89 59.85	157 14.34	67 14.60	67 14.56	0.01	,,
				West	59.79	22 45.39	14.51			
	21	10.2	1	Ost	90 0.02	157 14.34	67 14.43	67 14.42	-0.12	Ri/Kr
				West	89 59.89	22 45.59	14.41			
	21	11.0	2	Ost	89 59.96	157 14.25	67 14.40	67 14.42	-0.12	,,
				West	59.82	22 45.50	14.43			
	28	14.2	1	Ost	89 59.99	157 14.45	67 14.57	67 14.64	0.12	Ju/Ri
				West	59.86	22 45.25	14.72			
	28	15.8	2	Ost	89 59.92	157 14.14	67 14.33	67 14.44	-0.08	,,
				West	59.85	22 45.42	14.54			
März	6	16.0	2	Ost	89 59.94	157 14.23	67 14.40	67 14.34	-0.16	,,
				West	59.84	22 45.67	14.28			
	6	15.2	1	Ost	90 0.02	157 14.30	67 14.39	67 14.35	-0.15	,,
				West	89 59.85	22 45.65	14.31			
	13	15.2	1	Ost	90 0.02	157 14.34	67 14.43	67 14.38	-0.10	,,
				West	89 59.82	22 45.59	14.34			
	13	16.2	2	Ost	89 59.95	157 14.16	67 14.32	67 14.34	-0.14	,,
				West	59.88	22 45.64	14.35			
	20	16.0	2	Ost	89 59.82	157 14.32	67 14.61	67 14.44	-0.02	,,
				West	59.85	22 45.68	14.28			
	29	11.3	1	Ost	89 59.98	157 14.37	67 14.50	67 14.42	0.00	,,
				West	59.85	22 45.61	14.35			
April	3	14.4	1	Ost	90 0.05	157 14.68	67 14.74	67 14.62	0.22	,,
				West	89 59.75	22 45.35	14.51			
	3	15.3	2	Ost	89 59.88	157 14.02	67 14.25	67 14.20	-0.20	,,
				West	59.88	22 45.84	14.15			
	8	8.8	1	Ost	90 0.02	157 14.40	67 14.49	67 14.42	-0.01	,,
				West	89 59.82	22 45.58	14.35			

[1]) Korrektion angebracht zur Reduktion auf den Normalwert des Registriersystems.

[2]) Januar 5 Sprung in I um 5'.76.

[3]) Januar 8 Sprung in I um 7'.78.

Tabelle 14 (Fortsetzung)

1952 Tag		Welt-zeit	Instru-ment	Kreis-lage	Nadir-punkt	Reduzierte Inklinations-richtung	Inklination reduziert	Mittel[1])	Abweichung vom Basiswert	Beob.
April	8	h 10.6	2	Ost	89° 59.'90	157° 14.'18	67° 14.'39	67° 14.'34	-0.'09	Ju/Ri
				West	59.82	22 45.64	14.29			
	18	8.4	1	Ost	90 0.05	157 14.60	67 14.66	67 14.70	0.09	,,
				West	89 59.85	22 45.23	14.73			
	24	10.0	1	Ost	90 0.00	157 14.74	67 14.85	67 14.83	0.10	,,
				West	89 59.88	22 45.18	14.81			
	24	14.0	2	Ost	89 59.84	157 14.42	67 14.69	67 14.70	-0.03	,,
				West	90 0.00	22 45.39	14.72			
Mai	2	14.0	1	Ost	89 59.98	157 14.54	67 14.67	67 14.68	-0.14	,,
				West	59.84	22 45.26	14.69			
	9	14.0	1	Ost	89 59.95	157 14.80	67 14.96	67 14.93	0.02	,,
				West	59.85	22 45.06	14.90			
	9	14.7	2	Ost	89 59.78	157 14.46	67 14.79	67 14.90	-0.01	,,
				West	90 0.00	22 45.10	15.01			
	24	10.0	1	Ost	90 0.00	157 14.87	67 14.98	67 15.01	0.05	,,
				West	89 59.85	22 44.92	15.04			
	29	9.8	1	Ost	89 59.98	157 14.78	67 14.91	67 14.96	-0.01	,,
				West	59.85	22 44.96	15.00			
Juni	4	15.2	1	Ost	89 59.98	157 14.96	67 15.09	67 15.13	0.14	,,
				West	59.88	22 44.82	15.17			
	13	10.2	1	Ost	89 59.95	157 14.86	67 15.02	67 15.01	-0.01	,,
				West	59.85	22 44.96	15.00			
	19	15.2	1	Ost	89 59.95	157 14.98	67 15.14	67 15.12	0.07	,,
				West	59.85	22 44.87	15.09			
	26	16.4	1	Ost	89 59.95	157 15.14	67 15.30	67 15.30	0.15	Ju/Kr
				West	59.90	22 44.72	15.30			
Juli	3	15.9	1	Ost	89 59.95	157 15.22	67 15.38	67 15.33	0.03	,,
				West	59.92	22 44.75	15.28			
	10	16.2	1	Ost	89 59.95	157 15.20	67 15.36	67 15.44	0.00	,,
				West	59.85	22 44.45	15.51			
	11	9.4	2	Ost	89 59.90	157 15.27	67 15.37	67 15.39	-0.07	Ri/Wi
				West	59.95	22 44.54	15.41			
	17	10.3	1	Ost	89 59.95	157 15.46	67 15.62	67 15.58	0.04	Ju/Ri
				West	59.92	22 44.48	15.55			
	24	14.8	1	Ost	89 59.95	157 15.44	67 15.60	67 15.59	-0.03	,,
				West	59.85	22 44.38	15.58			
	25	9.4	2	Ost	89 59.80	157 15.12	67 15.43	[2]) 67 15.52	-0.10	,,
				West	59.98	22 44.48	15.60			
August	1	9.8	1	Ost	89 59.58	157 14.59	67 15.12	67 15.08	-0.03	Ju/Wi
				West	90 0.16	22 45.22	15.05			
	1	10.6	2	Ost	89 59.78	157 14.62	67 14.95	67 14.93	-0.18	,,
				West	90 0.04	22 45.24	14.91			
	7	10.4	1	Ost	89 59.62	157 14.60	67 15.09	67 15.12	-0.11	Ju/Ri
				West	90 0.18	22 45.13	15.16			
	8	8.2	2	Ost	89 59.80	157 14.68	67 14.99	67 15.00	-0.25	,,
				West	59.98	22 45.08	15.01			
	14	10.3	1	Ost	89 59.70	157 14.87	67 15.28	67 15.26	-0.12	Ri/Zd
				West	90 0.08	22 44.96	15.23			
	14	11.8	2	Ost	89 59.72	157 15.01	67 15.40	67 15.35	-0.03	,,
				West	90 0.00	22 44.80	15.30			
	21	15.6	1	Ost	89 59.90	157 15.14	67 15.35	67 15.36	-0.11	Ju/Ri
				West	59.90	22 44.64	15.37			
	21	15.0	2	Ost	89 59.75	157 14.98	67 15.34	67 15.28	-0.19	,,
				West	59.90	22 44.80	15.21			
	29	9.9	1	Ost	89 59.95	157 15.30	67 15.46	67 15.54	0.02	Ri/Kr
				West	59.95	22 44.43	15.63			
	29	10.9	2	Ost	89 59.90	157 15.20	67 15.41	67 15.40	-0.12	,,
				West	59.98	22 44.69	15.40			

[1]) Siehe Fußnote 1, Seite 26.

[2]) Juli 25 Sprung in I um 0'54.

Tabelle 14 (Fortsetzung)

1952 Tag	Weltzeit	Instrument	Kreislage	Nadirpunkt	Reduzierte Inklinationsrichtung	Inklination reduziert	Mittel[1])	Abweichung vom Basiswert	Beob.
Sept. 4	14.6 h	1	Ost	89° 59.′90	157° 15.′32	67° 15.′53	67° 15.′53	-0.′01	Ri/Zd
			West	59.90	22 44.48	15.53			
4	15.4	2	Ost	89 59.85	157 15.04	67 15.30	67 15.38	-0.16	,,
			West	90 0.00	22 44.64	15.47			
12	14.4	1	Ost	89 59.98	157 15.26	67 15.39	67 15.50	-0.02	Ju/Ri
			West	59.92	22 44.42	15.61			
12	15.7	2	Ost	89 59.90	157 15.06	67 15.27	67 15.34	-0.18	,,
			West	90 0.02	22 44.73	15.40			
19	14.2	1	Ost	89 59.92	157 15.38	67 15.57	67 15.55	0.04	,,
			West	59.88	22 44.46	15.53			
25	14.4	1	Ost	90 0.00	157 15.40	67 15.51	67 15.48	0.01	,,
			West	89 59.82	22 44.48	15.45			
26	8.8	2	Ost	89 59.70	157 15.18	67 15.59	67 15.24	-0.22	,,
			West	59.99	22 45.22	14.88			
30	14.2	1	Ost	90 0.00	157 15.18	67 15.29	67 15.35	-0.07	Kr/Zd
			West	89 59.78	22 44.48	15.41			
30	14.9	2	Ost	89 59.82	157 15.15	67 15.44	67 15.68	0.26	,,
			West	59.66	22 43.86	15.91			
Oktober 30	14.6	1	Ost	89 59.90	157 12.52	67 12.70	67 12.62 [2])	-0.13	Ju/Kr
			West	59.50	22 47.03	12.55			
30	15.4	2	Ost	89 59.89	157 12.76	67 12.95	67 12.76	0.01	,,
			West	59.98	22 47.48	12.58			
Nov. 6	13.8	1	Ost	89 59.85	157 12.76	67 12.99	67 12.92	0.25	,,
			West	59.50	22 46.72	12.86			
6	15.0	2	Ost	89 59.90	157 12.57	67 12.75	67 12.67	0.00	,,
			West	59.95	22 47.44	12.59			
13	14.3	1	Ost	89 59.90	157 12.44	67 12.62	67 12.70	0.04	,,
			West	59.62	22 46.92	12.78			
13	15.2	2	Ost	90 0.08	157 12.42	67 12.42	67 12.55	-0.11	,,
			West	89 59.92	22 47.32	12.68			
20	15.4	1	Ost	89 59.88	157 12.57	67 12.77	67 12.82	0.13	,,
			West	59.88	22 47.08	12.88			
20	15.9	2	Ost	90 0.01	157 12.67	67 12.74	67 12.57	-0.12	,,
			West	89 59.86	22 47.54	12.40			
28	15.0	1	Ost	89 59.90	157 12.51	67 12.69	67 12.80	0.09	,,
			West	59.80	22 46.96	12.92			
28	15.7	2	Ost	90 0.26	157 12.84	67 12.66	67 12.76	0.05	,,
			West	90 0.15	22 47.38	12.85			
Dez. 5	14.7	1	Ost	89 59.98	157 12.62	67 12.72	67 12.80	0.07	,,
			West	59.89	22 47.08	12.89			
5	15.6	2	Ost	90 0.25	157 12.72	67 12.55	67 12.54	-0.19	,,
			West	89 59.90	22 47.46	12.52			
11	13.6	1	Ost	89 59.99	157 12.71	67 12.80	67 12.74	-0.01	,,
			West	59.75	22 47.14	12.69			
11	14.2	2	Ost	90 0.28	157 12.84	67 12.64	67 12.60	-0.15	,,
			West	89 59.82	22 47.34	12.56			
18	14.2	1	Ost	89 59.88	157 12.72	67 12.92	67 12.94	0.17	,,
			West	59.85	22 46.96	12.97			
18	14.8	2	Ost	90 0.35	157 13.48	67 13.21	67 12.86	0.09	,,
			West	89 59.92	22 47.49	12.51			
23	14.8	1	Ost	89 59.95	157 12.58	67 12.71	67 12.70 [3])	0.00	,,
			West	59.75	22 47.14	12.69			

[1]) Siehe Fußnote 1, Seite 26.
[2]) Oktober 4–18 Neujustierung.
[3]) Dezember 22 Sprung in I um 0.08.

Tabelle 15

Absolute Messungen der Inklination. Westsystem

Hilfsbasen: H = 100, Z = 60, T = 60

1952 Tag		Instrument	Inklinationsmittel	Abweichung vom Basiswert
April	8	1	67° 14′.23	-0′.09
	8	2	14.12	-0.02
	18	1	14.54	0.02
	24	1	14.76	0.13
	24	2	14.60	-0.03
Mai	2	1	14.78	0.01
	9	1	14.90	0.00
	9	2	14.88	-0.02
	24	1	15.02	-0.03
	29	1	15.12	0.09
Juni	4	1	15.08	0.07
	13	1	15.08	0.07
	19	1	15.04	0.01
	26	1	15.18	0.13
Juli	3	1	15.04	-0.02
	10	1	14.94	-0.13
	11	2	14.96	-0.11
	17	1	15.06	0.04
	24	1	14.86	0.00
	25	2	14.79	-0.05
August	1	1	14.72	-0.08
	1	2	14.57	-0.23
	7	1	14.82	0.01
	8	2	14.60	-0.21
	14	1	14.70	-0.11
	14	2	14.79	-0.02
	21	1	14.78	-0.05
	21	2	14.66	-0.17
	29	1	14.83	0.00
	29	2	14.66	-0.17
Sept.	4	1	67° 14′.72	-0′.09
	4	2	14.66	-0.15
	12	1	14.70	-0.08
	12	2	14.64	-0.14
	19	1	14.83	0.08
	25	1	12.24 [1]	-0.03
	30	1	12.06	-0.10
	30	2	12.44	0.28
Oktober	9	1	11.78	-0.19
	16	1	11.75	-0.08
	24	1	11.40	-0.27
	24	2	11.44	-0.23
	30	1	11.60	0.07
	30	2	11.72	0.19
Nov.	6	1	11.76	0.35
	6	2	11.48	0.05
	13	1	11.34	0.07
	13	2	11.26	-0.01
	20	1	11.23	0.09
	20	2	10.98	-0.14
	28	1	10.88	-0.01
	28	2	10.81	-0.08
Dez.	5	1	10.88	0.15
	5	2	10.58	-0.15
	11	1	10.70	0.07
	11	2	10.58	-0.05
	18	1	10.74	0.17
	18	1	10.66	0.09
	23	1	10.52	-0.03

[1]) September 23 Sprung in I um 2′.42.

Vertikalkomponente

Aus den Messungen der Horizontalintensität und der Inklination wurde die Vertikalkomponente errechnet. Die Werte streuen wesentlich mehr, da sowohl die Fehler der einzelnen H- als auch der einzelnen I-Messung in das Resultat eingehen. Zur durchgreifenden Kontrolle wurden durch 10-stündige Vergleiche die Z-Werte des Westsystems auf das Ostsystem umgerechnet. Zur Festlegung der Basiswerte der Z-Registrierung wurden sowohl diese Messung als auch die Berechnungen auf Grund der ausgeglichenen Basiswerte der Horizontalintensität und Inklination herangezogen.

Tab. 16 bringt die Messungen der Vertikalkomponente, bezogen auf das Ostsystem, Tab. 17 bezogen auf das Westsystem.

In Tab. 16 bedeutet die Spalte Δ die Differenz zwischen dem direkt aus H-Ost und I-Ost berechneten Z-Wert und dem aus H-West und I-West durch Vergleich auf Z-Ost bezogenen Z-Wert. Man sieht, wie erstaunlich gut die beiden Werte trotz der vielen Reduktionen und Umrechnungen übereinstimmen.

Tabelle 16

Absolute Messungen bezogen auf das Ostsystem. Vertikalkomponente

1952 Tag		Instrument	Z-Ost	Z-Ost aus West	Δ	Mittel	Abw. v. B.-Wert
			Γ	Γ	γ	Γ	γ
Januar	3	I_1 QHM	0.43835	0.43—	—	0.43835	-4
		I_2	838	—	—	838	-1
		$I_1 M_2$	834	—	—	834	-5
		I_2	838	—	—	838	-1
	11	I_1 QHM	834	—	—	834	-5
		I_2	835	—	—	835	-4
	17	I_1 QHM	832	—	—	832	-8
		I_2	833	—	—	833	-7
		$I_1 M_4$	841	—	—	841	1
		I_2	841	—	—	841	1
		$I_1 M_2$	830	—	—	830	-10
		I_2	831	—	—	831	-9
	25	I_1 QHM	828	—	—	828	-12
		I_2	821	—	—	821	-19
		$I_1 M_2$	837	—	—	837	-3
		I_2	829	—	—	829	-11
	31	$I_1 M_4$	840	—	—	840	0
		I_2	835	—	—	835	-5
		$I_1 M_2$	842	—	—	842	2
		I_2	834	—	—	834	-6
Februar	2	I_1 QHM	842	—	—	842	2
		I_2	837	—	—	837	-3
	7	$I_1 M_2$	837	—	—	837	-3
	8	I_1 QHM	838	—	—	838	-2
	14	I_1 QHM	842	—	—	842	2
		I_2	840	—	—	840	.0
		$I_1 M_4$	846	—	—	846	6
		I_2	845	—	—	845	5
		$I_1 M_2$	840	—	—	840	0
		I_2	838	—	—	838	-2
	21	$I_1 M_4$	840	—	—	840	0
		I_2	837	—	—	837	-3
		$I_1 M_2$	828	—	—	828	-12
		I_2	837	—	—	837	-3
	22	I_1 QHM	836	—	—	836	-4
		I_2	836	—	—	836	-4
	28	$I_1 M_4$	846	—	—	846	6
		I_2	838	—	—	838	-2
		$I_1 M_2$	837	—	—	837	-3
		I_2	829	—	—	829	-11
	29	I_1 QHM	843	—	—	843	3
		I_2	835	—	—	835	-5
März	7	I_1 QHM	837	—	—	837	-3
		I_2	837	—	—	837	-3
	13	I_1 QHM	838	—	—	838	-2
		I_2	836	—	—	836	-4
	21	I_1 QHM	837	—	—	837	-4
		I_2	840	—	—	840	-1
	28	I_1 QHM	837	—	—	837	-4
April	3	I_1 QHM	849	—	—	849	7
		I_2	834	—	—	834	-8
	10	I_1 QHM	842	—	—	842	0
		I_2	840	—	—	840	-2
	17	I_1 QHM	850	—	—	850	7
		$I_1 M_2$	845	842	3	844	1
	24	$I_1 M_1$	847	849	-2	848	4
		I_2	843	843	0	843	-1
			Γ	Γ	γ	Γ	γ
April	25	I_1 QHM	0.43844	0.43—	—	0.43844	0
		I_2	840	—	—	840	-4
Mai	2	$I_1 M_2$	844	844	0	844	0
	3	I_1 QHM	839	—	—	839	-5
	9	$I_1 M_2$	846	844	2	845	0
		I_2	845	843	2	844	-1
	12	I_1 QHM	844	—	—	844	-1
		I_2	843	—	—	843	-2
	23	$I_1 M_2$	840	839	1	840	-5
		I_2	838	—	—	838	-7
	29	$I_1 M_2$	847	850	-3	848	3
	30	I_1 QHM	840	—	—	840	-5
Juni	3/4	$I_1 M_1$	852	849	3	850	5
	7	I_1 QHM	848	—	—	848	3
	12	I_1 QHM	841	—	—	841	-4
	13	$I_1 M_1$	845	846	-1	846	1
	19	$I_1 M_1$	836	834	2	835	-10
	20	I_1 QHM	841	—	—	841	-4
	26	$I_1 M_2$	844	845	-1	844	-1
Juli	3	$I_1 M_2$	844	848	-4	846	1
	10	$I_1 M_2$	841	840	1	840	-3
		I_2	840	841	-1	840	-3
	11	I_1 QHM	845	—	—	845	2
	17	$I_1 M_2$	843	844	-1	844	2
	18	I_1 QHM	842	—	—	842	0
	24	$I_1 M_2$	843	844	-1	844	2
		I_2	840	842	-2	841	-1
	25	I_1 QHM	842	—	—	842	0
		I_2	835	—	—	835	-7
	30	I_1 QHM	820	—	—	820 [1]	-2
		I_2	811	—	—	811	-11
August	1	$I_1 M_2$	823	820	3	822	0
		I_2	817	815	2	816	-6
	7	$I_1 M_2$	816	821	-5	818	-5
		I_2	811	813	-2	812	-11
	14	$I_1 M_2$	813	812	1	812	-11
		I_2	816	815	1	816	-7
	21	$I_1 M_2$	817	816	1	816	-8
		I_2	814	813	1	814	-10
	23	I_1 QHM	825	—	—	825	1
		I_2	818	—	—	818	-6
	29	$I_1 M_2$	828	827	1	828	4
		I_2	823	820	3	822	-2
		I_1 QHM	827	—	—	827	3
		I_2	818	—	—	818	-6
September	4	$I_1 M_2$	821	819	2	820	-4
		I_2	815	817	-2	816	-8
	11/12	$I_1 M_1$	830	822	8	826	2
		I_2	823	820	3	822	-2
	15	I_1 QHM	829	—	—	829	5
		I_2	819	—	—	819	-5
	19	$I_1 M_2$	822	824	-2	823	-1
	25	$I_1 M_2$	826	824	2	825	1
		I_2	818	—	—	818	-6
	26	I_1 QHM	826	—	—	826	2
		I_2	814	—	—	814	-10

[1]) Juli 25 Sprung in Z um 19.1 γ.

Tabelle 16 (Fortsetzung)

1952 Tag	Instrument	Z-Ost	Z-Ost aus West	Δ	Mittel	Abw. v. B.-Wert
		Γ	Γ	γ	Γ	γ
Sept. 30	I_1M_2	0.43823	0.43821	2	0.43822	-2
	I_2M_2	834	834	0	834[1]	10
Okt. 30	I_1M_2	807	809	-2	808	-5
	I_2M_2	812	813	-1	812	-1
Nov. 6	I_1M_2	824	827	-3	826	12
	I_2M_2	815	817	-2	816	2
13	I_1M_2	818	816	2	817	2
	I_2M_2	812	813	-1	812	-3
20	I_1M_2	819	821	-2	820	4
	I_2M_2	810	812	-2	811	-5
Nov. 28	I_1M_2	0.43818	0.43818	0	0.43818	1
	I_2M_2	817	815	2	816	-1
Dez. 5	I_1M_2	824	822	2	823	6
	I_2M_2	814	811	3	812	-5
11	I_1M_2	820	821	-1	820	3
	I_2M_2	815	816	-1	816	-1
18	I_1M_2	829	829	0	829	12
	I_2M_2	826	826	0	826	9
23	I_1M_2	814	814	0	814[2]	0

[1] Oktober 4-31 Neujustierung. [2] Dezember 22 Sprung in Z um 2.8 γ.

Tabelle 17

Absolute Messungen bezogen auf das Westsystem. Vertikalkomponente

1952 Tag	Instrument Magnet	Z-West	Abw. v. B.-Wert
		Γ	γ
April 8	I_1M_1	0.43854	3
	I_2M_1	850	-1
18	I_1M_2	858	-2
24	I_1M_1	871	6
	I_2M_1	865	0
Mai 2	I_1M_2	873	1
9	I_1M_2	876	-2
	I_2M_2	875	-3
24	I_1M_2	882	-7
29	I_1M_2	897	4
Juni 4	I_1M_1	903	6
13	I_1M_1	903	2
19	I_1M_1	890	-13
26	I_1M_2	905	1
Juli 3	I_1M_2	909	3
11	I_1M_1	901	-6
	I_2M_1	902	-5
17	I_1M_2	909	1
25	I_1M_1	913	4
	I_2M_1	910	1
Aug. 1	I_1M_1	0.43907	-3
	I_2M_1	901	-9
7	I_1M_2	911	-1
	I_2M_2	903	-9
14	I_1M_1	902	-12
	I_2M_1	905	-9
21	I_1M_2	909	-7
	I_2M_2	905	-11
29	I_1M_1	921	2
	I_2M_1	915	-4
Sept. 4	I_1M_2	922	0
	I_2M_2	919	-3
12	I_1M_1	926	0
	I_2M_1	924	-2
19	I_1M_2	932	2
25	I_1M_1	848[1]	1
30	I_1M_2	844	-3
	I_2M_2	858	11
Okt. 9	I_1M_2	834	-15
16	I_1M_2	849	-2
Okt. 24	I_1M_2	0.43852	-1
	I_2M_2	853	0
30	I_1M_2	851	-3
	I_2M_2	856	2
Nov. 6	I_1M_2	871	15
	I_2M_2	861	5
13	I_1M_2	861	2
	I_2M_2	858	-1
20	I_1M_2	865	4
	I_2M_2	856	-5
28	I_1M_2	864	0
	I_2M_2	861	-3
Dez. 5	I_1M_2	874	7
	I_2M_2	863	-4
11	I_1M_2	874	5
	I_2M_2	870	1
18	I_1M_2	882	10
	I_2M_2	880	8
23	I_1M_2	872	-2

[1] September 23 Sprung in Z um 86.2 γ.

Die absoluten Messungen, bezogen auf das Südsystem

Wie schon im Jahrbuch 1938 näher beschrieben, wurden die absoluten Messungen, bezogen auf das West- und Ostsystem mit Hilfe zehnstündiger Vergleiche auf das Südsystem umgerechnet, um so durch Übereinstimmung der auf beiden Wegen erhaltenen Basiswerte eine durchgreifende Kontrolle aller notwendigen Rechenoperationen zu ermöglichen. Die errechneten Basiswerte X, Y für das Südsystem enthalten Tab. 18, 19. Die QHM-Messungen und die Messungen von M II bis März wurden nur auf das Ostsystem bzw. Südsystem reduziert, ebenso wurden die absoluten Messungen Z-Süd (Tab. 20) nur durch Vergleich aus Z-Ost errechnet. In Tab. 18, 19 ist die Differenz zwischen den beiden Basiswerten, gewonnen aus Reduktionen auf das Ostsystem bzw. Westsystem. Aus diesen Messungen wurden durch graphische Ausgleichung die Basiswerte Tab. 23 festgelegt.

Tabelle 18

Absolute Messungen bezogen auf das Südsystem. Ostkomponente

1952 Tag	Magnet	Y-Süd aus Ost	Y-Süd aus West	O-W Δ	Mittel	Abw. v. B.-Wert	1952 Tag	Magnet	Y-Süd aus Ost	Y-Süd aus West	O-W Δ	Mittel	Abw. v. B.-Wert
		γ -0.00	γ -0.00	γ	γ -0.00	γ			γ -0.00	γ -0.00	γ	γ -0.00	γ
Jan. 2/3	QHM	875.1	—	—	875.1	1.0	Juni 3/4	M 1	877.1	875.0	-2.1	876.0	0.5
4	M 2	875.1	—	—	875.1	0.9	7	QHM	877.0	—	—	877.0	-0.5
11	QHM	874.7	—	—	874.7	0.9	13	M 1	876.4	877.0	0.6	876.7	-0.2
17	M 4	874.7	873.3	-1.4	874.0	1.2	13	QHM	876.1	—	—	876.1	0.4
18	QHM	874.5	—	—	874.5	0.7	19	M 1	876.5	878.0	1.5	877.2	-0.7
18	M 2	874.5	—	—	874.5	0.7	20	QHM	876.7	—	—	876.7	-0.2
25	,,	874.5	—	—	874.5	0.4	26	M 2	878.4	877.8	-0.6	878.1	-1.6
26	QHM	874.3	—	—	874.3	0.6	Juli 3	,,	875.8	876.6	0.8	876.2	0.3
31	M 4	874.2	873.4	-0.8	873.8	1.0	10	M 1	876.0	876.6	0.6	876.3	0.2
Febr. 2	QHM	874.3	—	—	874.3	0.5	11	QHM	876.1	—	—	876.1	0.4
8/15	M 2	875.3	—	—	875.3	0.4	17	M 2	875.4	874.9	-0.5	875.2	1.3
8/15	QHM	875.4	—	—	875.4	-0.5	18	QHM	875.4	—	—	875.4	1.1
14	,,	875.4	—	—	875.4	-0.5	24	M 1	877.3	877.2	-0.1	877.2	-0.7
14	M 4	875.5	875.1	-0.4	875.3	-0.4	25	QHM	877.3	—	—	877.3	-0.8
15	M 2	875.6	—	—	875.6	-0.7	30	,,	876.6	—	—	876.6	-0.1
21	M 4	874.5	874.6	0.1	874.6	0.4	Aug. 1	M 1	876.6	876.8	0.2	876.7	-0.2
22	M 2	874.5	—	—	874.5	0.5	7	M 2	875.4	875.4	0.0	875.4	1.1
22	QHM	874.4	—	—	874.4	0.6	14	M 1	875.2	875.5	0.3	875.4	1.1
27	M 2	874.2	—	—	874.2	0.8	21	M 2	876.8	876.4	-0.4	876.6	0.0
28	M 4	874.2	875.2	1.0	874.7	0.3	23	QHM	876.9	—	—	876.9	-0.2
29	QHM	874.2	—	—	874.2	0.8	28	M 1	877.7	877.0	-0.7	877.4	-0.6
März 7/8	,,	875.1	—	—	875.1	-0.1	29	QHM	877.7	—	—	877.7	-0.8
13	,,	871.5	—	—	871.5	3.5	Sept. 4	M 2	878.1	877.4	-0.7	877.8	-0.8
20/21	,,	874.6	—	—	874.6	0.4	11	M 1	878.0	876.6	-1.4	877.3	-0.1
28	,,	873.9	—	—	873.9	1.1	15	QHM	878.0	—	—	878.0	-0.7
31	M 2	876.1	874.4	-1.7	875.2	-0.2	19	M 2	877.2	878.4	1.2	877.8	-0.3
April 1	M 1	874.5	873.0	-1.5	873.8	1.2	25	M 1	878.4	878.4	0.0	878.4	-0.7
3	QHM	874.5	—	—	874.5	0.5	26	QHM	878.4	—	—	878.4	-0.7
10	M 2	876.5	875.0	-1.5	875.8	-0.6	30	M 2	878.9	877.1	-1.8	878.0	-0.2
10	QHM	876.6	—	—	876.6	-1.4	Okt. 9	,,	—	879.3	—	879.3	-1.1
16/17	M 2	876.4	876.4	0.0	876.4	-0.5	16	,,	—	877.2	—	877.2	1.2
17	QHM	876.5	—	—	876.5	-0.6	23	,,	—	878.1	—	878.1	0.6
24/25	M 1	877.0	875.6	-1.4	876.3	0.0	30	,,	879.6	879.8	0.2	879.7	-0.9
25	QHM	876.1	—	—	876.1	0.3	Nov. 6	,,	878.4	879.9	1.5	879.2	-0.1
Mai 2	M 2	877.1	877.0	-0.1	877.0	-0.5	13	,,	879.1	879.8	0.7	879.4	-0.1
3	QHM	877.0	—	—	877.0	-0.5	20	,,	879.5	877.8	-1.7	878.6	1.0
9	M 2	877.0	875.6	-1.4	876.3	0.2	28	,,	878.8	878.5	-0.3	878.6	1.2
12	QHM	876.8	—	—	876.8	-0.3	Dez. 5	,,	880.2	880.5	0.3	880.4	-0.5
15	M 1	876.9	876.7	-0.2	876.8	-0.3	11	,,	880.2	880.1	-0.1	880.2	-0.2
23	M 2	876.1	877.0	0.9	876.6	-0.1	18	,,	880.0	879.1	-0.9	879.6	0.4
29	,,	876.5	876.3	0.2	876.4	0.1	23	,,	880.2	879.2	-1.0	879.7	0.3
30	QHM	876.3	—	—	876.3	0.2							

Tabelle 19

Absolute Messungen bezogen auf das Südsystem. Nordkomponente

1952 Tag	Magnet	X-Süd aus Ost	X-Süd aus West	O-W Δ	Mittel	Abw. v. B.-Wert
		Γ 0.18	Γ 0.18	γ	Γ 0.18	γ
Jan. 2/3	QHM	312.7	—	—	312.7	-1.4
4	M 2	312.3	—	—	312.3	-1.3
11	QHM	311.5	—	—	311.5	0.6
17	M 4	311.2	312.5	-1.3	311.8	3.1
18	QHM	307.8	—	—	307.8	-0.5
18	M 2	306.8	—	—	306.8	-1.5
25	,,	306.3	—	—	306.3	0.5
26	QHM	302.8	—	—	302.8 [1]	-2.6
31	M 4	378.9	379.3	-0.4	379.1	-0.2
Febr. 2	QHM	379.9	—	—	379.9	1.2
8/15	M 2	376.2	—	—	376.2	0.3
8/15	QHM	376.8	—	—	376.8	0.9
14	,,	374.8	—	—	374.8	-1.3
14	M 4	376.2	377.6	-1.4	376.9	0.8
15	M 2	377.7	—	—	377.7	1.8
21	M 4	375.7	376.0	-0.3	375.8	1.1
22	M 2	374.7	—	—	374.7	0.2
22	QHM	374.2	—	—	374.2	-0.3
27	M 2	375.7	—	—	375.7	2.1
28	M 4	375.5	374.3	1.2	374.9	1.7
29	QHM	374.1	—	—	374.1	2.3
März 7/8	,,	371.7	—	—	371.7	0.2
13	,,	369.4	—	—	369.4	-1.1
20/21	,,	368.4	—	—	368.4	-0.6
28	,,	365.3	—	—	365.3	-2.4
31	M 2	367.2	366.6	0.6	366.9	-0.1
April 1	M 1	365.2	365.6	-0.4	365.4	-1.4
3	QHM	364.5	—	—	364.5	-2.2
10	M 2	366.6	366.6	0.0	366.6	0.1
10	QHM	367.7	—	—	367.7	1.2
16/17	M 2	365.8	365.6	0.2	365.7	-0.8
17	QHM	368.2	—	—	368.2	1.7
24/25	M 1	366.2	367.4	-1.2	366.8	0.3
25	QHM	364.9	—	—	364.9	-1.7
Mai 2	M 2	367.5	366.8	0.7	367.2	0.6
3	QHM	365.6	—	—	365.6	-1.0
9	M 2	366.7	365.3	1.4	366.0	-0.6
12	QHM	366.1	—	—	366.1	-0.6
15	M 1	367.8	368.1	-0.3	368.0	1.2
23	M 2	364.0	364.0	0.0	364.0	-3.3
29	,,	368.0	367.9	0.1	368.0	0.6
30	QHM	365.2	—	—	365.2	-2.2

1952 Tag	Magnet	X-Süd aus Ost	X-Süd aus West	O-W Δ	Mittel	Abw. v. B.-Wert
		Γ 0.18	Γ 0.18	γ	Γ 0.18	γ
Juni 3/4	M 1	368.4	368.1	0.3	368.2	0.7
7	QHM	366.7	—	—	366.7	-0.8
13	M 1	368.0	367.6	0.4	367.8	0.3
13	QHM	366.4	—	—	366.4	-1.1
19	M 1	363.5	362.6	0.9	363.0	-4.5
20	QHM	365.7	—	—	365.7	-1.8
26	M 2	363.1	363.2	-0.1	363.2	-4.3
Juli 3	,,	367.3	366.8	0.5	367.0	0.5
10	M 1	368.0	367.3	0.7	367.6	0.2
11	QHM	368.9	—	—	368.9	1.5
17	M 2	367.0	366.6	0.4	366.8	-0.2
18	QHM	366.5	—	—	366.5	-0.5
24	M 1	366.4	366.8	-0.4	366.6	0.0
25	QHM	365.8	—	—	365.8	-0.8
30	,,	365.4	—	—	365.4	-0.8
Aug. 1	M 1	366.5	365.6	0.9	366.0	0.0
7	M 2	363.7	364.5	-0.8	364.1	-1.3
14	M 1	364.1	363.4	0.7	363.8	-0.9
21	M 2	362.5	362.2	0.3	363.4	-0.6
23	QHM	366.0	—	—	366.0	2.2
28	M 1	364.9	365.4	-0.5	365.2	1.9
29	QHM	364.5	—	—	364.5	1.3
Sept. 4	M 2	362.8	362.4	0.4	362.6	0.1
11	M 1	363.4	361.8	1.6	362.6	1.4
15	QHM	363.1	—	—	363.1	2.7
19	M 2	358.8	359.0	-0.2	358.9	-0.7
25	M 1	358.4	358.1	0.3	358.2	-0.2
26	QHM	358.0	—	—	358.0	-0.2
30	M 2	357.6	357.7	-0.1	357.6	0.3
Okt. 9	,,	—	351.7	—	351.7	-3.1
16	,,	—	351.5	—	351.5	-0.6
23	,,	—	350.6	—	350.6	1.4
30	,,	346.5	346.4	0.1	346.4	0.0
Nov. 6	,,	343.8	344.1	-0.3	344.0	0.0
13	,,	343.0	343.2	-0.2	343.1	1.3
20	,,	338.9	339.5	-0.6	339.2	-0.1
28	,,	336.6	336.6	0.0	336.6	-0.7
Dez. 5	,,	336.6	334.9	1.7	335.8	0.3
11	,,	335.2	335.2	0.0	335.2	1.1
18	,,	335.0	334.6	0.4	334.8	2.3
23	,,	331.0	330.6	0.4	330.8	-0.5

[1] Sprung durch Eingriff in X = 75.4 γ.

Tabelle 20

Absolute Messungen bezogen auf das Südsystem. Vertikalkomponente

1952 Tag	Instrument Magnet	Z-Süd aus Ost	Abw. v. B.-Wert
		Γ	γ
Jan. 3	I_1 QHM	0.43813	-5
	I_2	816	-2
	I_1 M_2	812	-6
	I_2	816	-2
11	I_1 QHM	813	-5
	I_2	814	-4
17	I_1 M_4	816	-2
	I_2	816	-2
	I_1 M_2	808	-10
	I_2	808	-10
18	I_1 QHM	810	-7
	I_2	810	-7
25	I_1 M_2	813	-3
	I_2	805	-11
26	I_1 QHM	804	-12
	I_2	797	-19
31	I_1 M_1	812	-3
	I_2	807	-8
	I_1 M_2	817	2
	I_2	809	-6
Febr. 2	I_1 QHM	817	2
	I_2	812	-3
7	I_1M_2	810	-4
8	I_1M_2	811	-3
14	I_1 QHM	814	2
	I_2	812	0
	I_1 M_4	816	4
	I_2	814	2
	I_1 M_2	811	-1
	I_2	810	-2
21	I_1 M_4	812	1
	I_2	811	0
	I_1 M_2	801	-10
	I_2	811	0
22	I_1 QHM	810	-1
	I_2	810	-1
28	I_1 M_4	815	5
	I_2	807	-3
	I_1 M_2	808	-2
	I_2	800	-10
29	I_1 QHM	814	5
	I_2	807	-2
März 7	I_1 QHM	806	-2
	I_2	805	3

1952 Tag	Instrument Magnet	Z-Süd aus Ost	Abw. v. B.-Wert
		Γ	γ
März 13	I_1 QHM	0.43808	1
	I_2	806	-1
21	I_1 QHM	802	-4
	I_2	805	-1
28	I_1QHM	801	-4
April 3	I_1 QHM	812	8
	I_2	797	-7
10	I_1 QHM	804	1
	I_2	801	-3
17	I_1QHM	809	7
18	I_1M_2	804	2
24	I_1M_1	807	5
25	I_1 QHM	804	2
	I_2	800	-2
Mai 2	I_1M_2	803	2
3	I_1QHM	798	-3
9	I_1M_2	803	-2
12	I_1 QHM	800	-1
	I_2	799	-2
23	I_1M_2	796	-4
29	I_1M_2	802	2
30	I_1QHM	795	-5
Juni 4	I_1M_1	807	8
7	I_1QHM	804	6
12	I_1QHM	792	-5
13	I_1M_1	796	0
19	I_1M_1	787	-9
20	I_1QHM	792	-3
26	I_1M_2	792	-3
Juli 3	I_1M_2	798	3
10	I_1 M_2	795	1
	I_2	794	0
11	I_1QHM	799	5
17	I_1M_2	795	1
18	I_1QHM	794	0
24	I_1 M_2	794	0
	I_2	792	-2
25	I_1 QHM	793	-1
	I_2	790	-4
30	I_1 QHM	790	-3
	I_2	784	-9
Aug. 1	I_1 M_2	792	-1
	I_2	787	-6
7	I_1M_2	786	-7

1952 Tag	Instrument Magnet	Z-Süd aus Ost	Abw. v. B.-Wert
		Γ	γ
Aug. 7	I_2M_2	0.43781	-11
14	I_1 M_2	784	-8
	I_2	787	-5
21	I_1 M_2	782	-10
	I_2	779	-13
23	I_1 QHM	791	-1
	I_2	787	-5
29	I_1 M_2	793	2
	I_2	788	-3
	I_1 QHM	792	1
	I_2	787	-4
Sept. 4	I_1 M_2	786	-6
	I_2	781	-11
12	I_1 M_1	787	-5
	I_2	791	-1
15	I_1 QHM	790	-2
	I_2	793	1
19	I_1M_2	791	-1
25	I_1M_2	794	1
26	I_1 QHM	793	0
	I_2	784	-9
30	I_1 M_2	792	-1
	I_2	803[1]	10
Okt. 9	I_1M_2	777	-17
16	I_1M_2	791	-3
23	I_1 M_2	792	-3
	I_2	792[1]	-3
30	I_1 M_2	789	-6
	I_2	794	-1
Nov. 6	I_1 M_2	806	11
	I_2	798	3
13	I_1 M_2	800	4
	I_2	795	-1
20	I_1 M_2	799	3
	I_2	790	-6
28	I_1 M_2	795	-2
	I_2	794	-3
Dez. 5	I_1 M_2	804	7
	I_2	795	-2
11	I_1 M_2	801	3
	I_2	796	-2
18	I_1 M_2	810	12
	I_2	807	9
23	I_1M_2	796	-3

[1]) Süd aus West berechnet.

IV. Basiswerte

Die Basiswerte wurden durch geeignete Ausgleichungen der absoluten Messungen gewonnen, und zwar für alle Systeme unabhängig voneinander. Durch tägliche zweistündige Variationsvergleiche der verschiedenen Systeme wurden dann die Basiswerte aufeinander bezogen und zur Übereinstimmung gebracht. Den Basiswerten des Ostsystems (Tab. 21) liegen die absoluten Messungen der Tab. 7, 10, 11, 13, 14, 16 zugrunde

Tabelle 21

Ausgeglichene Basiswerte. Ostsystem

Hilfsbasen: bis 4. Oktober: D = 40, H = 80, Z = 100, T_H = 100
ab 18. Oktober: D = 120, H = 20, Z = 100, T_H = 60

Tag		D	H	I	Z
1951			Γ γ		Γ γ
Dez.	28	-2° 45'.08	0.18355.8	67° 16'.81	0.43838.7
1952					
Januar	2	-2 45.08	0.18356.2	67 16.79	0.43838.8
	7	45.09	270.6	22.50 [1]	839.0
	12	45.11	387.9	14.70 [2]	839.3
	17	45.15	388.5	14.67	839.6
	22	45.20	389.0	14.64	839.8
	27	45.26	389.4	14.61	839.9
Februar	1	45.33	389.8	14.59	840.0
	6	45.40	390.1	14.57	840.1
	11	45.48	390.3	14.56	840.1
	16	45.57	390.4	14.55	840.1
	21	45.67	390.6	14.54	840.1
	26	45.74	390.8	14.52	840.1
März	3	45.81	391.0	14.51	840.1
	8	45.87	391.3	14.50	840.2
	13	45.93	391.5	14.48	840.4
	18	46.00	391.9	14.47	840.6
	23	46.08	392.4	14.44	840.9
	28	46.15	392.9	14.42	841.2
April	2	46.22	393.3	14.40	841.5
	7	46.23	393.1	14.42	841.9
	12	46.25	392.3	14.49	842.3
	17	46.26	390.9	14.59	842.7
	22	46.27	389.6	14.69	843.2
	27	46.29	388.6	14.78	843.7
Mai	2	46.30	387.8	14.84	844.2
	7	46.32	387.2	14.89	844.7
	12	46.34	386.8	14.93	844.9
	17	46.36	386.6	14.95	845.0
	22	46.38	386.4	14.96	845.0
	27	46.40	386.2	14.97	845.0
Juni	1	46.42	386.0	14.98	845.0
	6	46.44	385.8	14.99	845.0
	11	46.47	385.5	15.01	845.0
	16	46.49	385.2	15.03	845.0
	21	46.51	384.7	15.07	845.0
	26	46.49	383.4	15.15	845.0

Tag		D	H	I	Z
			Γ γ		Γ γ
Juli	1	-2° 46'.47	0.18381.8	67° 15'.26	0.43844.9
	6	46.42	379.8	15.36	844.1
	11	46.34	377.9	15.46	843.1
	16	46.27	376.7	15.53	842.5
	21	46.19	375.8	15.58	841.9 [3]
	26	46.12	375.2	15.06	822.3
	31	46.06	374.7	15.09	822.2
August	5	46.03	373.7	15.17	822.5
	10	46.01	371.6	15.31	823.0
	15	46.01	370.6	15.40	823.6
	20	46.01	370.0	15.46	824.0
	25	46.01	369.5	15.50	824.0
	30	46.01	369.0	15.52	824.0
Sept.	4	46.01	368.8	15.54	824.0
	9	46.00	368.9	15.53	824.0
	14	45.99	369.1	15.52	824.0
	19	45.98	369.2	15.51	824.0
	24	45.97	369.7	15.48	824.0
	29	45.95	370.5	15.43	824.0
Oktober	4	45.90	371.5	15.39	824.0 [5]
	9/14	—	—	—	—
	19	-2 37.97	0.18390.8	—	—
	24	38.05	398.8	—	—
	29	38.07	404.1	—	—
Nov.	3	38.05	406.5	67 12.71	0.43812.9
	8	37.98	407.9	12.65	813.9
	13	37.91	408.1	12.66	814.9
	18	37.84	408.3	12.68	815.9
	23	37.77	408.5	12.70	816.9
	28	37.70	408.4	12.71	817.3
Dez.	3	37.66	408.2	12.72	817.4
	8	37.61	408.0	12.74	817.2
	13	37.57	407.7	12.75	817.1
	18	37.55	407.5	12.77	817.1 [4]
	23	37.53	407.2	12.70	814.2
	28	37.51	406.7	12.73	814.0
1953					
Januar	2	-2 37.50	0.18406.1	67 12.75	0.43813.8

γ γ
1) Januar 5 Sprung in H um 86.3, in I um 5.76.
2) Januar 8 Sprung in H um 116.6, in I um 7.78.
3) Juli 25 Sprung in Z um 19.1, in I um 0.54.
4) Dezember 22 Sprung in Z um 2.8, in I um 0.08.
5) Oktober 4–18 Neujustierung D und H.
Oktober 4–31 Neujustierung Z.

und denen des Westsystems (Tab. 22) die absoluten Messungen der Tab. 8, 12, 15, 17 und denen des Südsystems (Tab. 23) die absoluten Messungen der Tab. 18, 19, 20.

In den Tab. 7, 8, 10—20 sind in der letzten Spalte die Abweichungen der absoluten Messungen gegen den ausgeglichenen Basiswert gebildet, um so ein Maß für die wirklich erreichte äußere Genauigkeit zu haben.

Bildet man den Jahresdurchschnitt dieser Abweichungen unter Berücksichtigung des Vorzeichens, so kann man erkennen, inwieweit die ausgeglichenen Basiswerte durch die absoluten Messungen angenähert sind. Es ergaben sich folgende Werte:

D-Ost	$+ 0'.01$	H-Ost M I	$+ 0.2^{\gamma}$	I-West I_1	$+ 0'.00_6$
		M II	$+ 0.2^{\gamma}$	I_2	$- 0'.09$
D-West	$- 0'.04$	H-West M I	$- 0.2^{\gamma}$	I-West I_1	$+ 0'.01$
		M II	$- 0.2^{\gamma}$	I_2	$- 0'.07$
Y-Süd	$+ 0.1^{\gamma}$	X-Süd	$- 0.1^{\gamma}$		

Z-Ost aus H und $I_1 - 0.6^{\gamma}$
$I_2 - 3.8^{\gamma}$
Z-West aus H und $I_1 - 0.0^{\gamma}$
$I_2 - 1.1^{\gamma}$
Z-Süd aus H und $I_1 - 1.0^{\gamma}$
$I_2 - 3.5^{\gamma}$

Für die Unterschiede von J_1 und J_2 wurde bereits bei der Beschreibung der Inklinationsmessungen eine Erklärung gegeben. Die größeren Abweichungen für die Vertikalkomponente sind darauf zurückzuführen daß sich öfter die Abweichungen in den H- und I-Messungen gegenüber dem Basiswert addiert als aufgehoben haben.

Bildet man im Jahresdurchschnitt der Abweichungen der absoluten Messungen ohne Berücksichtigung des Vorzeichens gegen den ausgeglichenen Basiswert, so bekommt man für die äußere Genauigkeit der

Tabelle 22

Ausgeglichene Basiswerte. Westsystem

Hilfsbasen: D = 40, H = 100, Z = 60, T_Z = 60

Tag	D	H	I	Z	Tag	D	H	I	Z
1952									
		Γ γ		Γ γ			Γ γ		Γ γ
April 2	-2° 44'.78	0.18402.6	67° 13'.89	0.43845.9	August 25	-2° 44'.80	0.18418.7	67° 14'.83	0.43917.7
7	44.80	401.4	14.10	850.4	30	44.77	419.4	14.83	919.5
12	44.83	400.0	14.32	854.9	Sept. 4	44.72	420.6	14.81	921.6
17	44.85	399.2	14.50	859.4	9	44.67	422.1	14.79	924.2
22	44.87	399.7	14.59	863.8	14	44.62	423.6	14.77	927.1
27	44.89	400.1	14.68	868.0	19	44.57	425.2	14.75	930.1
Mai 2	44.91	400.5	14.77	872.1	24	44.52	427.0	12.29	846.6 [3]
7	44.92	400.8	14.86	876.1	29	44.47	429.0	12.18	847.3
12	44.93	401.1	14.95	879.8	Oktober 4	44.40	431.0	12.07	848.2
17	44.94	401.6	15.01	883.3	9	44.33 [1]	433.0	11.97	849.3
22	44.95	402.6	15.06	887.8	14	43.78 [2]	435.0	11.87	850.7
27	44.95	404.6	15.03	891.1	19	44.22	437.0	11.77	851.8
Juni 1	44.95	406.4	15.02	895.0	24	44.23	439.0	11.67	853.0
6	44.95	407.8	15.00	897.8	29	44.23	441.0	11.57	854.2
11	44.96	408.7	15.01	900.0	Nov. 3	44.22	443.2	11.47	855.6
16	44.97	409.2	15.02	901.7	8	44.21	445.3	11.37	857.3
21	44.98	409.6	15.03	903.1	13	44.20	447.4	11.27	858.9
26	45.00	409.8	15.05	904.3	18	44.16	449.6	11.17	860.6
Juli 1	45.06	410.1	15.06	905.3	23	44.11	452.4	11.04	862.4
6	45.10	410.3	15.07	906.0	28	44.06	455.4	10.89	864.4
11	45.10	410.5	15.07	906.8	Dez. 3	44.02	458.2	10.77	866.4
16	45.07	411.3	15.04	907.5	8	43.99	460.4	10.67	868.4
21	45.03	413.3	14.93	908.3	13	43.96	462.2	10.61	870.3
26	45.00	415.3	14.82	909.2	18	43.96	463.5	10.57	872.0
31	44.97	416.1	14.80	910.3	23	43.96	464.4	10.55	873.5
August 5	44.93	416.6	14.80	911.5	28	43.96	465.2	10.53	874.8
10	44.90	417.1	14.81	912.9	**1953**				
15	44.87	417.6	14.81	914.4	Januar 2	-2 43.96	0.18465.9	67 10.52	0.43876.0
20	44.84	418.1	14.83	916.0					

[1] Oktober 10 } Sprung in D von 0'.48 durch Ein- bzw.
[2] Oktober 17 } Ausbau von Variometern im Ostraum.

[3] September 23 Sprung in Z um 86.2^{γ} und I um 2'.42.

Tabelle 23

Ausgeglichene Basiswerte. Südsystem

Hilfsbasen: X = 100, Y = 40, Z = 80, T_x = 120

Tag		X	Y	Z
1951		Γ γ	Γ γ	Γ γ
Dez.	28	0.18315.9	-0.00876.1	0.43818.0
1952				
Januar	2	0.18314.3	-0.00876.1	0.43818.0
	7	312.5	875.8	818.0
	12	310.5	875.5	818.0
	17	308.7	875.2	817.5
	22	306.8	875.0	816.9
	27	305.1 [1]	874.9	816.0
Februar	1	379.0	874.8	815.1
	6	377.7	874.8	814.1
	11	376.7	874.9	813.1
	16	375.7	874.9	812.1
	21	374.7	875.0	811.1
	26	373.7	875.0	810.1
März	3	372.5	875.0	809.0
	8	371.5	875.0	808.2
	13	370.5	875.0	807.4
	18	369.5	875.0	806.5
	23	368.5	875.0	805.7
	28	367.5	875.0	804.9
April	2	366.7	875.0	804.1
	7	366.5	875.0	803.4
	12	366.5	875.4	802.9
	17	366.5	875.9	802.4
	22	366.5	876.3	801.9
	27	366.5	876.4	801.5
Mai	2	366.5	876.5	801.2
	7	366.5	876.5	800.9
	12	366.7	876.5	800.6
	17	366.9	876.5	800.4
	22	367.1	876.5	800.2
	27	367.3	876.5	799.9
Juni	1	367.5	876.5	799.5
	6	367.5	876.5	798.3
	11	367.5	876.5	797.2
	16	367.5	876.5	796.0
	21	367.5	876.5	795.3
	26	367.5	876.5	795.1
Juli	1	367.5	876.5	794.8

Tag		X	Y	Z
		Γ γ	Γ γ	Γ γ
Juli	6	0.18367.5	-0.00876.5	0.43794.6
	11	367.4	876.5	794.3
	16	367.1	876.5	794.1
	21	366.8	876.5	793.8
	26	366.5	876.5	793.5
	31	366.1	876.5	793.1
August	5	365.6	876.5	792.8
	10	365.1	876.5	792.5
	15	364.6	876.5	792.1
	20	364.1	876.6	791.8
	25	363.6	876.7	791.5
	30	363.1	876.9	791.4
Sept.	4	362.5	877.0	791.5
	9	361.6	877.2	791.8
	14	360.6	877.3	792.2
	19	359.6	877.5	792.5
	24	358.6	877.7	792.7
	29	357.6	877.8	793.0
Oktober	4	356.3	878.0	793.3
	9	354.8	878.2	793.6
	14	352.9	878.3	793.9
	19	350.9	878.5	794.3
	24	348.8	878.7	794.6
	29	346.8	878.8	794.9
Nov.	3	345.0	879.0	795.2
	8	343.3	879.2	795.6
	13	341.8	879.3	795.9
	18	340.3	879.5	796.2
	23	338.8	879.7	796.6
	28	337.3	879.8	796.9
Dez.	3	336.0	879.9	797.2
	8	334.8	880.0	797.6
	13	333.6	880.0	797.9
	18	332.5	880.0	798.2
	23	331.3	880.0	798.6
	28	330.3	880.0	798.9
1953				
Januar	2	0.18329.3	-0.00880.0	0.43799.2

[1]) Januar 29 Sprung in X um 75.4^{γ}.

absoluten Messungen folgende Zahlen:

D-Ost	$0'.10$	H-Ost	M I	$1^{\gamma}.3$	J-Ost	I_1 $0'.07$	Z-Ost	aus	I_1 $3^{\gamma}.6$
			M II	$1^{\gamma}.4$		I_2 $0'.12$			I_2 $5^{\gamma}.0$
D-West	$0'.14$	H-West	M I	$1^{\gamma}.4$	J-West	I_1 $0'.01$	Z-West	aus	I_1 $4^{\gamma}.3$
			M II	$1^{\gamma}.0$		I_2 $0'.12$			I_2 $4^{\gamma}.4$
Y-Süd	$0^{\gamma}.6$	X-Süd		$1^{\gamma}.1$			Z-Süd	aus	I_1 $4^{\gamma}.0$
									I_2 $4^{\gamma}.6$

Diese Genauigkeiten sind bei D etwas besser als im Vorjahr, bei I etwas schlechter. Die meisten Abweichungen bei den H-Messungen werden durch die Schwingungsbeobachtungen nach der Aug- und Ohrmethode verursacht.

V. Bemerkungen zu den Tabellen und zu den zeichnerischen Darstellungen

Die Anordnung in den Tabellen ist die gleiche wie in früheren Jahrbüchern. Im besonderen ist zu den Tabellen folgendes zu sagen: X ist nach Norden, Y nach Osten und Z nach unten positiv gerechnet. Dementsprechend ist eine östliche Deklination positiv, ebenso eine nördliche Inklination. Zur Zeit ist die Deklination in Niemegk westlich, also negativ. Alle Zeitangaben beziehen sich auf Weltzeit (MGZ). 0 Uhr ist Mitternacht. Der jährliche Gang aller Elemente und Komponenten ist in Tab. 24 angegeben. Die in dieser Tabelle abgedruckten Zahlen — die Abweichungen der Monatsmittel vom Jahresmittel — enthalten auch noch den Anteil der Säkularvariation.

Die Tabellen der Aktivitätszahlen enthalten unter n die in Niemegk geschätzten Charakterzahlen der Skala 0, 1, 2, unter f die Charakterzahlen in der fünfstufigen Skala 0, 0.5, 1, 1.5, 2. ν sind die internationalen Charakterzahlen, K_1 sind die dreistündigen in Niemegk geschätzten Kennziffern, ΣK_1 deren Tagessummen. K_2 sind die 4 Ziffern für jedes Dreistundenintervall zur morphologischen Beschreibung des Kurvenverlaufes nach G. FANSELAU[1]).

Dabei charakterisiert die erste Ziffer die Größe der Elementarwellen, die zweite die Bays, die dritte den Z-Störungsgang und die vierte den allgemeinen Störpegel. Im einzelnen haben die Ziffern folgende Bedeutung:

	0	1 bis	2 bis	3 über
Elementarwellen	fehlt ganz	2 γ	10 γ	10 γ
Baystörungen	„ „	20 γ	100 γ	100 γ
Z-Störungsgang	„ „	20 γ	100 γ	100 γ
Allgemeiner Störpegel	„ „	20 γ	100 γ	100 γ

Die Aktivität als interdiurne Veränderlichkeit von X[2]) ergibt:

1952	Januar	Februar	März	April	Mai	Juni
u	1.30	1.63	1.11	1.13	1.23	1.09
1952	**Juli**	**August**	**September**	**Oktober**	**November**	**Dezember**
u	0.93	0.88	0.84	1.13	0.94	0.99

Jahr
1.10

Tabelle 24

Abweichung der Monats- vom Jahresmittel

1952	Jan.	Febr.	März	April	Mai	Juni	Juli	Aug.	Sept.	Okt.	Nov.	Dez.
D	— 2′94	— 2.01	— 1.63	— 1.22	— 0.94	— 0.48	— 0.04	+ 0.35	+ 1.38	+ 2.12	+ 2.44	+ 2.95
I	+ 0′58	+ 0.49	+ 0.42	+ 0.22	— 0.24	— 0.65	— 0.37	— 0.65	+ 0.10	+ 0.31	— 0.13	— 0.02
H	γ —11.4	—11.6	—11.0	— 6.9	+ 1.5	+ 9.7	+ 8.1	+10.1	+ 0.2	— 1.2	+ 6.0	+ 6.8
F	γ —10.6	—14.0	—14.7	—10.9	— 4.2	+ 3.5	+ 8.5	+ 4.6	+ 3.5	+ 6.9	+10.9	+16.6
X	γ —12.2	—12.1	—11.4	— 7.3	+ 1.2	+ 9.5	+ 8.0	+10.1	+ 0.5	— 0.7	+ 6.5	+ 7.5
Y	γ —15.2	—10.2	— 8.2	— 6.2	— 5.1	— 3.0	— 0.6	+ 1.4	+ 7.4	+11.4	+12.8	+15.5
Z	γ — 6.6	—10.4	—11.3	— 8.8	— 5.2	— 0.2	+ 5.8	+ 0.9	+ 3.8	+ 8.0	+ 9.3	+15.2

[1]) G. FANSELAU, Zeitschrift für Meteorologie 1949, S. 238. (Die in obiger Art und Weise geschätzten zweiten Kennziffern K_2 der Jahre 1935 bis 1944 wurden in einer Abhandlung des Geophysikalischen Instituts Potsdam, Nr. 15, von H. Just behandelt.)

[2]) AD. SCHMIDT, Ergebnisse der magnetischen Beobachtungen in Potsdam und Seddin im Jahre 1921.

Der Reduktionsfaktor hat für Niemegk mit den geomagnetischen Koordinaten $\Phi = 52^\circ\ 15'$, $\Lambda = 96^\circ\ 34'$, $\psi = -\ 18^\circ\ 48'$ den Wert 0.01725.

Die nach dem caractère magnétique als ruhig bezeichneten Tage tragen in den Tabellen das Kennzeichen *, die als gestört bezeichneten Tage das Kennzeichen †.

Von einer Ableitung des Mondeinflusses wurde abgesehen. Von der üblichen Ableitung der täglichen Gänge an den fünf ruhigen und gestörten Tagen eines Monats wurde wie im Vorjahre ebenfalls abgegangen. Außerdem wurde auf die bisher in den Jahrbüchern veröffentlichte harmonische Analyse der täglichen Gänge verzichtet. Dafür wurden die täglichen Gänge an ruhigen, mäßig gestörten und stark gestörten Tagen berechnet, wobei das ganze Tagesintervall einen gleichmäßig ruhigen oder gestörten Charakter zeigen muß, der nach den dreistündigen Kennziffern bestimmt wird. Es sind natürlich in den einzelnen Gruppen ganz verschieden viele Tage vorhanden, aber bei einer Bearbeitung mehrerer Jahre lassen sich auf diese Art ganz charakteristische Gänge herausarbeiten[1]).

In den diesbezüglichen Tabellen (S. 72—76) ist die mittlere Züricher Sonnenfleckenrelativzahl — SFR — für diese Tage angegeben und bei den ruhigen Tagen außerdem die Differenz der Tagesmittel zum Mittel aus den 6 Nachtstunden (21 Uhr bis 3 Uhr MGZ), da häufig die Abweichung des täglichen Ganges vom Nachtniveau bei der Darstellung bevorzugt wird. Unter n ist jeweils die Anzahl der zur Mittelbildung verwendeten Tage angegeben. Das Auswahlprinzip für die Gruppen von Tagen ist in Tab. 25 aufgeführt. Beinahe die Hälfte aller Tage entspricht dieser Auswahl. Eine gesonderte Tab. 26 zeigt, welche Tage 1952 den obigen Bedingungen entsprachen.

Tabelle 25

Auswahlprinzip für tägliche Gänge an ruhigen und gleichmäßig gestörten Tagen durch dreistündige Kennziffern:

Gruppe I: Sehr ruhige Tage

$K = 0, 1$		kein $K \geq 2$

Gruppe II: Ruhige Tage

$K = 0, 1, 2$		kein $K \geq 3$

Gruppe III: Leicht gestörte Tage

Mindestens viermal	$K = 2$ oder 3	
höchstens zweimal	$K = 4$	kein $K \geq 5$
höchstens einmal	$K = 1$	kein $K = 0$

Gruppe IV: Gestörte Tage

Mindestens viermal	$K = 4$ oder 5	kein $K \geq 6$
höchstens einmal	$K = 2$	kein $K \leq 1$

Gruppe V: Stark gestörte Tage

Mindestens viermal	$K = 5$ oder 6 oder 7	kein $K \geq 8$
höchstens einmal	$K = 3$	kein $K \leq 2$

Die Tagessummen der dreistündigen Kennziffern sind also von folgender Größe:

Gruppe		
I	$K_1 =$	0 bis 8
II	$K_1 =$	0 bis 16
III	$K_1 =$	15 bis 26
IV	$K_1 =$	27 bis 40
V	$K_1 =$	35 bis 56

[1]) H. Wiese, l. c.

Tabelle 26

1952. Verwendete Daten zur Berechnung der täglichen Gänge

Gruppe	Jan.	Febr.	März	April	Mai	Juni	Juli	Aug.	Sept.	Okt.	Nov.	Dez.
I	—	5.	—	—	—	—	—	—	—	24.	10. 13.	20.
II	18.	4. 21.	2. 20. 28.	—	9. 16. 22.	20. 21.	28. 29. 30.	14. 16. 25. 28.	17. 19. 23.	19. 20. 22. 23.	4. 12. 18.	8. 9. 21. 23.
III	16. 30.	2. 17. 20. 29.	1. 12. 13. 18. 25. 27.	11. 15. 16. 17. 23.	6. 12. 21. 24.	1. 5. 11. 15. 17. 18. 27.	4. 14. 15. 18. 22. 23. 24. 31.	1. 2. 4. 5. 6. 8. 11. 19. 20. 27. 30.	3. 4. 6. 10. 11. 12. 15. 16.	1. 7. 9. 12. 18. 28.	2. 6. 30.	3. 11. 16. 26.
IV	5. 6. 11. 12. 13. 14. 15. 28.	1. 7. 8. 9. 11. 12. 13. 27. 28.	4. 9. 17. 24.	1. 7. 8. 9. 28. 30.	1. 2. 7. 8. 19. 28. 29. 30.	24.	5. 21.	17. 18.	1. 2. 9. 14.	26.	27. 28.	2. 29. 31.
V	—	16. 24.	4. 5. 6. 31.	2. 3. 29. 30.	1.	—	—	—	8.	5. 31.	—	—

VI. Tabellen

enthaltend die

Ergebnisse der Beobachtungen im Jahre 1952 in Niemegk

Astronomische Koordinaten: $\varphi = 52° 4'.3$, $\lambda = 12° 40'.5$ E. v. Grw.

$= 0^h 50^m 42^s.0$ E. v. Grw.

Geomagnetische Koordination: $\Phi = 52° 15'$, $\Lambda = 96° 34'$, $\psi = -18° 48'$

Höhe über N.N.: 78 m

	1952	Jan.	Febr.	März	April	Mai	Juni	Juli	Aug.	Sept.	Okt.	Nov.	Dez.	Jahr
D	— 2° —	41'.38	40.45	40.07	39.66	39.38	38.92	38.48	38.09	37.06	36.32	36.00	35.49	38.44
I	+ 67° +	13'.06	12.97	12.90	12.70	12.24	11.83	12.11	11.83	12.58	12.79	12.35	12.46	12.48
H	Γ 0.18 +	γ 405.2	405.0	405.6	409.7	418.1	426.3	424.7	426.7	416.8	415.4	422.6	423.4	416.6
F	Γ 0.47 +	γ 530.2	526.8	526.1	529.9	536.6	544.3	549.3	545.4	544.3	547.7	551.7	557.4	540.8
X	Γ + 0.18 +	γ 384.9	385.0	385.7	389.8	398.3	406.6	405.1	407.2	397.6	396.4	403.6	404.6	397.1
Y	Γ — 0.00 —	γ 863.7	858.7	856.7	854.7	853,6	851.5	849.1	847.1	841.1	837.1	835.7	833.0	848.5
Z	Γ + 0.43 +	γ 822.1	818.3	817.4	819.9	823.5	828.5	834.5	829.6	832.5	836.7	838.0	843.9	828.7

Nordkomponente

Niemegk $X = 0.18300 + \text{Tafelwert}$ (γ) **1952**

Weltzeit

Januar

Tag	0h–1h	1h–2h	2h–3h	3h–4h	4h–5h	5h–6h	6h–7h	7h–8h	8h–9h	9h–10h	10h–11h	11h–12h	12h–13h	13h–14h	14h–15h	15h–16h	16h–17h	17h–18h	18h–19h	19h–20h	20h–21h	21h–22h	22h–23h	23h–24h	Tagesmittel γ	Max.	Min.
1	90	84	76	81	81	83	91	70	68	71	63	60	82	89	87	90	88	89	99	100	91	82	88	86	82.9	100	60
2	83	87	87	88	89	94	90	89	87	85	90	93	95	98	99	98	92	92	99	91	91	91	95	102	91.9	102	83
3	96	91	91	98	94	92	94	98	93	94	102	108	102	97	98	101	100	100	112	107	94	85	98	97	97.6	112	85
4	82	98	100	90	93	95	95	90	87	87	89	97	90	84	70	75	74	82	98	98	92	140	85	89	90.8	140	70
5†	91	93	91	86	98	81	69	75	38	13	35	48	35	38	53	66	56	71	70	74	83	98	109	86	69.0	109	13
6	78	79	89	97	97	84	92	80	70	58	65	78	80	77	76	74	56	73	65	73	84	89	83	82	78.3	97	56
7	79	77	83	88	91	89	95	100	93	87	85	85	73	47	53	62	86	85	63	71	83	93	85	84	80.7	100	47
8	89	86	80	99	93	97	92	94	88	74	72	71	76	88	88	82	80	83	78	86	89	90	91	90	85.7	99	71
9	92	92	93	99	108	115	110	110	95	80	78	82	89	97	100	100	92	88	81	95	85	91	84	78	93.1	115	78
10	81	88	92	89	73	110	101	101	83	92	84	75	74	73	74	75	61	62	63	80	84	90	92	78	82.3	110	61
11	86	91	87	99	87	84	85	92	92	85	81	87	80	70	80	86	62	110	76	72	83	94	95	86	85.4	110	62
12	107	83	97	72	93	98	82	69	75	82	68	74	84	71	72	53	63	108	84	79	91	85	104	100	83.1	108	53
13†	79	90	83	82	87	79	95	94	86	69	73	29	65	66	36	52	68	85	69	80	116	89	83	92	77.0	116	29
14†	92	85	66	87	95	87	88	81	84	77	60	69	74	79	68	70	52	69	95	76	104	108	79	74	80.0	108	52
15	67	72	75	69	86	90	88	77	78	78	76	64	72	65	24	24	31	72	69	57	76	77	81	76	68.5	90	24
16	73	87	82	81	79	85	90	82	77	72	62	64	75	74	81	75	81	82	84	93	98	81	89	93	80.8	98	62
17	84	82	82	88	93	91	94	94	89	83	80	74	74	76	81	83	86	88	89	105	89	84	86	87	85.9	105	74
18*	84	84	85	86	92	96	97	95	88	81	81	85	88	91	93	92	93	92	96	98	94	97	95	92	90.6	98	81
19*	89	90	91	94	94	96	97	98	97	93	93	92	90	88	96	96	92	89	95	104	93	91	88	88	93.1	104	88
20*	89	90	92	93	97	99	98	96	95	89	83	80	82	89	93	93	88	87	95	96	87	96	101	88	91.5	101	80
21*	87	88	99	92	94	92	98	96	88	90	95	94	95	97	98	90	93	96	92	94	94	86	90	95	93.0	99	86
22	93	93	89	90	96	98	101	101	99	95	89	86	87	94	95	95	98	99	95	86	94	77	80	84	92.2	101	77
23	84	90	92	95	98	102	107	106	99	89	82	82	86	86	67	67	66	39	52	58	62	67	90	94	81.7	107	39
24	86	92	91	91	92	90	88	86	83	78	79	86	92	84	70	66	56	84	88	88	89	95	106	90	85.4	106	56
25	90	84	91	94	97	100	103	99	91	83	81	70	67	64	66	85	89	90	80	86	102	98	93	94	87.4	103	64
26*	95	97	98	100	103	106	106	106	105	98	96	90	93	108	109	112	108	108	109	107	111	112	111	111	**104.1**	112	90
27†	107	106	108	109	105	135	142	135	122	110	98	101	56	52	39	21	40	26	55	76	73	77	98	99	87.1	**142**	21
28	70	70	76	77	58	87	95	87	73	63	67	67	67	70	65	82	77	98	89	88	88	101	105	84	79.3	105	58
29†	85	81	83	85	92	93	100	97	89	74	58	58	60	58	48	75	42	21	59	12	65	33	60	64	**66.3**	100	**12**
30	64	66	52	69	66	81	82	80	74	76	70	67	67	76	81	81	79	80	79	90	84	95	96	84	76.6	96	52
31	83	84	84	92	96	99	104	105	102	97	92	91	92	88	71	82	78	79	95	95	95	96	89	95	91.0	105	71
Mittel	86	86	87	89	91	94	96	93	87	81	78	78	79	78	75	78	75	82	83	84	89	90	91	88	84.9	106	60

Februar

Tag	0h–1h	1h–2h	2h–3h	3h–4h	4h–5h	5h–6h	6h–7h	7h–8h	8h–9h	9h–10h	10h–11h	11h–12h	12h–13h	13h–14h	14h–15h	15h–16h	16h–17h	17h–18h	18h–19h	19h–20h	20h–21h	21h–22h	22h–23h	23h–24h	Tagesmittel γ	Max.	Min.
1	93	98	96	96	95	102	97	93	71	76	77	43	70	91	67	39	64	76	56	54	66	94	74	78	77.8	102	39
2	79	78	79	81	87	85	89	87	73	72	67	74	86	86	80	71	74	81	90	89	98	99	90	94	82.9	99	67
3*	93	87	88	91	90	89	92	89	81	69	67	73	78	87	91	92	94	94	99	98	98	94	95	96	88.5	99	67
4*	94	100	98	99	98	103	106	101	93	88	88	86	78	82	94	100	101	96	90	91	98	99	98	98	95.0	106	78
5*	98	97	98	100	102	110	113	110	101	96	95	93	93	95	101	106	108	110	110	111	112	112	108	110	103.7	113	93
6†	109	106	108	110	111	110	112	125	114	108	92	83	65	90	98	104	44	63	66	94	76	45	93	60	91.1	125	44
7	60	52	62	63	67	79	87	57	76	69	43	41	62	55	73	70	86	66	90	96	76	80	107	79	70.7	107	41
8†	90	66	70	80	72	82	94	80	39	74	66	66	74	78	64	54	80	81	95	144	109	73	73	77	78.4	**144**	39
9	78	81	81	73	84	91	86	86	79	60	53	61	67	80	69	90	66	88	90	127	80	82	92	106	81.2	127	53
10	92	80	81	80	86	88	85	81	77	77	72	81	79	85	85	70	43	69	109	122	55	84	64	90	80.6	122	43
11	69	97	88	61	63	76	80	74	74	74	68	39	58	75	79	80	84	89	76	114	103	93	73	113	79.2	114	39
12	87	77	83	64	86	95	91	89	84	80	69	53	57	71	77	71	89	80	85	119	103	105	86	76	82.4	119	53
13	107	81	84	85	78	92	91	92	88	84	73	71	68	62	67	74	68	80	77	83	98	143	98	74	84.1	143	62
14	74	83	83	84	85	84	89	93	88	68	80	80	87	84	92	84	76	76	92	102	90	100	92	88	85.6	102	68
15	85	86	87	92	98	96	88	100	96	84	86	87	87	90	88	86	90	96	96	95	96	94	102	108	92.2	108	84
16†	108	112	112	105	96	95	112	48	28	10	20	32	58	20	32	54	57	54	70	71	71	60	76	80	65.9	112	**10**
17	64	64	84	83	76	81	84	80	70	65	67	66	72	79	82	88	92	92	92	84	87	91	95	93	80.5	95	64
18	89	108	87	91	99	102	103	102	98	93	85	72	73	85	88	87	93	93	97	93	82	76	93	91	90.8	108	72
19	110	95	105	78	90	96	93	101	91	85	83	78	64	77	85	87	88	74	63	63	91	87	91	76	85.5	110	63
20	83	86	83	87	96	93	106	95	84	75	76	76	74	78	82	86	88	86	87	90	91	92	95	98	87.0	106	74
21*	99	97	96	100	106	107	107	105	99	99	99	100	100	94	97	98	95	91	94	93	103	105	100	103	99.5	107	91
22*	101	100	99	97	100	101	103	108	104	100	97	99	99	99	97	92	94	92	93	92	102	95	102	99	98.5	108	92
23	101	101	99	98	105	105	111	109	105	106	106	109	110	111	110	106	103	106	107	107	104	117	126	112	**107.2**	126	98
24†	122	111	105	79	42	54	54	61	63	55	35	58	29	48	50	40	61	40	36	91	50	63	74	66	**62.0**	122	29
25	62	74	62	70	75	73	78	75	76	77	86	94	86	59	85	82	82	86	88	82	81	87	90	90	79.2	94	59
26	89	109	99	102	93	108	97	79	86	76	85	93	98	94	88	81	78	78	68	73	91	103	109	94	90.5	109	68
27†	70	78	76	83	100	82	90	59	73	76	76	64	73	77	76	84	82	83	82	90	110	111	87	81	81.8	111	59
28	74	86	72	88	79	86	79	90	53	53	74	67	77	69	53	66	69	76	85	90	85	94	96	95	77.3	96	53
29	88	89	93	94	100	92	88	90	88	82	76	66	57	60	77	66	89	84	80	88	94	97	117	110	86.0	117	57
Mittel	89	89	88	87	88	92	93	88	81	77	74	73	75	78	80	80	81	82	85	95	90	92	93	91	85.0	112	61

Nordkomponente

Niemegk $X = 0.18\,300 + \text{Tafelwert}$ (Einheit: γ) 1952

März

Tag	0h–1h	1h–2h	2h–3h	3h–4h	4h–5h	5h–6h	6h–7h	7h–8h	8h–9h	9h–10h	10h–11h	11h–12h	12h–13h	13h–14h	14h–15h	15h–16h	16h–17h	17h–18h	18h–19h	19h–20h	20h–21h	21h–22h	22h–23h	23h–24h	Tagesmittel γ	Max.	Min.
1	101	91	89	77	85	97	89	91	90	75	75	84	85	85	72	85	83	89	89	93	97	99	100	100	88.4	101	72
2*	100	96	97	95	96	105	106	101	96	93	95	95	95	98	100	97	95	98	101	105	104	101	104	102	99.0	106	93
3	101	101	101	103	108	109	114	121	125	121	120	116	107	60	51	83	92	75	56	61	69	91	70	114	94.5	125	51
4†	56	72	43	54	96	102	68	49	55	56	19	22	34	65	68	56	56	64	64	91	84	71	80	103	63.7	103	19
5†	85	57	65	93	52	71	70	61	51	16	28	68	55	71	62	77	28	47	60	94	91	16	50	71	**60.0**	94	**16**
6†	56	41	144	76	66	18	80	71	72	58	46	56	75	68	65	64	66	79	68	86	87	117	82	69	71.2	**144**	18
7†	65	79	72	69	91	95	84	76	71	64	27	52	65	80	58	63	65	118	78	56	106	86	123	109	77.2	123	27
8	82	67	64	64	71	62	59	54	56	59	43	53	46	63	59	64	63	71	93	94	55	84	68	73	65.3	94	43
9	94	106	56	74	79	71	79	56	43	49	50	59	63	77	64	64	57	99	96	127	111	110	48	93	76.0	127	43
10	92	83	79	85	68	81	69	67	68	63	65	68	56	66	82	68	80	109	78	102	79	95	102	85	78.8	109	56
11	81	65	76	75	78	76	75	73	71	75	79	83	90	82	84	82	83	69	135	83	82	84	104	95	82.5	135	65
12	91	97	79	90	87	92	83	79	73	66	72	83	83	69	79	80	78	78	98	67	78	98	86	92	82.4	98	66
13	83	79	85	91	90	89	83	75	75	76	77	83	86	74	70	89	86	92	91	91	97	97	121	98	86.6	121	70
14*	93	88	86	89	93	87	91	90	84	80	67	69	76	79	82	84	89	94	95	94	96	99	108	110	88.5	110	67
15	106	96	90	90	92	99	90	91	88	88	83	77	78	81	89	94	87	77	87	95	94	102	98	91	90.1	106	77
16	94	97	96	95	107	106	102	92	66	74	74	69	62	78	84	84	72	91	92	87	78	85	91	108	86.8	108	62
17	104	99	95	98	112	98	91	101	85	61	52	47	70	52	61	58	82	104	91	93	101	101	114	105	86.5	114	47
18	98	95	95	90	95	103	87	94	74	67	69	73	77	78	84	74	73	92	96	98	97	98	98	102	87.8	103	67
19*	103	102	102	102	104	105	102	98	92	84	78	79	82	88	98	85	95	106	106	110	110	109	101	101	97.6	110	78
20*	101	102	103	105	105	107	107	101	92	85	80	77	85	90	98	104	106	110	112	110	109	109	109	110	100.7	112	77
21	113	125	118	119	135	133	101	95	81	73	74	85	76	51	70	60	82	88	89	83	91	106	87	133	94.5	135	51
22	96	89	96	103	106	89	69	72	64	61	62	66	75	85	89	86	90	89	92	107	105	105	115	104	88.1	115	61
23	49	98	105	93	92	93	77	59	77	61	50	68	65	64	69	73	80	87	128	88	105	112	113	123	84.5	128	49
24	98	99	110	97	132	123	101	94	59	54	41	32	67	77	74	75	68	78	81	93	98	125	94	96	86.1	132	32
25	90	97	95	96	98	96	99	90	67	52	47	54	57	72	76	76	82	89	92	100	108	123	98	89	85.1	123	47
26	101	92	119	97	95	98	99	92	82	78	74	76	81	81	80	87	95	95	100	100	113	96	100	104	93.1	119	74
27	95	95	96	100	86	101	102	90	81	79	73	64	74	79	80	90	74	93	97	105	102	112	108	100	90.7	112	64
28*	104	100	99	100	97	104	104	101	95	92	91	93	96	99	102	104	106	108	110	112	113	111	111	111	**102.6**	113	91
29	110	108	108	112	110	114	116	111	100	85	74	68	64	84	91	99	105	110	107	108	115	115	116	131	102.5	131	64
30	111	99	87	100	92	106	115	113	106	92	84	84	89	90	84	85	34	80	89	99	91	126	128	98	95.1	128	34
31†	79	115	85	57	54	51	62	64	16	22	44	52	61	63	81	49	107	61	74	95	123	90	81	117	71.0	123	**16**
Mittel	91	91	92	90	93	93	90	85	76	70	65	70	73	76	78	79	79	88	92	94	96	99	97	101	85.7	116	55

April

Tag	0h–1h	1h–2h	2h–3h	3h–4h	4h–5h	5h–6h	6h–7h	7h–8h	8h–9h	9h–10h	10h–11h	11h–12h	12h–13h	13h–14h	14h–15h	15h–16h	16h–17h	17h–18h	18h–19h	19h–20h	20h–21h	21h–22h	22h–23h	23h–24h	Tagesmittel γ	Max.	Min.
1	92	79	90	69	70	76	74	44	38	62	66	76	87	54	46	60	60	96	91	90	91	94	94	93	74.7	96	38
2†	93	142	103	84	94	89	85	66	54	16	09	71	70	78	54	66	81	79	57	79	113	96	88	93	77.5	142	09
3†	125	85	66	69	79	87	62	55	52	03	36	42	64	47	63	46	106	59	70	87	128	103	88	96	71.6	128	**03**
4	77	71	70	78	63	66	63	52	11	35	37	42	52	48	54	68	73	89	92	93	139	88	71	92	**67.7**	139	11
5	87	92	105	98	86	91	74	42	33	52	57	59	56	58	76	62	78	128	99	81	90	95	107	98	79.3	128	33
6	118	82	67	81	76	83	70	58	45	28	49	70	65	74	78	69	102	98	103	142	111	87	87	106	81.2	142	28
7	104	89	71	74	86	79	44	50	79	73	65	46	68	76	74	87	100	87	114	85	106	121	97	106	82.5	121	44
8	124	91	83	94	86	90	85	62	60	49	42	53	55	68	88	97	92	101	108	126	121	89	85	95	85.2	126	42
9	103	94	97	83	90	84	81	67	50	62	73	77	65	86	94	97	94	104	91	91	94	125	107	128	89.0	128	50
10	113	81	70	94	86	78	74	78	80	71	65	47	62	73	83	93	98	95	98	112	98	113	106	97	86.0	113	47
11	87	88	86	90	98	103	103	81	72	63	71	67	58	79	86	93	97	101	98	100	99	98	98	97	88.0	103	58
12*	98	90	106	104	112	107	93	84	79	70	66	74	79	87	95	101	105	106	109	112	106	108	105	111	96.1	112	66
13	110	115	105	98	113	112	109	106	94	78	55	54	61	74	92	103	106	104	105	108	107	107	111	110	97.4	115	54
14	110	102	102	104	106	108	106	100	97	87	70	78	79	85	94	101	86	100	113	112	112	117	108	106	99.3	117	70
15	105	102	99	108	108	113	114	108	97	93	82	72	64	66	77	83	80	87	102	106	107	109	107	105	95.6	114	64
16	104	105	105	116	103	105	89	113	102	98	88	83	87	78	69	75	99	102	104	113	123	122	107	106	99.8	123	69
17	105	104	96	82	85	100	94	98	85	64	72	68	82	93	97	98	102	96	100	99	108	104	103	104	93.3	108	64
18	103	103	103	104	108	110	111	108	106	99	92	92	98	95	95	111	121	106	86	91	117	133	130	98	105.0	133	86
19	106	101	98	85	90	98	94	88	83	84	86	84	91	78	70	74	90	112	114	92	88	91	139	112	93.7	139	70
20*	95	95	98	94	89	86	86	84	82	80	84	89	96	105	110	108	100	106	112	112	110	114	119	123	99.0	123	80
21†	98	118	119	106	107	106	92	100	97	94	96	111	130	142	74	46	05	64	90	54	56	59	84	91	89.1	142	05
22	86	86	94	98	80	64	24	21	36	39	27	49	68	74	75	84	102	94	101	107	104	97	99	98	75.3	107	21
23	100	98	86	97	100	98	88	78	80	76	59	73	77	81	83	83	94	91	108	106	104	102	99	98	90.0	108	59
24	99	96	98	98	102	100	95	91	85	77	80	85	89	96	105	118	94	81	99	103	108	139	127	92	98.2	139	77
25*	94	97	100	104	105	103	98	92	85	79	76	70	77	92	95	98	97	94	107	109	109	114	112	110	96.5	114	70
26*	111	111	113	111	110	110	105	95	89	85	85	86	94	103	107	112	114	122	108	112	121	114	119	111	106.2	122	85
27*	110	111	108	107	107	105	104	102	96	93	93	94	99	106	112	119	118	120	125	127	124	126	140	134	**111.7**	140	93
28	134	126	123	93	110	101	96	89	89	82	85	59	77	77	74	87	90	94	85	91	110	108	107	108	95.6	134	59
29†	101	99	100	99	88	104	100	48	75	81	76	59	62	65	98	82	109	146	92	115	94	78	86	130	91.1	**146**	48
30†	82	102	67	83	70	42	65	71	47	49	30	35	38	61	69	89	113	103	109	124	112	87	117	102	77.8	124	30
Mittel	102	98	94	94	94	93	86	78	73	67	66	69	75	80	83	87	94	99	100	103	107	105	105	105	89.8	124	51

Weltzeit

Nordkomponente

Niemegk — $X = 0.18\,300\ \Gamma + \text{Tafelwert}$ — 1952

Weltzeit

Mai

Tag	0h–1h	1h–2h	2h–3h	3h–4h	4h–5h	5h–6h	6h–7h	7h–8h	8h–9h	9h–10h	10h–11h	11h–12h	12h–13h	13h–14h	14h–15h	15h–16h	16h–17h	17h–18h	18h–19h	19h–20h	20h–21h	21h–22h	22h–23h	23h–24h	Tagesmittel	Max.	Min.
																									γ		
1†	132	100	74	82	64	66	58	22	31	38	49	65	75	75	94	78	90	138	114	133	114	115	113	84	83.5	138	22
2†	110	104	66	70	93	76	71	56	37	44	53	66	63	65	71	95	89	96	136	139	95	98	87	107	82.8	139	37
3†	93	92	86	74	73	58	83	57	65	65	70	76	82	87	97	107	119	104	138	112	86	60	104	92	86.7	138	57
4	135	110	76	73	56	64	71	59	52	64	72	73	73	75	83	84	110	108	126	124	93	103	118	110	88.0	135	52
5	104	101	98	90	79	59	56	43	65	60	56	74	84	95	84	93	90	96	114	100	111	114	116	122	87.7	122	43
6	119	94	88	94	80	61	54	30	37	54	71	81	71	70	64	72	83	98	105	102	104	108	108	107	81.5	119	30
7†	100	95	87	102	92	95	54	45	35	22	35	33	27	95	91	68	94	101	64	52	39	38	92	80	**68.2**	102	22
8	82	77	84	88	75	70	57	42	40	66	70	66	56	66	81	90	76	97	109	106	114	108	100	101	80.0	114	40
9*	100	102	99	98	95	91	86	86	85	88	91	91	92	98	105	107	107	105	105	105	103	103	103	101	97.8	107	85
10*	126	118	113	110	106	110	103	90	78	78	88	99	105	107	107	114	114	114	112	110	112	111	110	110	106.0	126	78
11	109	110	111	112	109	106	98	93	90	90	92	102	110	118	97	93	128	113	118	106	115	123	120	122	107.7	128	90
12	123	125	119	116	120	114	110	102	98	93	88	94	95	95	96	99	99	99	105	113	122	118	115	114	107.2	125	88
13	115	114	114	117	115	117	115	111	106	97	91	97	102	82	93	112	115	118	117	123	118	118	111	118	109.8	123	82
14	130	138	118	117	111	108	103	103	98	84	81	88	101	111	115	118	121	118	119	121	118	116	115	115	111.1	138	81
15*	113	114	111	113	114	110	102	94	84	82	84	89	82	87	84	93	112	108	107	114	114	114	111	114	102.1	114	82
16*	114	114	113	113	114	108	99	91	89	92	96	98	102	104	102	105	110	110	115	113	113	115	120	118	107.0	120	89
17	115	115	115	118	115	105	99	96	99	104	110	110	107	110	113	116	108	109	123	135	136	149	160	152	**117.5**	160	96
18	136	126	128	119	115	123	110	87	84	99	90	95	114	110	102	129	86	114	102	107	122	121	111	107	109.9	136	84
19	117	114	112	117	76	113	108	93	72	45	87	87	86	85	84	97	97	105	115	110	120	113	109	111	98.9	120	45
20	119	108	102	103	113	110	97	85	75	86	95	87	75	82	95	98	117	108	119	118	121	137	118	116	103.5	137	75
21	119	109	115	116	121	108	96	91	88	75	95	102	78	75	99	98	112	115	120	112	115	113	111	112	104.0	121	75
22*	111	106	108	108	108	103	101	98	96	98	91	98	104	110	108	108	111	111	112	115	115	114	113	113	106.7	115	91
23	112	112	112	114	114	111	108	106	104	103	110	115	112	114	116	120	104	118	122	134	118	122	125	125	114.6	134	103
24	132	133	116	111	120	116	102	101	102	104	108	116	100	98	102	119	127	115	129	127	131	124	114	114	115.0	133	98
25	139	128	112	115	105	99	105	96	67	71	79	86	92	95	107	108	105	100	116	118	115	115	112	114	104.1	139	67
26	116	116	116	119	117	113	105	100	91	46	81	113	117	122	104	120	128	108	154	125	131	163	102	67	111.4	**163**	46
27†	69	109	97	63	64	50	31	21	-01	11	22	58	64	71	86	87	121	96	112	119	132	105	94	97	74.1	132	**-01**
28	107	103	96	98	97	91	84	79	73	61	45	61	81	90	115	145	114	101	113	123	122	111	108	111	97.0	145	45
29	143	98	91	84	74	97	79	58	46	37	73	78	79	78	75	90	113	145	126	135	111	107	105	100	92.6	145	37
30	99	91	105	87	99	91	80	72	58	60	60	64	80	89	96	99	109	112	115	141	123	109	108	115	94.2	141	58
31	118	119	96	102	90	64	91	86	76	71	79	78	79	78	88	99	107	107	134	123	115	112	102	107	96.7	134	64
Mittel	115	110	102	101	89	94	88	77	72	71	78	85	87	92	95	102	107	109	117	117	113	112	111	109	98.3	130	63

Juni

Tag	0h–1h	1h–2h	2h–3h	3h–4h	4h–5h	5h–6h	6h–7h	7h–8h	8h–9h	9h–10h	10h–11h	11h–12h	12h–13h	13h–14h	14h–15h	15h–16h	16h–17h	17h–18h	18h–19h	19h–20h	20h–21h	21h–22h	22h–23h	23h–24h	Tagesmittel	Max.	Min.
																									γ		
1	106	108	105	106	94	89	84	86	80	79	84	92	92	88	91	90	96	109	119	112	108	111	104	108	97.5	119	79
2	104	101	99	102	97	106	111	104	103	97	92	89	93	92	93	102	112	117	120	116	112	106	106	107	103.4	120	89
3	109	109	108	110	114	114	104	98	99	93	86	79	78	84	99	110	111	124	126	129	111	110	112	107	105.2	129	78
4	133	115	112	108	105	97	92	88	86	87	94	95	95	104	104	105	115	120	126	127	116	112	110	111	106.5	133	86
5	108	108	112	128	118	106	98	95	96	95	98	98	97	92	98	86	112	112	122	124	120	119	122	114	107.4	128	86
6*	111	116	110	112	113	107	98	95	97	100	101	108	106	100	104	110	112	117	123	123	120	116	115	112	109.4	123	95
7*	112	112	113	116	118	113	100	89	84	89	99	99	100	106	112	118	123	128	135	135	135	134	134	133	114.0	135	84
8	134	135	139	151	136	126	119	111	99	98	97	95	96	98	104	115	144	118	131	133	139	130	137	130	121.5	151	95
9†	125	130	139	128	130	106	104	105	95	89	87	85	98	118	110	88	98	114	119	124	130	130	131	118	112.5	139	85
10	123	115	115	110	112	112	100	93	87	88	85	83	92	101	85	118	116	125	127	135	145	138	117	114	109.8	145	83
11	115	114	115	111	114	108	86	82	84	82	78	79	87	93	98	101	121	128	126	126	125	133	117	116	105.8	133	78
12	107	111	120	115	119	116	107	96	92	87	90	95	93	102	110	120	122	122	125	124	123	118	122	118	110.6	125	87
13*	118	116	116	116	119	111	101	95	94	90	94	90	91	95	100	108	114	116	121	118	130	135	131	123	110.1	135	90
14†	120	122	126	130	131	122	120	103	69	72	87	75	75	72	107	123	131	99	159	122	106	110	129	109	109.1	159	69
15	108	112	113	108	118	116	111	102	90	72	76	82	71	76	96	100	107	120	107	127	125	119	116	124	104.0	127	71
16	112	110	116	103	118	87	71	88	77	69	80	68	76	86	106	93	111	104	106	114	118	115	118	117	98.5	118	68
17	115	107	110	115	101	108	97	87	96	91	83	94	95	100	115	114	112	120	118	117	114	115	114	114	106.3	120	83
18	124	131	118	111	105	108	104	94	84	83	83	72	83	94	104	104	104	123	122	120	124	126	136	118	107.3	136	72
19	115	118	120	125	128	123	113	105	99	95	92	93	86	89	94	107	123	119	122	124	124	116	115	112	110.7	128	86
20*	112	114	111	112	114	109	107	106	96	102	106	99	89	95	105	112	122	123	124	129	127	125	121	119	111.6	129	89
21*	119	120	120	121	122	120	122	116	106	99	96	96	87	96	106	112	124	126	130	130	127	130	137	132	116.4	137	87
22	126	124	127	128	126	128	128	133	132	126	128	112	117	140	104	127	142	134	136	135	120	102	100	116	**124.6**	142	100
23†	120	116	113	92	108	108	106	87	63	73	86	72	72	51	89	85	100	108	108	112	127	150	132	116	99.8	150	51
24†	100	110	151	136	120	93	72	74	69	57	71	75	78	104	122	119	95	88	92	107	111	105	100	104	98.0	151	57
25	104	105	103	108	108	105	96	82	73	75	76	86	83	86	96	102	112	102	109	108	125	144	139	140	102.8	144	73
26	126	108	121	140	128	120	107	95	88	95	73	86	104	108	98	123	99	109	118	122	126	120	117	116	110.3	140	73
27	116	116	110	108	125	119	99	86	82	70	70	75	86	88	111	124	107	127	129	120	117	117	120	120	105.9	129	70
28	108	111	115	112	114	104	95	86	80	80	83	72	83	92	104	112	115	114	117	118	118	116	112	112	103.0	118	72
29	112	110	112	119	117	112	106	96	80	82	84	93	102	108	115	119	115	124	126	144	150	142	123	122	113.0	150	80
30†	172	138	145	132	84	-29	-24	-57	-84	-28	04	32	47	49	72	92	98	93	96	102	100	102	93	89	**63.2**	**172**	**-84**
Mittel	117	115	118	117	115	106	98	91	83	83	85	86	88	94	102	108	114	116	121	123	122	122	119	116	106.6	136	74

Nordkomponente

Niemegk — X = 0.18 300 + Tafelwert (γ) — 1952

Weltzeit

Juli

Tag	0h–1h	1h–2h	2h–3h	3h–4h	4h–5h	5h–6h	6h–7h	7h–8h	8h–9h	9h–10h	10h–11h	11h–12h	12h–13h	13h–14h	14h–15h	15h–16h	16h–17h	17h–18h	18h–19h	19h–20h	20h–21h	21h–22h	22h–23h	23h–24h	Tagesmittel γ	Max.	Min.
1	85	86	88	92	95	89	83	76	76	83	80	74	71	74	88	99	105	108	118	116	136	152	160	136	98.8	**160**	71
2*	116	111	110	113	110	104	100	92	84	76	84	96	97	92	100	105	115	114	117	120	119	117	115	114	105.0	120	76
3	111	112	115	115	112	104	100	100	88	80	79	86	92	109	116	120	94	101	108	107	110	105	106	110	103.3	120	79
4	108	106	106	103	95	96	102	96	83	75	80	91	86	85	95	87	112	118	119	120	119	117	119	118	101.5	120	75
5†	125	130	128	125	116	79	110	100	80	75	96	66	114	99	71	119	129	124	108	80	119	79	72	87	101.3	130	66
6†	99	98	98	100	74	83	95	33	78	78	59	62	69	81	92	92	98	104	107	111	110	112	112	114	90.0	114	**33**
7	110	101	103	102	99	95	96	91	79	84	91	89	88	91	99	108	110	111	108	110	111	106	105	105	99.7	111	79
8	106	106	108	109	111	104	90	84	82	79	70	74	81	80	98	92	104	113	120	114	115	116	121	130	100.3	130	70
9†	121	116	107	122	124	110	86	70	80	58	68	88	77	96	87	84	101	123	123	124	119	115	108	108	100.6	124	58
10	110	110	109	109	113	100	89	84	76	78	62	61	72	81	102	102	130	136	114	103	106	110	116	124	99.9	136	61
11	116	112	112	110	94	92	93	98	99	83	70	70	75	81	78	99	113	124	123	113	112	113	113	111	100.2	124	70
12	111	116	120	119	123	116	108	92	91	85	71	84	83	86	100	111	119	126	128	124	123	121	124	124	108.5	128	71
13	124	123	123	121	113	110	110	107	99	86	77	86	105	115	111	98	109	121	124	122	120	119	118	118	110.8	124	77
14	115	118	124	137	131	109	107	98	83	84	84	90	70	75	78	110	88	111	125	119	119	115	116	130	105.7	137	70
15	117	114	111	106	106	117	104	101	89	76	85	94	92	95	87	99	111	123	130	120	116	115	117	117	105.9	130	76
16	102	104	101	102	111	102	88	87	87	86	79	86	87	89	107	97	108	115	119	120	111	113	113	110	101.0	120	79
17	110	108	108	107	104	104	103	102	95	87	86	95	102	111	109	98	103	115	128	130	118	120	129	123	108.1	130	86
18	122	115	113	107	115	119	111	99	93	94	87	87	82	95	109	108	103	118	118	123	120	117	123	114	108.0	123	82
19*	111	114	115	112	110	106	102	100	98	103	109	105	109	93	96	104	115	115	120	124	127	127	124	118	110.7	127	93
20†	122	123	127	124	129	132	124	123	116	112	120	66	85	91	126	118	118	111	129	128	140	146	132	125	**119.5**	146	66
21†	112	111	107	99	104	106	92	57	77	77	78	51	90	73	104	112	88	97	114	116	117	127	114	131	**98.1**	131	51
22	129	114	107	95	93	98	94	82	70	62	77	86	89	90	97	99	106	110	116	125	140	122	112	110	101.0	140	62
23	114	110	107	102	112	114	108	96	82	84	86	91	91	98	96	105	103	110	122	118	122	145	119	114	106.2	145	82
24	112	120	119	117	117	111	107	99	96	95	103	101	101	101	102	105	111	124	117	125	123	121	120	112	110.8	125	95
25	113	109	109	108	108	107	102	96	93	91	86	88	86	96	95	114	130	143	126	122	121	119	106	117	107.7	143	86
26	116	116	106	114	111	108	88	85	91	89	88	97	94	94	102	110	106	112	117	115	116	114	112	112	104.7	117	85
27	111	105	109	109	109	106	106	105	101	99	95	99	108	106	113	111	121	122	125	127	123	125	152	122	112.9	152	95
28*	119	119	117	116	117	114	108	104	101	106	103	98	99	108	116	120	115	118	122	124	122	116	114	112	112.8	124	98
29*	112	111	110	110	109	106	101	91	83	81	86	94	98	100	103	109	114	116	123	122	121	118	115	113	106.1	123	81
30*	112	114	114	114	113	106	99	93	89	88	85	89	93	99	110	117	118	120	122	121	123	122	124	128	108.9	128	85
31	127	129	133	137	137	140	135	106	81	83	78	72	68	84	90	109	117	103	111	110	124	113	115	114	109.0	140	68
Mittel	114	112	112	112	110	106	101	92	88	84	84	84	89	92	99	105	110	116	119	117	120	119	118	117	105.1	130	75

August

Tag	0h–1h	1h–2h	2h–3h	3h–4h	4h–5h	5h–6h	6h–7h	7h–8h	8h–9h	9h–10h	10h–11h	11h–12h	12h–13h	13h–14h	14h–15h	15h–16h	16h–17h	17h–18h	18h–19h	19h–20h	20h–21h	21h–22h	22h–23h	23h–24h	Tagesmittel γ	Max.	Min.
1	111	112	107	99	106	110	101	90	90	88	93	94	96	101	107	109	121	126	124	124	120	115	118	118	107.5	126	88
2	115	117	122	114	120	115	106	100	93	90	94	97	96	102	114	121	128	124	109	121	123	122	134	134	113.0	134	90
3†	124	126	127	124	112	122	125	105	97	94	89	91	88	77	92	67	87	112	111	107	119	108	108	108	105.0	127	67
4	105	112	106	109	107	99	85	82	96	106	106	110	117	105	111	113	97	109	120	143	132	116	115	130	109.6	143	82
5	143	120	113	115	101	108	107	101	100	98	98	110	113	116	121	116	113	111	110	124	129	128	129	122	114.4	143	98
6	134	139	111	117	92	97	98	81	73	81	79	77	89	88	79	87	107	104	117	116	111	113	116	124	101.2	139	73
7	128	135	110	121	109	110	102	86	63	68	72	81	82	102	101	97	103	108	113	117	118	116	115	112	102.9	135	63
8	110	112	106	111	115	99	93	90	77	66	68	73	71	86	96	106	112	116	119	126	118	121	117	114	100.9	126	66
9	112	112	110	109	113	111	101	88	78	73	69	80	86	88	93	103	113	119	140	124	114	118	112	113	103.3	140	69
10	108	126	129	113	121	117	111	102	90	77	79	72	70	89	101	104	90	88	112	109	104	101	108	107	101.2	129	70
11	110	114	118	126	123	120	109	99	95	86	76	73	84	95	101	109	114	116	126	128	127	130	146	124	110.4	146	73
12†	115	112	115	109	109	109	109	95	79	67	57	71	96	92	104	95	106	105	112	110	124	117	109	105	100.9	124	**57**
13	108	109	106	106	101	98	97	94	91	85	78	84	86	91	97	100	103	116	116	117	114	111	110	107	101.0	117	78
14*	106	105	106	107	102	97	93	86	84	83	88	89	100	99	99	99	105	111	116	113	113	114	113	112	101.7	116	83
15	114	113	112	113	114	113	109	101	98	92	93	101	107	110	114	111	113	118	124	126	155	132	123	122	113.7	155	92
16*	109	112	116	112	120	114	107	104	101	96	96	92	93	101	108	115	116	116	114	112	113	113	113	113	108.6	120	92
17†	112	121	127	129	136	128	141	134	125	120	115	82	88	105	90	93	96	99	117	147	143	105	100	107	115.0	147	82
18†	127	100	125	104	95	110	108	95	94	104	100	107	90	91	99	114	121	119	103	106	109	119	161	106	108.6	**161**	90
19	99	94	98	112	100	85	93	92	84	86	102	108	106	104	102	112	100	105	112	114	114	112	112	112	102.4	114	84
20	104	98	97	103	105	76	84	88	79	75	80	84	104	98	99	106	114	118	120	121	116	113	136	112	101.2	136	75
21	108	114	116	116	118	118	107	97	96	105	117	120	121	125	122	118	114	115	120	118	123	120	120	121	115.4	125	96
22	116	118	118	117	116	116	114	103	86	85	89	102	109	113	116	119	123	117	118	124	125	121	128	109	112.6	128	85
23	115	115	130	116	120	120	111	100	86	83	88	95	100	102	107	112	120	120	117	126	128	123	120	120	111.4	128	83
24	119	121	120	121	121	123	117	105	93	85	94	98	104	112	124	132	128	124	128	132	130	124	122	120	**116.5**	132	85
25*	120	117	117	117	119	114	103	90	79	71	70	78	92	99	109	110	118	116	119	124	123	124	120	120	107.0	124	70
26*	120	120	120	120	119	111	100	87	82	86	86	87	106	115	116	119	121	125	133	127	125	117	117	122	111.7	133	82
27	115	116	128	120	114	116	109	78	71	84	85	91	93	100	108	112	105	112	119	114	115	118	116	118	106.5	128	71
28*	115	114	111	114	108	115	107	100	98	92	91	93	99	104	109	113	111	115	115	118	116	114	113	114	108.3	118	91
29	117	122	117	118	117	114	116	112	109	101	106	111	113	111	119	119	99	96	107	97	117	114	94	95	110.0	122	94
30†	96	100	101	99	85	96	90	102	108	102	102	98	97	99	108	103	103	101	106	109	100	114	98	102	100.8	114	85
31	102	103	103	96	99	108	108	100	92	85	86	82	87	92	91	96	100	105	112	114	111	108	110	99	**99.5**	114	82
Mittel	114	114	114	113	111	109	105	96	90	88	89	91	96	100	105	107	110	112	117	120	120	117	118	114	107.2	130	80

Nordkomponente

Niemegk $X = 0.18300\,\Gamma + \text{Tafelwert}$ **1952**

0^h 1^h 2^h 3^h 4^h 5^h 6^h 7^h 8^h 9^h 10^h 11^h 12^h 13^h 14^h 15^h 16^h 17^h 18^h 19^h 20^h 21^h 22^h 23^h 24^h Weltzeit

September

Tag	0–1h	1–2h	2–3h	3–4h	4–5h	5–6h	6–7h	7–8h	8–9h	9–10h	10–11h	11–12h	12–13h	13–14h	14–15h	15–16h	16–17h	17–18h	18–19h	19–20h	20–21h	21–22h	22–23h	23–24h	Tagesmittel γ	Max.	Min.
1†	113	104	143	142	135	105	78	53	59	44	66	48	69	65	70	96	106	98	100	107	96	92	108	106	91.8	143	44
2	105	88	90	100	111	98	88	58	10	28	40	58	76	81	93	97	88	99	106	104	105	123	139	113	87.4	139	**10**
3	106	97	90	78	92	77	70	62	59	56	78	84	87	85	92	100	99	102	99	103	109	101	114	111	89.6	114	56
4	103	101	104	102	106	107	102	89	71	65	65	77	86	86	96	102	110	105	111	117	110	110	111	108	97.7	117	65
5	108	111	105	103	100	104	89	78	85	95	95	106	111	103	101	102	94	100	64	69	86	99	102	91	95.9	111	64
6	102	100	102	106	113	102	94	86	75	78	84	84	88	93	95	89	93	99	102	104	114	115	106	111	97.3	115	75
7	112	111	111	110	92	120	99	82	78	82	85	90	99	99	106	110	108	117	121	104	124	102	85	84	101.3	124	78
8†	94	86	97	108	82	70	64	70	46	45	69	68	74	67	77	95	110	99	80	98	122	119	98	108	85.2	122	45
9†	101	100	80	87	86	86	66	52	54	54	29	45	74	74	88	91	109	86	100	125	122	95	107	114	84.4	125	29
10	133	100	91	88	94	101	55	63	46	83	80	70	82	76	87	90	99	103	110	106	108	104	105	103	90.7	133	46
11	102	104	102	100	105	110	112	100	93	83	74	64	80	74	76	88	85	101	114	110	109	133	116	104	97.5	133	64
12	104	104	121	105	91	97	95	90	78	70	80	92	91	95	108	110	114	109	123	101	110	106	105	104	100.1	123	70
13*	101	102	101	98	102	101	97	89	85	84	84	90	93	98	103	108	108	110	112	112	115	116	116	120	101.9	120	84
14	124	108	113	109	119	114	109	95	83	83	83	90	90	88	104	83	96	96	100	110	135	115	102	122	103.0	124	83
15	102	109	104	102	101	100	96	95	89	89	98	102	103	99	99	92	101	109	113	110	108	106	114	119	102.5	119	89
16	120	108	108	113	112	108	102	97	95	86	88	98	102	100	101	99	100	107	113	113	112	132	120	100	105.6	132	86
17*	101	103	112	112	108	104	99	94	87	88	84	78	84	83	97	104	106	112	112	112	112	112	116	114	101.4	116	78
18*	108	108	108	108	112	110	102	104	100	100	100	104	105	105	104	104	107	110	115	112	113	114	114	113	107.5	115	100
19*	110	112	112	112	112	115	112	103	92	83	83	91	102	110	111	109	108	118	122	122	121	119	116	116	108.8	122	83
20	113	111	111	114	118	118	111	106	99	94	90	92	98	104	106	111	112	119	121	131	132	128	132	107	111.6	132	90
21	131	144	116	84	91	95	91	82	76	73	76	79	86	95	98	102	104	110	110	107	110	108	114	114	99.8	144	73
22	112	110	111	106	115	113	114	100	89	78	74	75	84	92	96	94	95	99	100	108	109	111	115	111	100.5	115	74
23*	109	108	110	111	118	115	112	107	97	90	88	93	99	101	103	101	110	116	119	120	119	121	120	118	108.5	121	88
24	117	118	122	123	123	132	110	109	98	87	81	84	94	101	99	95	76	92	113	116	104	108	112	123	105.7	132	81
25	119	113	112	113	113	114	113	109	103	96	91	94	97	102	108	118	124	126	115	105	124	139	120	129	**112.4**	139	91
26	130	99	107	103	79	90	90	75	74	78	72	76	84	95	95	98	103	106	114	106	110	110	110	110	96.4	130	72
27	110	109	108	107	119	131	107	93	87	87	62	50	57	71	68	67	81	98	105	98	102	106	107	108	93.2	131	50
28	100	106	110	113	113	101	91	74	63	53	74	84	84	85	69	90	111	91	70	60	92	96	80	108	88.2	113	53
29†	90	130	112	90	94	76	74	54	48	46	37	43	53	41	82	78	93	95	98	102	146	91	95	72	**80.8**	**146**	37
30†	102	108	96	78	76	86	88	77	68	53	21	60	67	72	72	68	86	92	86	114	111	102	98	101	82.6	114	21
Mittel	109	107	107	104	104	103	94	85	76	74	74	79	87	88	94	96	101	104	106	107	113	111	110	109	97.6	126	66

Oktober

Tag	0–1h	1–2h	2–3h	3–4h	4–5h	5–6h	6–7h	7–8h	8–9h	9–10h	10–11h	11–12h	12–13h	13–14h	14–15h	15–16h	16–17h	17–18h	18–19h	19–20h	20–21h	21–22h	22–23h	23–24h	Tagesmittel γ	Max.	Min.
1	106	102	94	92	80	93	96	86	78	72	80	86	88	89	90	89	97	101	108	104	105	100	108	111	93.9	111	72
2	108	106	104	110	110	106	100	94	89	81	88	89	89	79	80	94	106	105	103	124	106	89	98	103	98.4	124	79
3	103	116	116	114	96	104	104	98	88	85	85	89	85	83	83	61	65	88	69	85	159	107	81	61	92.7	**159**	61
4†	101	130	90	89	93	53	53	54	63	69	88	85	78	67	65	59	72	78	135	109	110	99	131	96	86.1	135	53
5†	77	88	88	94	75	72	51	64	38	28	35	22	32	66	65	72	87	58	57	117	84	87	95	94	**68.6**	117	**22**
6	93	92	85	78	88	89	65	74	63	49	67	67	67	60	60	71	101	106	101	92	104	105	103	100	82.5	106	49
7	98	95	96	98	103	105	100	83	86	80	69	66	72	79	72	86	94	90	95	97	106	124	103	102	91.6	124	66
8	106	103	112	112	106	108	110	103	95	80	71	81	84	70	101	102	90	95	102	111	110	114	116	118	100.0	118	70
9	115	116	110	102	103	103	100	95	94	93	92	87	90	89	97	96	100	103	106	110	113	110	96	128	102.0	128	87
10	110	102	106	105	103	107	108	103	100	86	88	93	96	101	106	106	109	101	108	121	130	77	95	98	102.5	130	77
11	97	96	107	110	110	115	108	106	97	84	90	99	90	87	95	98	100	96	106	101	98	102	107	144	101.8	144	84
12	127	103	112	105	107	109	89	96	85	79	76	82	91	88	98	97	98	99	94	108	117	110	101	110	99.2	127	76
13	121	100	100	101	103	107	104	101	95	89	88	96	104	106	106	97	100	111	109	105	108	109	107	118	103.5	121	88
14	103	109	105	100	113	102	112	107	96	83	82	89	103	107	107	108	98	101	104	105	104	103	104	104	102.0	113	82
15*	106	105	106	106	106	108	107	103	100	100	99	97	98	99	102	105	104	111	126	101	105	110	112	111	105.3	126	97
16	110	112	114	113	111	117	120	116	112	108	105	106	112	105	110	108	113	112	113	115	114	109	101	102	**110.8**	120	101
17	108	106	128	131	112	112	108	102	98	86	85	87	100	107	104	99	92	83	72	84	85	93	94	99	99.0	131	72
18	99	100	104	107	119	119	114	94	64	68	77	84	89	91	94	83	73	73	99	109	104	100	112	108	95.2	119	64
19	110	103	102	103	105	105	103	94	79	54	75	84	88	87	87	89	95	104	109	111	111	112	108	105	96.8	112	54
20*	105	102	108	104	110	106	112	103	95	84	86	86	93	95	87	80	81	89	108	112	110	112	109	108	99.4	112	80
21	106	107	108	110	113	115	115	110	102	98	113	96	102	105	98	56	88	92	90	78	105	102	110	113	101.3	115	56
22*	107	108	110	107	102	110	106	105	102	96	92	97	97	101	102	102	104	106	109	109	110	107	106	106	104.2	110	92
23*	105	104	103	103	106	108	107	105	98	91	90	92	92	102	109	106	102	110	112	112	113	110	114	114	104.5	114	90
24*	112	112	108	110	112	112	113	108	98	91	90	94	98	104	109	110	112	113	114	117	117	116	114	114	108.2	117	90
25	112	111	112	114	118	122	126	126	122	115	109	90	93	92	95	104	101	84	84	93	116	113	141	120	108.9	141	84
26†	104	127	104	116	116	95	105	94	84	84	86	69	44	43	28	32	32	46	75	81	96	84	84	114	81.0	127	28
27	104	99	92	103	91	93	97	99	81	74	75	83	91	92	91	91	95	94	94	100	100	99	100	108	93.6	108	74
28	101	96	96	105	104	106	112	106	99	90	89	92	95	97	92	98	107	107	111	108	111	108	107	107	101.9	112	89
29	106	106	103	102	104	106	104	102	87	78	81	87	89	90	91	77	71	66	58	78	83	89	76	88	88.4	106	58
30†	80	99	93	90	118	101	98	95	85	82	88	92	94	99	82	60	51	41	66	75	65	73	135	88	85.4	135	41
31†	89	73	65	112	108	106	79	48	90	99	89	70	42	30	55	45	94	70	69	94	95	89	92	83	78.6	112	30
Mittel	104	104	103	105	105	104	101	96	89	82	85	85	87	87	89	86	91	91	97	102	106	102	105	106	96.4	122	70

Nordkomponente

Niemegk — $X = 0.18\,300 + \text{Tafelwert}$ (γ) — 1952

Weltzeit: 0h 1h 2h 3h 4h 5h 6h 7h 8h 9h 10h 11h 12h 13h 14h 15h 16h 17h 18h 19h 20h 21h 22h 23h 24h

November

Tag	0h–1h	1h–2h	2h–3h	3h–4h	4h–5h	5h–6h	6h–7h	7h–8h	8h–9h	9h–10h	10h–11h	11h–12h	12h–13h	13h–14h	14h–15h	15h–16h	16h–17h	17h–18h	18h–19h	19h–20h	20h–21h	21h–22h	22h–23h	23h–24h	Tagesmittel γ	Max.	Min.
1†	83	98	89	92	104	98	102	97	94	87	78	72	76	79	56	74	70	86	82	96	99	124	97	101	88.9	124	56
2	114	97	91	93	92	97	102	96	92	91	91	86	94	93	66	73	82	77	90	120	123	102	101	102	94.4	123	66
3	101	101	108	106	106	112	107	103	96	83	76	82	89	89	78	84	90	99	103	102	102	103	104	105	97.0	112	76
4*	104	100	95	101	106	108	110	104	102	92	93	98	102	103	102	100	101	106	106	106	106	105	105	106	102.5	110	92
5	106	106	108	112	109	112	113	109	100	91	91	100	108	103	94	100	102	108	101	107	111	109	118	113	105.5	118	91
6	109	111	114	106	122	146	141	116	104	100	93	88	84	95	106	107	99	107	107	106	109	107	110	111	108.2	**146**	84
7	120	120	108	109	112	116	121	108	104	104	105	103	111	108	104	101	104	107	108	119	90	102	135	104	109.3	135	90
8	99	97	98	104	103	116	116	111	100	96	93	101	107	103	102	106	108	108	118	134	116	120	120	113	107.9	134	93
9	96	112	118	116	108	112	111	112	110	106	106	105	104	104	104	106	111	120	117	107	107	115	111	108	109.4	120	96
10*	108	106	108	110	112	114	115	115	111	106	105	107	112	113	111	110	111	107	108	112	113	112	113	111	110.4	115	105
11*	107	106	107	109	112	115	115	110	103	97	95	99	105	110	112	112	105	102	94	107	109	113	110	116	107.1	116	94
12*	107	105	104	109	112	114	116	112	109	106	102	103	107	112	115	115	113	112	114	114	113	113	108	107	110.1	116	102
13*	107	113	113	114	115	115	114	108	102	94	95	97	104	114	119	118	120	119	122	124	126	126	122	120	113.4	126	94
14	114	114	116	118	126	127	130	123	114	103	103	105	114	115	114	114	118	120	119	114	112	111	117	110	115.5	130	103
15	112	114	114	121	124	120	114	110	97	82	82	89	98	105	103	98	99	108	104	109	111	110	113	113	106.2	124	82
16	114	112	112	114	118	118	112	116	114	114	118	118	101	87	58	86	89	107	106	105	104	102	101	102	105.3	118	58
17	102	108	102	105	107	112	112	109	97	89	93	98	110	114	113	112	116	113	108	87	81	97	93	105	103.5	116	81
18	96	92	97	102	105	118	119	122	112	99	100	99	103	105	105	105	109	111	111	112	107	105	102	98	105.6	122	92
19	100	101	104	104	109	108	108	104	100	96	94	95	97	103	107	104	106	106	109	109	115	113	107	105	104.3	115	94
20	105	106	107	115	120	123	122	121	118	117	111	112	122	121	118	117	116	118	121	120	120	116	124	116	**116.9**	124	105
21†	124	132	122	133	133	126	124	104	54	59	73	72	88	88	92	85	86	99	99	103	104	104	108	100	100.5	133	54
22	128	133	92	97	99	100	103	95	96	98	92	79	80	79	72	71	69	89	82	93	99	103	101	103	93.9	133	69
23	103	106	100	101	116	121	108	112	111	104	99	100	101	101	100	101	102	103	106	107	109	111	109	105	105.7	121	99
24	109	106	109	112	112	112	111	115	107	92	99	100	99	96	91	89	107	102	110	112	112	110	108	107	105.3	115	89
25	111	119	111	117	116	114	113	116	114	101	106	108	106	95	94	89	95	100	106	105	109	110	109	109	107.2	119	89
26†	110	110	111	112	117	118	116	116	110	98	102	100	96	84	86	73	62	66	86	117	75	52	64	84	94.4	118	52
27†	75	80	87	99	94	106	88	82	76	73	72	61	42	48	64	62	55	80	77	112	115	102	95	91	**80.7**	115	**42**
28†	105	97	86	90	98	105	102	85	96	96	87	86	78	78	70	90	103	88	133	118	101	90	98	90	94.6	133	70
29	92	90	91	97	101	104	104	108	104	101	106	98	87	73	93	86	96	102	130	97	98	106	106	98	98.7	130	73
30	106	106	102	105	108	113	109	102	106	109	110	103	104	104	99	100	102	97	98	105	122	114	108	104	105.7	122	97
Mittel	106	107	104	107	110	114	113	108	102	96	96	96	98	97	95	96	98	102	106	109	107	107	107	105	103.6	123	83

Dezember

Tag	0h–1h	1h–2h	2h–3h	3h–4h	4h–5h	5h–6h	6h–7h	7h–8h	8h–9h	9h–10h	10h–11h	11h–12h	12h–13h	13h–14h	14h–15h	15h–16h	16h–17h	17h–18h	18h–19h	19h–20h	20h–21h	21h–22h	22h–23h	23h–24h	Tagesmittel γ	Max.	Min.
1	101	104	108	109	112	118	116	115	120	108	117	126	128	125	103	96	104	85	85	101	136	121	93	88	109.1	128	85
2†	99	89	93	109	101	108	109	113	113	118	124	125	113	87	45	33	77	82	93	121	123	84	112	105	99.0	125	33
3	88	88	92	93	95	78	108	107	104	107	112	114	115	110	105	103	108	107	105	97	102	129	115	98	103.3	129	78
4†	142	173	105	80	96	94	97	92	90	102	111	97	101	92	90	90	90	85	108	87	86	86	105	114	100.5	**173**	80
5	109	85	84	102	102	102	102	100	96	86	94	103	97	114	107	107	101	103	102	132	124	98	99	98	102.0	132	84
6	96	96	99	98	94	102	102	100	96	98	100	106	108	108	105	106	100	98	110	110	110	102	100	104	102.0	110	94
7	95	102	104	102	108	115	115	114	109	108	110	112	111	109	105	104	102	97	102	119	110	104	105	102	106.8	119	95
8	109	105	107	107	110	111	112	110	108	106	110	114	115	113	105	103	110	110	110	112	112	108	111	110	109.5	115	103
9*	107	106	106	107	109	111	111	111	110	111	115	119	119	119	116	114	115	116	115	112	112	112	112	112	112.4	119	106
10	113	109	108	115	118	120	118	118	113	110	111	109	104	103	101	90	75	70	78	95	87	98	97	97	102.4	120	70
11	98	102	106	108	112	115	127	115	107	99	96	98	97	89	97	101	98	94	98	92	104	104	108	108	103.0	127	89
12	110	115	111	110	114	118	119	119	109	98	105	106	94	70	74	70	90	104	102	106	109	113	113	118	104.0	119	70
13†	114	120	108	110	103	130	118	102	81	63	44	50	31	45	67	83	91	95	96	97	96	95	90	91	**88.3**	130	**31**
14	90	88	88	91	98	98	98	97	96	93	94	98	98	94	91	94	96	101	102	103	103	105	108	98	96.8	108	88
15	98	112	98	102	114	115	111	107	106	98	110	120	118	112	106	111	111	108	110	112	114	112	110	107	109.2	120	98
16	106	102	106	107	108	118	118	118	115	117	114	108	101	96	90	88	81	92	102	106	103	114	103	101	104.8	118	81
17	94	98	103	102	102	104	107	102	105	107	105	106	105	102	104	105	108	112	114	111	112	110	111	94	105.1	114	94
18	97	99	101	116	133	123	123	126	129	121	122	128	126	118	111	112	113	106	101	115	103	110	110	102	114.4	133	97
19*	104	111	105	106	110	111	110	109	108	107	108	111	112	113	112	113	114	112	112	113	113	113	110	111	110.3	114	104
20*	111	111	115	120	124	125	124	120	117	115	116	120	116	112	110	109	109	112	116	120	120	116	116	116	116.2	125	109
21*	116	116	118	120	123	124	123	123	121	119	118	120	122	116	110	109	110	111	113	113	110	115	116	114	**116.7**	124	109
22	113	114	116	120	122	122	124	123	125	120	119	122	123	119	96	80	73	84	85	99	98	104	104	102	108.6	125	73
23*	103	104	107	107	108	110	109	109	110	109	109	115	119	122	122	122	123	121	119	115	116	119	117	120	114.0	123	103
24	120	115	116	122	135	130	128	124	118	112	89	97	111	72	53	65	77	85	99	80	66	100	99	111	101.0	135	53
25	111	102	100	102	104	108	106	103	99	77	90	106	93	72	88	93	99	106	105	98	102	103	114	110	99.6	114	72
26	116	113	105	110	109	113	116	114	112	112	112	105	95	102	103	103	106	109	104	107	109	110	107	112	108.5	116	95
27	113	106	115	119	112	108	103	111	117	119	118	109	111	111	109	110	114	115	114	101	102	103	75	125	110.0	125	75
28	63	74	90	93	96	99	100	104	111	113	114	112	112	108	86	88	92	76	84	92	86	100	110	127	97.1	127	63
29†	111	87	85	90	104	108	102	100	97	70	95	102	104	105	99	80	37	67	59	82	94	108	114	100	91.7	114	37
30†	82	90	89	90	99	106	95	96	90	76	76	81	86	90	79	83	96	79	84	102	112	107	108	94	91.2	112	76
31	104	98	111	105	104	104	108	107	119	118	113	98	105	108	97	86	94	92	111	120	127	92	109	112	105.9	127	86
Mittel	104	104	103	106	109	111	112	110	108	104	106	108	106	102	96	95	97	98	101	106	106	106	106	106	104.6	123	82

Ostkomponente

Niemegk Y = –0.00 800 + Tafelwert (γ) **1952**

Weltzeit

Tag	0h–1h	1h–2h	2h–3h	3h–4h	4h–5h	5h–6h	6h–7h	7h–8h	8h–9h	9h–10h	10h–11h	11h–12h	12h–13h	13h–14h	14h–15h	15h–16h	16h–17h	17h–18h	18h–19h	19h–20h	20h–21h	21h–22h	22h–23h	23h–24h	Tagesmittel	Max.	Min.
Januar																									γ		
1	-92	-44	-60	-61	-64	-67	-67	-60	-64	-73	-80	-76	-77	-72	-68	-50	-68	-69	-45	-54	-44	-56	-60	-64	-64.0	-44	-92
2	-70	-68	-64	-60	-64	-60	-58	-56	-64	-72	-78	-80	-80	-75	-70	-73	-72	-72	-55	-70	-64	-60	-62	-61	-67.0	-55	-80
3	-65	-64	-69	-66	-68	-64	-64	-64	-68	-76	-82	-84	-88	-84	-76	-73	-72	-72	-75	-74	-57	-61	-53	-45	-69.3	-45	-88
4	-52	-79	-66	-64	-65	-65	-61	-60	-63	-70	-77	-81	-83	-81	-70	-75	-77	-77	-69	-57	-44	-04	-42	-66	-64.5	-04	-83
5†	-69	-73	-65	-92	-79	-96	-97	-68	-67	-88	-80	-91	-88	-38	-88	-77	-66	-16	-56	-47	-48	-55	-46	-41	-68.0	-16	-97
6	-57	-80	-70	-84	-81	-105	-92	-72	-62	-68	-73	-79	-78	-78	-78	-70	-19	-24	-52	-36	-50	-49	-60	-53	-65.4	-19	**-105**
7	-65	-61	-72	-66	-69	-74	-71	-64	-61	-65	-70	-82	-83	-83	-49	-69	-31	-28	-54	-26	-25	-47	-59	-66	-60.0	-25	-83
8	-70	-70	-76	-87	-69	-68	-69	-68	-68	-72	-73	-73	-72	-77	-71	-66	-62	-40	-58	-61	-64	-64	-64	-65	-67.8	-40	-87
9	-66	-69	-73	-76	-76	-83	-72	-65	-64	-65	-74	-86	-88	-86	-81	-78	-77	-94	-82	-46	-49	-64	-52	-47	**-71.4**	-46	-94
10	-57	-65	-63	-65	-97	-69	-62	-68	-68	-65	-72	-86	-84	-80	-75	-80	-62	-08	-77	-61	-57	-11	-21	-51	-62.7	-08	-97
11	-63	-46	-54	-55	-58	-64	-60	-60	-61	-68	-71	-85	-92	-87	-69	-84	-73	-02	-54	-53	-61	-58	-48	-36	-60.9	-02	-92
12	-10	-52	-40	-84	-64	-67	-70	-68	-74	-64	-85	-69	-79	-87	-59	-68	-56	-28	-35	-36	-40	-36	-38	-66	-57.3	-10	-87
13†	-39	-58	-64	-65	-71	-68	-65	-64	-59	-69	-66	-84	-74	-92	-27	-68	-54	-49	-43	-36	-22	-20	-45	-48	-56.2	-20	-92
14†	-43	-33	-64	-73	-70	-68	-69	-53	-52	-61	-69	-73	-81	-78	-42	-66	-48	-23	-35	-54	-28	-48	-35	-44	**-54.6**	-23	-81
15	-53	-72	-62	-72	-66	-67	-60	-48	-52	-54	-66	-77	-76	-88	-05	-51	-58	-40	-48	-50	-55	-58	-52	-52	-57.6	-05	-88
16	-49	-46	-59	-57	-59	-57	-63	-59	-64	-62	-71	-75	-84	-79	-79	-72	-64	-68	-62	-56	-39	-55	-43	-40	-60.9	-39	-84
17	-53	-56	-63	-64	-68	-64	-60	-56	-57	-56	-61	-72	-79	-75	-72	-71	-70	-70	-61	-49	-52	-51	-59	-56	-62.3	-49	-79
18*	-58	-57	-62	-64	-61	-62	-64	-61	-60	-61	-67	-76	-81	-80	-72	-72	-72	-73	-68	-66	-66	-64	-63	-64	-66.4	-57	-81
19*	-62	-65	-67	-64	-63	-62	-62	-60	-62	-64	-68	-78	-84	-78	-72	-77	-77	-76	-70	-58	-59	-52	-52	-61	-66.4	-52	-84
20*	-64	-64	-62	-66	-59	-60	-62	-59	-58	-66	-71	-76	-87	-83	-76	-71	-74	-72	-60	-50	-64	-59	-48	-51	-65.1	-48	-87
21*	-57	-57	-51	-56	-59	-62	-60	-56	-55	-64	-77	-89	-91	-85	-81	-80	-80	-76	-72	-69	-55	-55	-53	-49	-66.2	-49	-91
22	-53	-52	-52	-55	-52	-55	-56	-61	-68	-73	-80	-86	-88	-88	-85	-79	-80	-76	-72	-72	-61	-44	-45	-42	-65.6	-42	-88
23	-60	-65	-69	-72	-67	-67	-67	-60	-63	-79	-88	-82	-95	-91	-87	-73	-78	-47	-47	-34	-03	-33	-57	-33	-63.2	-03	-95
24	-67	-63	-66	-71	-68	-66	-63	-57	-58	-63	-70	-73	-78	-76	-68	-49	-51	-63	-63	-46	-56	-54	-53	-46	-62.0	-46	-78
25	-64	-66	-78	-61	-61	-62	-60	-57	-57	-56	-64	-81	-84	-87	-82	-72	-63	-48	-56	-58	-47	-58	-63	-65	-64.6	-47	-87
26*	-67	-69	-69	-68	-68	-66	-63	-59	-61	-68	-76	-79	-81	-81	-76	-78	-80	-79	-75	-72	-68	-68	-68	-69	-71.2	-59	-81
27†	-71	-75	-72	-70	-74	-76	-78	-73	-68	-66	-74	-102	-96	-83	-93	-75	-69	-60	-49	-39	-55	-45	-47	-40	-68.8	-39	-102
28	-54	-60	-64	-45	-76	-61	-56	-58	-61	-64	-77	-80	-82	-80	-55	-73	-73	-40	-68	-60	-55	-43	-50	-55	-62.1	-40	-82
29†	-54	-63	-63	-67	-64	-64	-67	-76	-74	-69	-78	-79	-78	-82	-58	-70	-74	-54	-10	-17	60	-31	-52	-40	-55.2	**60**	-82
30	-49	-43	-53	-54	-57	-68	-56	-63	-61	-64	-64	-68	-71	-67	-68	-64	-67	-66	-50	-44	-59	-50	-56	-54	-59.0	-43	-71
31	-58	-59	-63	-63	-61	-63	-63	-65	-66	-67	-75	-71	-76	-89	-95	-70	-82	-53	-74	-72	-67	-63	-59	-53	-67.8	-53	-95
Mittel	-58	-61	-64	-67	-67	-68	-66	-62	-63	-67	-73	-80	-82	-80	-69	-71	-66	-54	-58	-52	-47	-49	-52	-52	-63.7	-31	-88
Februar																									γ		
1	-46	-56	-64	-57	-62	-62	-63	-81	-88	-97	-102	-111	-71	-71	-80	-64	-31	-43	-35	01	-13	-51	-57	-60	-61.0	01	**-111**
2	-59	-61	-76	-72	-61	-60	-59	-60	-59	-67	-68	-80	-86	-82	-74	-62	-61	-64	-56	-58	-53	-59	-60	-63	-65.0	-53	-86
3*	-64	-64	-64	-61	-62	-60	-56	-52	-56	-63	-68	-74	-76	-75	-72	-72	-71	-65	-60	-63	-54	-57	-61	-64	-63.9	-52	-76
4*	-64	-68	-65	-64	-66	-64	-58	-52	-56	-67	-74	-81	-88	-88	-80	-73	-68	-68	-64	-64	-65	-64	-63	-64	-67.8	-52	-88
5*	-65	-67	-67	-68	-68	-66	-62	-56	-56	-64	-72	-76	-83	-85	-80	-76	-75	-73	-72	-70	-68	-68	-68	-70	**-69.8**	-56	-85
6†	-69	-69	-72	-72	-64	-62	-64	-60	-56	-66	-76	-104	-108	-96	-101	-106	-96	-22	-41	04	-13	-25	53	-34	-59.1	53	-108
7	-44	-48	-68	-60	-63	-68	-66	-51	-64	-68	-72	-61	-67	-67	-57	-69	-48	-70	-34	-40	-44	-28	-39	-30	-55.2	-28	-72
8†	-41	-58	-54	-48	-41	-60	-59	-72	-76	-76	-78	-69	-67	-66	-75	-20	-64	-72	-55	-42	-16	-28	-48	-66	-56.3	-16	-78
9	-73	-60	-57	-64	-68	-55	-56	-53	-55	-61	-71	-80	-80	-83	-70	-07	-56	-48	-39	-35	-29	-48	-64	-49	-56.7	-07	-83
10	-55	-57	-47	-55	-56	-51	-51	-59	-60	-77	-70	-77	-75	-77	-72	-78	-50	-62	-35	-24	01	-21	-15	37	-49.4	37	-78
11	25	-38	-06	-46	-58	-49	-47	-55	-58	-58	-71	-63	-74	-74	-70	-66	-50	-48	-42	-48	-26	-34	-30	-42	-47.0	25	-74
12	-38	-44	-41	-60	-80	-81	-51	-58	-56	-66	-79	-79	-77	-74	-68	-50	-27	-66	-66	-22	-26	-48	-61	-34	-56.3	-22	-81
13	-47	-54	-58	-54	-63	-64	-58	-55	-57	-66	-78	-78	-87	-84	-84	-32	-70	-70	-62	-53	-36	-18	-55	-30	-58.9	-18	-87
14	-47	-68	-63	-60	-57	-59	-63	-59	-58	-59	-69	-82	-87	-83	-58	-73	-71	-47	-52	-46	-46	-42	-57	-55	-60.9	-42	-87
15	-54	-59	-62	-66	-54	-54	-59	-58	-62	-61	-67	-76	-78	-78	-70	-67	-62	-63	-62	-61	-59	-58	-50	-52	-62.2	-50	-78
16†	-61	-67	-55	-42	-43	-67	-84	-84	-65	-68	-86	-86	-91	-91	-61	-59	-63	-47	-53	-46	11	-11	-38	-39	-58.2	11	-91
17	-43	-86	-53	-44	-43	-47	-45	-40	-43	-52	-68	-84	-76	-87	-78	-79	-68	-68	-61	-61	-53	-54	-58	-60	-60.5	-40	-87
18	-61	-58	-53	-61	-57	-57	-61	-60	-65	-76	-88	-84	-88	-87	-79	-72	-68	-71	-67	-31	-34	-17	-56	-54	-62.7	-17	-88
19	-46	-43	-44	-68	-64	-64	-61	-73	-62	-73	-76	-84	-86	-84	-77	-69	-65	-39	-32	-24	-36	-37	-28	-42	-57.4	-24	-86
20	-68	-62	-66	-64	-68	-72	-64	-60	-53	-57	-60	-64	-65	-64	-57	-46	-37	-55	-61	-57	-59	-61	-61	-66	-60.3	-37	-72
21*	-64	-65	-69	-70	-65	-64	-62	-60	-59	-62	-70	-77	-80	-78	-73	-72	-69	-74	-69	-65	-58	-57	-64	-61	-67.0	-57	-80
22*	-65	-65	-63	-64	-64	-62	-66	-66	-66	-68	-70	-72	-73	-72	-71	-68	-67	-68	-64	-51	-39	-60	-64	-62	-64.6	-39	-73
23	-65	-67	-60	-64	-63	-65	-65	-63	-64	-71	-71	-73	-74	-75	-71	-67	-72	-72	-71	-68	-66	-70	-72	-56	-67.7	-56	-75
24†	-13	48	60	70	27	-30	-35	-44	-56	-68	-75	-96	-88	-61	-80	-57	-08	-19	-23	-41	-39	-38	-24	-24	**-29.8**	**70**	-96
25	-69	-40	-43	-44	-44	-49	-51	-57	-67	-69	-76	-79	-79	-60	-64	-60	-59	-63	-63	-55	-58	-57	-59	-56	-59.2	-40	-79
26	-51	-64	-52	-46	-45	-43	-47	-48	-61	-62	-78	-81	-71	-78	-74	-75	-81	-20	-54	-52	-60	-64	-38	-01	-56.1	-01	-81
27†	-39	-44	-61	-71	-72	-71	-68	-70	-68	-64	-71	-71	-69	-66	-60	-56	-27	-55	-56	-45	-24	-50	-20	-39	-55.7	-20	-72
28	-55	-75	-84	-71	-78	-67	-62	-59	-53	-61	-73	-76	-70	-67	-52	-25	-11	-21	-24	-53	-59	-51	-56	-56	-56.6	-11	-84
29	-59	-67	-63	-66	-63	-63	-61	-60	-60	-63	-75	-88	-65	-78	-57	-45	-38	-50	-52	-56	-56	-49	-31	-35	-58.3	-31	-88
Mittel	-52	-56	-54	-56	-57	-60	-59	-60	-61	-67	-74	-80	-79	-77	-71	-61	-56	-55	-53	-46	-41	-46	-46	-46	-58.7	-20	-84

Ostkomponente

Niemegk

$Y = -0.{,}00\,800^{r} + \text{Tafelwert}$

1952

Weltzeit

Tag	0h–1h	1h–2h	2h–3h	3h–4h	4h–5h	5h–6h	6h–7h	7h–8h	8h–9h	9h–10h	10h–11h	11h–12h	12h–13h	13h–14h	14h–15h	15h–16h	16h–17h	17h–18h	18h–19h	19h–20h	20h–21h	21h–22h	22h–23h	23h–24h	Tagesmittel	Max.	Min.
März																									γ		
1	-60	-51	-49	-54	-59	-63	-65	-67	-73	-79	-88	-90	-85	-85	-66	-48	-71	-67	-60	-55	-56	-56	-55	-56	-64.9	-48	-90
2*	-60	-60	-60	-64	-67	-62	-56	-54	-60	-67	-76	-79	-78	-79	-75	-68	-67	-67	-66	-65	-60	-58	-59	-58	**-65.2**	-54	-79
3	-60	-62	-63	-66	-64	-63	-62	-58	-63	-71	-76	-83	-100	-112	-108	-93	-96	-76	-03	-52	08	-11	00	52	-57.6	52	-112
4†	-23	-27	-54	-66	-74	-84	-67	-58	-71	-85	-76	-96	-63	-78	-80	-95	-40	-31	-52	-19	-22	-23	-20	-15	-55.0	-15	-96
5†	-41	-50	-49	-28	-44	-80	-61	-60	-64	-70	-65	-79	-87	-47	-81	-01	-07	18	-47	-13	-21	-22	-32	59	**-40.5**	**59**	-87
6†	-21	-18	-18	-73	-61	-96	-67	-37	-66	-61	-72	-69	-77	-85	-62	-68	-77	-74	-27	-06	-38	00	-42	-26	-51.7	00	-96
7†	-50	-54	-48	-75	-49	-45	-48	-46	-52	-70	-59	-73	-78	-87	-55	-44	-64	17	-32	-42	-34	-44	-35	-73	-51.7	17	-87
8	-25	-18	-46	-53	-56	-58	-56	-57	-52	-73	-83	-86	-91	-69	-69	-60	01	-35	-28	-37	-26	-24	-33	-21	-48.1	01	-91
9	-70	-16	-38	-46	-42	-49	-51	-48	-53	-64	-71	-74	-81	-76	-71	-29	-45	-28	-27	-13	-42	-11	-32	-32	-46.2	-11	-81
10	-51	-54	-52	-39	-46	-56	-58	-60	-76	-62	-76	-88	-79	-86	-64	-60	-34	-31	-38	-11	-18	-44	-55	-13	-52.1	-11	-88
11	-48	-56	-66	-55	-45	-44	-47	-50	-55	-67	-74	-82	-94	-75	-86	-46	-51	-52	14	-55	-47	-52	-64	-63	-56.7	14	-94
12	-71	-49	-56	-50	-51	-47	-52	-48	-55	-58	-66	-85	-95	-88	-82	-66	-55	-52	-06	-33	-48	-59	-57	-63	-58.0	-06	-95
13	-54	-57	-57	-55	-52	-49	-46	-43	-48	-55	-64	-76	-89	-84	-73	-68	-64	-64	-56	-63	-60	-60	-64	-56	-60.7	-43	-89
14*	-53	-48	-51	-49	-49	-51	-47	-44	-44	-54	-69	-72	-80	-85	-76	-65	-64	-64	-60	-58	-56	-56	-55	-50	-58.3	-44	-85
15	-34	-37	-40	-44	-44	-46	-40	-45	-46	-56	-72	-84	-92	-91	-73	-79	-80	-83	-80	-64	-36	-21	-37	-52	-57.3	-21	-92
16	-58	-56	-55	-56	-71	-59	-50	-55	-60	-69	-82	-92	-87	-83	-75	-71	-53	-55	-61	-33	-15	-48	-50	-64	-60.8	-15	-92
17	-82	-53	-69	-65	-89	-74	-67	-55	-55	-56	-64	-72	-85	-83	-77	-76	-48	-22	-57	-64	-62	-62	-62	-63	-65.1	-22	-89
18	-58	-57	-58	-59	-67	-64	-59	-56	-58	-55	-70	-78	-82	-75	-74	-63	-59	-64	-61	-59	-56	-52	-59	-65	-62.8	-52	-82
19*	-66	-63	-58	-58	-58	-56	-45	-37	-34	-43	-58	-73	-82	-80	-76	-65	-55	-59	-55	-50	-43	-47	-47	-60	-57.0	-34	-82
20*	-59	-59	-59	-57	-58	-58	-47	-44	-44	-48	-64	-76	-81	-80	-77	-71	-67	-68	-68	-68	-67	-64	-64	-64	-63.0	-44	-81
21	-64	-60	-47	-53	-55	-59	-44	-41	-48	-65	-96	-86	-98	-63	-61	-91	-73	-63	-52	-42	-28	-31	-48	-85	-60.5	-28	-98
22	-34	-48	-69	-51	-66	-57	-39	-36	-41	-61	-78	-85	-81	-82	-80	-52	-49	-55	-42	-43	-66	-45	-38	-15	-54.7	-15	-85
23	-72	-29	-17	-22	-26	-30	-32	-47	-54	-60	-81	-84	-89	-83	-75	-64	-69	-56	24	-38	-64	-64	-62	-61	-52.3	24	-89
24	-43	-54	-60	-79	-66	-51	-40	-37	-39	-58	-71	-79	-81	-84	-76	-31	-59	-34	-37	-41	-42	-56	-58	-63	-55.8	-31	-84
25	-63	-52	-50	-57	-53	-61	-49	-43	-48	-48	-74	-84	-68	-82	-81	-60	-47	-36	-43	-16	-43	-51	-54	-62	-55.2	-16	-84
26	-69	-82	-66	-46	-50	-47	-37	-31	-40	-57	-77	-93	-100	-97	-81	-51	-62	-67	-62	-41	-02	-59	-61	-59	-59.9	-02	-100
27	-55	-64	-56	-60	-74	-71	-62	-51	-55	-64	-80	-95	-93	-90	-82	-71	-45	-39	-63	-62	-47	-47	-59	-59	-64.3	-39	-95
28*	-64	-58	-57	-55	-54	-55	-45	-39	-43	-58	-71	-84	-87	-82	-75	-71	-68	-71	-69	-67	-64	-61	-58	-59	-63.1	-39	-87
29	-58	-59	-59	-61	-58	-56	-48	-39	-35	-44	-62	-88	-96	-98	-91	-83	-74	-66	-62	-55	-63	-56	-38	-35	-61.8	-35	-98
30	-40	-40	-50	-51	-60	-59	-48	-40	-38	-45	-60	-83	-101	-116	-109	-113	-97	-39	-42	-52	-11	-33	-26	-05	-56.6	-05	**-116**
31†	42	03	40	-28	-23	-44	-38	-42	-38	-55	-56	-75	-86	-84	-94	-62	-34	-60	-48	-55	-29	-50	-24	-40	-40.8	42	-94
Mittel	-50	-48	-50	-54	-56	-58	-51	-47	-52	-61	-72	-82	-86	-84	-78	-64	-57	-50	-44	-44	-41	-44	-47	-43	-56.7	-14	-91
April																									γ		
1	-33	-37	-46	-40	-61	-44	-40	-52	-54	-54	-57	-66	-79	-95	-60	-80	-70	-46	-40	-51	-64	-57	-56	-52	-55.6	-33	-95
2†	-43	-44	-02	-19	-35	-28	-33	-31	-52	-48	-62	-75	-93	-103	-89	-79	-70	-26	-13	-37	-51	-31	-19	-102	-49.4	-02	-103
3†	-30	-15	-24	-23	-32	-64	-61	-47	-47	-43	-58	-85	-72	-84	-88	-34	-17	-32	-52	-29	-61	-46	-11	00	**-44.0**	00	-88
4	-48	-46	-52	-46	-44	-45	-44	-43	-56	-86	-67	-80	-84	-73	-72	-73	-38	-33	-09	-39	-39	-34	-44	-41	-51.5	-09	-86
5	-66	-37	-59	-36	-43	-41	-40	-55	-88	-71	-64	-77	-73	-72	-60	-45	-67	00	-19	-32	-43	-55	-73	-59	-53.1	00	-88
6	-48	-27	-30	-43	-42	-39	-39	-35	-50	-62	-64	-84	-103	-82	-82	-66	-41	-56	-49	-19	-26	-50	-74	-83	-53.9	-19	-103
7	-44	-27	-40	-46	-44	-47	-51	-65	-49	-51	-68	-75	-82	-83	-74	-63	-64	-32	-14	-46	-54	-52	-51	-52	-53.1	-14	-83
8	-59	-46	-40	-36	-57	-56	-34	-17	-32	-49	-63	-93	-103	-98	-64	-66	-61	-49	00	-24	09	-32	-27	-54	-48.0	09	-103
9	-42	-36	-15	-39	-31	-31	-29	-29	-36	-54	-67	-103	-96	-84	-75	-67	-64	-11	-18	-51	-54	-35	-66	-60	-49.7	-11	-103
10	-35	-51	-39	-22	-31	-41	-46	-41	-41	-48	-68	-83	-88	-88	-77	-63	-56	-49	-47	-43	-47	-38	-47	-49	-51.6	-22	-88
11	-47	-51	-53	-51	-49	-43	-38	-35	-42	-46	-61	-81	-84	-76	-72	-64	-56	-54	-50	-40	-53	-53	-51	-51	-54.2	-35	-84
12*	-48	-66	-53	-48	-44	-41	-34	-33	-32	-44	-65	-87	-97	-89	-80	-72	-67	-60	-59	-58	-46	-37	-54	-53	-57.0	-32	-97
13	-56	-55	-50	-66	-65	-46	-36	-28	-27	-39	-56	-73	-86	-83	-79	-72	-66	-60	-55	-34	-45	-58	-58	-55	-56.2	-27	-86
14	-48	-52	-49	-50	-52	-52	-46	-39	-36	-46	-53	-73	-90	-88	-82	-81	-70	-60	-63	-64	-60	-32	-47	-51	-57.7	-32	-90
15	-50	-49	-61	-57	-61	-57	-49	-40	-40	-48	-67	-85	-102	-72	-92	-94	-73	-64	-54	-48	-56	-55	-56	-54	-61.8	-40	-102
16	-52	-52	-63	-55	-59	-77	-70	-59	-48	-47	-59	-68	-84	-89	-80	-80	-71	-66	-58	-44	-51	-42	-44	-48	-61.1	-42	-89
17	-51	-47	-53	-62	-68	-52	-44	-29	-30	-37	-54	-69	-73	-76	-69	-64	-59	-55	-55	-56	-51	-54	-55	-54	-54.9	-29	-76
18	-53	-53	-53	-53	-50	-45	-36	-29	-28	-36	-54	-78	-98	-103	-89	-82	-72	-63	-42	-51	-48	-41	-32	-28	-54.9	-28	-103
19	-55	-44	-34	-40	-46	-39	-32	-30	-34	-44	-66	-82	-99	-102	-90	-74	-64	-49	-13	-01	-43	-40	-36	-52	-50.4	-01	-102
20*	-48	-52	-44	-46	-44	-48	-42	-38	-44	-54	-72	-90	-100	-86	-78	-71	-65	-61	-65	-62	-59	-37	-42	-24	-57.2	-24	-100
21†	-44	-53	-28	-33	-30	-30	-34	-46	-50	-59	-77	-102	-144	-171	-231	-173	-113	-56	18	-23	09	13	-48	-47	**-64.7**	**18**	**-231**
22	-55	-65	-49	-46	-36	-29	-48	-57	-69	-74	-85	-81	-86	-78	-69	-65	-68	-65	-64	-62	-58	-55	-49	-55	-61.2	-29	-86
23	-51	-50	-60	-51	-33	-29	-28	-36	-45	-57	-68	-74	-80	-81	-74	-64	-53	-51	-34	-47	-56	-56	-53	-52	-53.5	-28	-81
24	-52	-53	-53	-51	-50	-44	-37	-29	-34	-49	-68	-80	-84	-80	-72	-69	-61	-52	-54	-56	-56	-17	-19	-28	-52.0	-17	-84
25*	-48	-48	-48	-47	-43	-39	-35	-35	-38	-49	-70	-91	-91	-87	-77	-70	-65	-62	-60	-60	-57	-55	-55	-54	-57.7	-35	-91
26*	-54	-53	-53	-50	-48	-42	-36	-33	-35	-52	-68	-81	-88	-92	-89	-85	-79	-72	-70	-35	-47	-47	-53	-53	-59.0	-33	-92
27*	-52	-52	-48	-47	-44	-41	-37	-36	-40	-52	-68	-83	-91	-90	-84	-82	-80	-76	-72	-69	-62	-57	-57	-53	-61.4	-36	-91
28	-51	-60	-48	-81	-66	-57	-43	-25	-31	-36	-56	-68	-93	-97	-105	-97	-81	-60	-44	-40	-55	-51	-45	-32	-59.2	-25	-105
29†	-37	-43	-44	-28	-32	-49	-51	-47	-70	-56	-77	-98	-103	-108	-108	-114	-70	-32	-24	-19	07	-28	-35	-36	-54.2	07	-114
30†	-04	-19	-24	-19	-24	-29	-26	-37	-35	-44	-67	-72	-92	-86	-79	-72	-22	-56	-51	-46	-25	-51	-16	-61	**-44.0**	-04	-92
Mittel	-47	-46	-44	-44	-46	-44	-41	-38	-44	-51	-65	-81	-91	-90	-85	-76	-63	-50	-41	-43	-45	-43	-46	-50	-54.7	-19	-98

Ostkomponente

Niemegk Y = -0.00 800 + Tafelwert (Γ) **1952**

0h 1h 2h 3h 4h 5h 6h 7h 8h 9h 10h 11h 12h 13h 14h 15h 16h 17h 18h 19h 20h 21h 22h 23h 24h Weltzeit

Mai

Tag	0h–1h	1h–2h	2h–3h	3h–4h	4h–5h	5h–6h	6h–7h	7h–8h	8h–9h	9h–10h	10h–11h	11h–12h	12h–13h	13h–14h	14h–15h	15h–16h	16h–17h	17h–18h	18h–19h	19h–20h	20h–21h	21h–22h	22h–23h	23h–24h	Tagesmittel γ	Max.	Min.
1†	-45	-21	-65	-14	-31	-29	-31	-24	-35	-52	-74	-88	-82	-95	-67	-65	-56	-35	-52	-18	-54	-51	-36	-83	-50.1	-14	-95
2†	-56	-18	-72	-62	-38	-22	-27	-20	-32	-44	-63	-78	-91	-80	-68	-51	-56	-61	-51	-37	-45	-36	-69	-44	-50.9	-18	-91
3†	-53	-53	-43	-38	-38	-60	-46	-47	-43	-49	-62	-70	-74	-71	-62	-45	-52	-52	-30	-37	-07	06	22	10	-41.4	22	-74
4	-04	-07	-20	-36	-35	-26	-27	-36	-36	-42	-60	-71	-77	-65	-60	-60	-39	-64	-35	-23	-35	-27	-18	-19	**-38.4**	-04	-77
5	-34	-58	-18	-25	-28	-34	-37	-45	-53	-66	-81	-94	-86	-66	-64	-61	-54	-45	-34	-50	-54	-36	-36	-27	-49.4	-18	-94
6	-17	-26	-35	-23	-25	-38	-42	-78	-78	-74	-80	-74	-73	-65	-57	-57	-48	-53	-53	-48	-46	-41	-41	-25	-49.9	-17	-80
7†	-33	-39	-51	-46	-57	-58	-42	-70	-70	-55	-80	-92	-111	-63	-73	-55	-58	-04	-25	-11	-08	-21	-02	-36	-48.2	02	-111
8	-40	-27	-40	-17	-08	-04	-12	-26	-61	-50	-79	-97	-99	-94	-90	-95	-77	-62	-53	-50	-54	-49	-46	-43	-53.0	-04	-99
9*	-42	-44	-38	-35	-31	-30	-33	-37	-48	-62	-76	-85	-84	-76	-66	-60	-58	-58	-54	-52	-50	-50	-42	-41	-52.2	-30	-85
10*	-43	-47	-43	-41	-38	-27	-24	-28	-38	-55	-76	-92	-103	-94	-74	-64	-58	-58	-57	-56	-56	-55	-54	-53	-55.6	-24	-103
11	-52	-52	-49	-45	-38	-29	-26	-33	-46	-64	-76	-90	-97	-104	-98	-95	-107	-91	-62	-58	-54	-60	-60	-61	**-64.5**	-26	-107
12	-63	-83	-56	-49	-47	-44	-25	-24	-34	-47	-60	-74	-80	-79	-73	-63	-58	-53	-50	-54	-35	-57	-63	-62	-55.5	-24	-83
13	-61	-58	-56	-49	-44	-38	-36	-41	-51	-70	-82	-92	-100	-88	-68	-64	-60	-60	-58	-60	-45	-32	-56	-62	-59.6	-32	-100
14	-81	-57	-44	-38	-25	-25	-26	-28	-36	-50	-68	-82	-88	-85	-80	-68	-63	-58	-61	-62	-59	-58	-57	-55	-56.4	-25	-88
15*	-56	-56	-54	-46	-36	-32	-28	-27	-33	-45	-60	-76	-82	-83	-76	-71	-57	-57	-54	-58	-60	-59	-56	-57	-55.0	-27	-83
16*	-54	-56	-55	-48	-40	-36	-34	-36	-46	-61	-77	-88	-88	-81	-74	-68	-63	-61	-60	-60	-60	-61	-57	-57	-59.2	-34	-88
17	-58	-56	-52	-45	-37	-33	-40	-45	-52	-67	-78	-88	-88	-81	-76	-69	-65	-68	-71	-78	-74	-76	-72	-60	-63.7	-33	-88
18	-48	-43	-40	-20	-21	-31	-32	-34	-59	-74	-81	-91	-84	-83	-84	-83	-53	-28	-55	-64	-51	-46	-60	-55	-55.0	-20	-91
19	-89	-54	-55	-43	-88	-47	-32	-42	-51	-63	-74	-82	-85	-82	-73	-62	-49	-44	-54	-52	-52	-53	-55	-62	-60.1	-32	-89
20	-64	-46	-48	-49	-37	-18	-19	-21	-37	-51	-68	-84	-94	-90	-80	-65	-59	-57	-59	-56	-56	-40	-49	-48	-54.0	-18	-94
21	-49	-63	-57	-43	-34	-32	-27	-23	-37	-56	-68	-82	-92	-85	-83	-76	-63	-51	-46	-53	-52	-52	-53	-57	-55.6	-23	-92
22*	-57	-53	-45	-37	-28	-24	-23	-27	-39	-56	-72	-80	-81	-76	-69	-63	-56	-54	-55	-54	-54	-56	-54	-53	-52.8	-23	-81
23	-51	-49	-49	-40	-33	-29	-30	-33	-44	-58	-76	-95	-96	-92	-85	-80	-69	-64	-58	-42	-56	-60	-58	-58	-58.5	-29	-96
24	-57	-49	-42	-50	-40	-38	-35	-38	-48	-57	-74	-96	-99	-86	-86	-81	-78	-71	-71	-69	-67	-61	-52	-48	-62.2	-35	-99
25	-29	-16	-25	-30	-21	-31	-32	-34	-50	-57	-66	-81	-87	-90	-85	-76	-68	-58	-58	-57	-53	-54	-53	-53	-52.7	-16	-90
26	-51	-50	-49	-44	-41	-41	-36	-33	-34	-59	-76	-104	-114	-121	-110	-99	-107	-75	-44	-77	-73	08	00	35	-58.1	**35**	**-121**
27†	17	19	05	-35	-19	-08	-04	-12	-26	-45	-69	-82	-86	-96	-78	-77	-56	-74	-57	-57	-18	-27	-36	-39	-40.0	19	-96
28	-30	-43	-49	-48	-36	-23	-22	-24	-25	-37	-54	-78	-86	-86	-95	-55	-69	-64	-55	-61	-53	-40	-48	-63	-51.8	-22	-95
29	-31	-21	-36	-44	-52	-51	-20	-18	-22	-47	-62	-74	-80	-74	-76	-71	-61	-36	-61	-44	-44	-47	-43	-49	-48.5	-18	-80
30	-52	-56	-54	-53	-64	-35	-41	-39	-44	-53	-71	-87	-80	-80	-72	-65	-52	-59	-59	-39	-49	-52	-60	-60	-57.3	-35	-87
31	-40	-37	-27	-23	-22	-50	-52	-38	-35	-45	-59	-74	-80	-81	-75	-69	-60	-54	-46	-53	-49	-44	-53	-62	-51.2	-22	-81
Mittel	-46	-43	-44	-39	-36	-33	-30	-34	-43	-55	-71	-85	-89	-84	-77	-69	-62	-56	-53	-51	-49	-45	-46	-47	-53.6	-18	-92

Juni

Tag	0h–1h	1h–2h	2h–3h	3h–4h	4h–5h	5h–6h	6h–7h	7h–8h	8h–9h	9h–10h	10h–11h	11h–12h	12h–13h	13h–14h	14h–15h	15h–16h	16h–17h	17h–18h	18h–19h	19h–20h	20h–21h	21h–22h	22h–23h	23h–24h	Tagesmittel γ	Max.	Min.
1	-42	-38	-37	-33	-36	-30	-31	-29	-33	-44	-60	-68	-73	-74	-69	-64	-60	-61	-56	-53	-46	-44	-49	-46	-49.0	-29	-74
2	-40	-40	-48	-39	-41	-34	-26	-26	-32	-42	-58	-69	-75	-77	-73	-66	-64	-63	-60	-47	-40	-50	-54	-50	-50.6	-26	-77
3	-47	-46	-46	-39	-34	-29	-28	-30	-30	-42	-57	-70	-74	-74	-70	-69	-63	-62	-58	-50	-49	-48	-42	-34	-49.6	-28	-74
4	-44	-30	-26	-26	-24	-22	-17	-18	-28	-44	-60	-70	-74	-79	-74	-65	-59	-58	-58	-41	-48	-50	-46	-41	**-45.9**	-17	-79
5	-36	-36	-32	-29	-25	-23	-24	-27	-36	-52	-65	-86	-89	-92	-92	-80	-63	-61	-64	-60	-57	-56	-55	-52	-53.8	-23	-92
6*	-55	-45	-40	-36	-27	-27	-31	-36	-43	-55	-65	-70	-71	-70	-68	-63	-60	-60	-60	-60	-57	-54	-52	-48	-52.2	-27	-71
7*	-48	-46	-47	-44	-36	-29	-29	-32	-44	-57	-71	-77	-81	-85	-79	-74	-72	-71	-69	-63	-44	-51	-51	-48	-56.2	-29	-85
8	-45	-40	-46	-34	-26	-32	-35	-39	-57	-75	-86	-96	-98	-97	-100	-92	-87	-75	-64	-52	-36	-42	-45	-50	**-60.4**	-26	-100
9†	-65	-60	-47	-35	-30	-39	-28	-21	-27	-46	-66	-84	-86	-106	-64	-71	-72	-64	-67	-55	-53	-43	-49	-57	-55.6	-21	**-106**
10	-73	-54	-38	-30	-31	-22	-20	-27	-35	-51	-67	-73	-79	-87	-75	-65	-65	-66	-66	-52	-40	-25	-32	-55	-51.2	-20	-87
11	-51	-47	-44	-36	-34	-34	-40	-27	-32	-43	-54	-60	-71	-77	-80	-69	-65	-67	-64	-57	-52	-34	-41	-47	-51.1	-27	-80
12	-48	-56	-46	-34	-31	-27	-27	-25	-31	-37	-49	-64	-74	-82	-80	-75	-72	-66	-62	-59	-57	-54	-54	-52	-52.6	-25	-82
13*	-50	-47	-47	-42	-36	-27	-23	-23	-31	-52	-67	-77	-81	-84	-84	-78	-71	-64	-63	-60	-64	-52	-48	-50	-55.0	-23	-84
14†	-48	-46	-43	-38	-28	-33	-34	-39	-38	-51	-71	-86	-96	-102	-86	-85	-70	-51	-18	-48	-51	-62	-17	-63	-54.3	-17	-102
15	-47	-43	-46	-68	-56	-35	-21	-27	-32	-54	-63	-76	-80	-69	-61	-64	-64	-59	-60	-61	-53	-49	-58	-49	-54.0	-21	-80
16	-52	-53	-41	-45	-38	-47	-46	-45	-39	-46	-60	-65	-71	-67	-67	-48	-51	-54	-56	-61	-58	-52	-53	-50	-52.7	-38	-71
17	-44	-52	-47	-43	-47	-36	-39	-31	-39	-47	-55	-64	-72	-63	-69	-71	-60	-66	-67	-53	-56	-57	-56	-54	-53.7	-31	-72
18	-45	-35	-29	-44	-48	-31	-21	-18	-23	-39	-53	-68	-67	-63	-63	-68	-63	-54	-56	-58	-60	-60	-44	-43	-48.0	-18	-68
19	-44	-47	-43	-40	-33	-25	-26	-30	-36	-43	-56	-67	-68	-77	-73	-72	-67	-60	-56	-53	-56	-56	-57	-53	-51.6	-25	-77
20*	-49	-49	-43	-46	-38	-30	-26	-25	-32	-36	-45	-57	-65	-68	-65	-63	-59	-54	-54	-54	-52	-60	-56	-53	-49.1	-25	-68
21*	-48	-52	-44	-38	-32	-29	-27	-24	-28	-42	-60	-72	-74	-80	-80	-76	-75	-74	-68	-65	-60	-56	-49	-42	-54.0	-24	-80
22	-39	-38	-40	-34	-25	-21	-16	-16	-31	-40	-65	-85	-98	-106	-99	-88	-84	-43	-44	-48	-38	-29	-35	-16	-49.1	-16	**-106**
23†	-27	-21	-22	-47	-20	-16	-16	-21	-40	-58	-65	-93	-94	-97	-89	-79	-65	-63	-64	-60	-57	-20	-12	-18	-48.5	-12	-97
24†	-46	-54	-21	-36	-06	-02	-09	-21	-27	-41	-73	-86	-97	-94	-79	-68	-55	-59	-49	-52	-58	-51	-56	-72	-50.5	-02	-97
25	-49	-44	-43	-39	-29	-23	-19	-17	-25	-40	-55	-77	-92	-99	-70	-77	-76	-65	-51	-53	-60	-64	-50	-56	-53.0	-17	-99
26	-42	-24	-33	-26	-21	-16	-10	-10	-25	-46	-59	-81	-80	-101	-87	-70	-76	-65	-56	-56	-52	-52	-51	-50	-49.5	-10	-101
27	-48	-46	-44	-40	-42	-37	-34	-26	-31	-39	-54	-69	-84	-89	-88	-76	-71	-49	-52	-54	-52	-48	-42	-40	-52.3	-26	-89
28	-31	-40	-44	-36	-32	-24	-19	-19	-31	-44	-66	-77	-85	-79	-71	-63	-58	-55	-55	-53	-54	-52	-52	-52	-49.7	-19	-85
29	-49	-44	-37	-29	-21	-15	-15	-24	-37	-50	-64	-76	-84	-78	-73	-66	-62	-64	-62	-54	-45	-32	02	-34	-46.4	02	-84
30†	-16	-05	16	03	-95	-67	-31	-23	-37	-58	-77	-77	-80	-80	-70	-56	-48	-45	-45	-49	-51	-45	-42	-39	-46.5	**16**	-95
Mittel	-46	-43	-38	-37	-34	-29	-26	-26	-34	-47	-62	-75	-80	-83	-77	-71	-66	-61	-58	-55	-52	-48	-45	-47	-51.5	-20	-85

Ostkomponente

Niemegk — Y = −0.00 800 Γ + Tafelwert — 1952

Weltzeit

Juli

Tag	0–1h	1–2h	2–3h	3–4h	4–5h	5–6h	6–7h	7–8h	8–9h	9–10h	10–11h	11–12h	12–13h	13–14h	14–15h	15–16h	16–17h	17–18h	18–19h	19–20h	20–21h	21–22h	22–23h	23–24h	Tagesmittel γ	Max.	Min.
1	-38	-34	-31	-23	-15	-17	-18	-25	-32	-39	-46	-55	-58	-60	-62	-61	-60	-57	-58	-57	-64	-61	-38	-15	-42.7	-15	-64
2*	-29	-34	-41	-40	-39	-28	-25	-25	-33	-50	-60	-61	-67	-69	-69	-65	-61	-62	-63	-60	-54	-51	-49	-46	-49.2	-25	-69
3	-48	-49	-46	-37	-37	-38	-38	-32	-32	-38	-46	-54	-56	-62	-64	-74	-65	-52	-50	-56	-43	-54	-54	-46	-48.8	-32	-74
4	-46	-44	-41	-40	-40	-31	-19	-20	-34	-49	-61	-66	-71	-77	-80	-80	-68	-69	-61	-63	-62	-46	-46	-38	-52.2	-19	-80
5†	-38	-23	-31	-35	-42	-53	-60	-50	-47	-49	-56	-65	-76	-59	-77	-59	-59	-24	-22	-13	-20	-20	-12	-32	**-42.6**	-12	-77
6†	-34	-36	-29	-17	-18	-22	-26	-40	-37	-45	-50	-63	-53	-65	-69	-64	-59	-58	-54	-50	-49	-44	-44	-42	-44.5	-17	-69
7	-36	-43	-45	-40	-36	-37	-37	-32	-28	-38	-53	-67	-79	-80	-74	-68	-65	-52	-53	-58	-55	-49	-46	-44	-50.6	-28	-80
8	-43	-44	-44	-36	-25	-26	-28	-24	-21	-29	-48	-66	-79	-92	-94	-82	-72	-62	-61	-58	-56	-55	-56	-47	-52.0	-21	-94
9†	-44	-38	-49	-44	-32	-22	-32	-42	-40	-45	-62	-74	-88	-86	-80	-72	-52	-62	-60	-58	-38	-47	-49	-45	-52.5	-22	-88
10	-41	-41	-49	-49	-42	-46	-22	-22	-20	-35	-54	-62	-68	-70	-74	-68	-47	-46	-43	-57	-56	-57	-57	-40	-48.6	-20	-74
11	-32	-50	-33	-34	-50	-40	-35	-18	-21	-30	-44	-56	-65	-70	-67	-65	-62	-52	-52	-54	-54	-53	-49	-46	-47.2	-18	-70
12	-45	-48	-45	-30	-25	-23	-22	-25	-29	-36	-45	-48	-59	-62	-65	-65	-64	-65	-66	-61	-60	-50	-39	-46	-46.8	-22	-66
13	-44	-43	-40	-38	-35	-26	-28	-32	-40	-50	-58	-68	-82	-94	-96	-80	-76	-70	-63	-63	-60	-61	-54	-54	-56.5	-26	-96
14	-50	-64	-64	-52	-36	-25	-21	-21	-31	-37	-51	-70	-80	-82	-80	-74	-57	-54	-55	-56	-54	-52	-46	-49	-52.5	-21	-82
15	-48	-29	-33	-32	-41	-37	-30	-26	-38	-48	-53	-61	-71	-76	-69	-62	-60	-60	-56	-55	-56	-54	-42	-35	-48.8	-26	-76
16	-32	-42	-45	-37	-28	-20	-24	-20	-23	-34	-48	-56	-64	-64	-70	-66	-60	-56	-48	-49	-50	-52	-48	-47	-45.1	-20	-70
17	-46	-45	-41	-44	-48	-42	-42	-40	-48	-56	-62	-68	-70	-76	-73	-68	-66	-62	-59	-60	-56	-56	-48	-46	-55.1	-40	-76
18	-44	-43	-45	-56	-46	-35	-29	-26	-36	-47	-63	-77	-86	-96	-91	-80	-67	-62	-57	-55	-49	-51	-43	-37	-55.0	-26	-96
19*	-42	-43	-40	-36	-31	-26	-30	-33	-38	-48	-63	-66	-74	-76	-75	-68	-63	-60	-50	-57	-58	-56	-54	-43	-51.2	-26	-76
20†	-44	-50	-36	-24	-13	-13	-16	-15	-28	-51	-85	-89	-114	-109	-124	-79	-81	-77	-83	-72	-66	-58	-45	-21	**-58.0**	-13	**-124**
21†	-34	-34	-33	-30	-65	-28	-32	-21	-32	-32	-45	-57	-79	-64	-71	-40	-60	-56	-36	-54	-53	-35	-46	-40	-44.9	-21	-79
22	-40	-24	-28	-32	-30	-22	-11	-14	-26	-41	-50	-62	-76	-80	-76	-66	-56	-56	-54	-36	-43	-26	-33	-56	-43.2	**-11**	-80
23	-43	-40	-43	-40	-32	-22	-17	-16	-27	-39	-49	-68	-81	-86	-79	-69	-64	-60	-58	-55	-52	-37	-39	-40	-48.2	-16	-86
24	-51	-45	-34	-37	-31	-29	-26	-23	-26	-37	-53	-74	-85	-88	-88	-77	-64	-45	-52	-52	-49	-42	-44	-44	-49.8	-23	-88
25	-41	-38	-39	-36	-28	-20	-17	-21	-30	-45	-58	-76	-85	-76	-73	-50	-55	-38	-51	-42	-38	-38	-36	-38	-44.5	-17	-85
26	-50	-39	-37	-48	-23	-20	-15	-28	-36	-49	-60	-70	-76	-75	-64	-62	-56	-56	-53	-56	-52	-48	-48	-44	-48.5	-15	-76
27	-44	-52	-43	-36	-35	-32	-29	-31	-38	-48	-66	-73	-84	-75	-71	-66	-66	-61	-60	-57	-50	-38	-24	-31	-50.4	-24	-84
28*	-34	-32	-20	-24	-24	-24	-24	-24	-32	-43	-52	-61	-67	-71	-70	-68	-63	-61	-59	-56	-52	-48	-45	-43	-45.7	-20	-71
29*	-41	-39	-40	-38	-34	-28	-24	-25	-32	-45	-60	-72	-77	-76	-70	-65	-60	-57	-58	-56	-52	-45	-45	-40	-49.1	-24	-77
30*	-39	-35	-36	-32	-24	-25	-24	-25	-32	-38	-45	-63	-72	-72	-73	-71	-68	-64	-57	-54	-53	-48	-47	-43	-47.5	-24	-73
31	-40	-41	-44	-44	-37	-35	-27	-25	-44	-60	-71	-87	-85	-85	-76	-65	-60	-50	-48	-42	-24	-44	-49	-47	-51.2	-24	-87
Mittel	-41	-41	-40	-37	-34	-29	-27	-26	-33	-43	-55	-66	-75	-76	-76	-68	-62	-57	-55	-54	-51	-48	-44	-42	-49.1	-22	-80

August

Tag	0–1h	1–2h	2–3h	3–4h	4–5h	5–6h	6–7h	7–8h	8–9h	9–10h	10–11h	11–12h	12–13h	13–14h	14–15h	15–16h	16–17h	17–18h	18–19h	19–20h	20–21h	21–22h	22–23h	23–24h	Tagesmittel γ	Max.	Min.
1	-50	-46	-40	-52	-40	-34	-34	-40	-46	-53	-61	-68	-70	-68	-67	-65	-68	-64	-57	-42	-32	-41	-46	-41	-51.0	-32	-70
2	-33	-44	-30	-31	-24	-17	-14	-19	-28	-41	-53	-68	-76	-80	-77	-70	-64	-59	-41	-52	-60	-56	-55	-46	-47.4	-14	-80
3†	-36	-40	-44	-53	-71	-55	-50	-44	-47	-49	-65	-73	-82	-90	-91	-88	-59	-54	-52	-45	-36	-39	-31	-39	**-55.5**	-31	-91
4	-45	-55	-55	-29	-17	-20	-37	-41	-41	-49	-58	-62	-68	-70	-72	-72	-68	-64	-52	-31	-40	-32	-32	-59	-48.7	-17	-72
5	-44	-21	-24	-28	-33	-35	-32	-32	-37	-41	-56	-67	-75	-81	-78	-69	-51	-44	-53	-56	-54	-52	-46	-44	-48.0	-21	-81
6	-60	-62	-23	-38	-55	-50	-36	-40	-44	-48	-60	-73	-82	-84	-63	-49	-50	-48	-40	-48	-51	-49	-47	-50	-52.1	-23	-84
7	-47	-27	-43	-37	-32	-29	-29	-29	-34	-49	-66	-81	-90	-89	-82	-63	-53	-44	-34	-40	-49	-48	-48	-54	-49.9	-27	-90
8	-46	-42	-38	-34	-35	-34	-28	-18	-23	-27	-42	-63	-65	-66	-72	-68	-58	-49	-48	-45	-33	-41	-45	-47	-44.5	-18	-72
9	-44	-44	-41	-43	-32	-25	-19	-16	-24	-35	-52	-70	-78	-76	-69	-63	-60	-52	-37	-36	-40	-37	-33	-27	-43.9	-16	-78
10	-33	-48	-17	-32	-25	-20	-22	-25	-31	-46	-67	-86	-94	-76	-86	-92	-71	-46	-27	-39	-46	-48	-39	-32	-47.8	-17	-94
11	-34	-45	-65	-32	-29	-18	-13	-12	-23	-38	-50	-62	-67	-74	-75	-63	-56	-55	-60	-61	-58	-53	-27	-34	-46.0	-12	-75
12†	-24	-46	-25	-26	-25	-27	-24	-28	-32	-48	-65	-75	-83	-78	-77	-62	-39	-47	-49	-32	-44	-36	-41	-37	-44.6	-24	-83
13	-48	-45	-40	-37	-34	-32	-24	-20	-28	-41	-57	-74	-85	-86	-74	-65	-50	-45	-45	-47	-46	-43	-43	-45	-48.1	-20	-86
14*	-46	-43	-37	-32	-34	-37	-27	-22	-30	-42	-57	-67	-68	-61	-58	-54	-49	-46	-45	-41	-46	-50	-48	-46	-45.2	-22	-68
15	-46	-55	-45	-36	-30	-30	-29	-32	-41	-55	-69	-82	-87	-78	-70	-58	-50	-49	-52	-51	-47	-42	-52	-50	-51.5	-29	-87
16*	-41	-34	-37	-26	-25	-20	-25	-25	-29	-38	-49	-60	-65	-65	-62	-54	-48	-45	-45	-46	-46	-44	-43	-42	-42.2	-20	-65
17†	-41	-42	-37	-41	-40	-29	-22	-21	-29	-59	-74	-96	-73	-85	-88	-78	-66	-53	-49	11	-08	-27	-36	-44	-47.0	**11**	-96
18†	-32	-46	-26	-36	-51	-43	-20	-22	-28	-43	-62	-79	-90	-85	-63	-55	-59	-37	-53	-52	-46	-32	-09	-28	-45.7	-09	-90
19	-25	-41	-59	-48	-34	-33	-23	-21	-30	-42	-61	-81	-85	-77	-67	-59	-32	-36	-44	-45	-38	-40	-42	-36	-45.8	-21	-85
20	-41	-46	-56	-41	-50	-57	-52	-36	-30	-52	-68	-76	-73	-66	-59	-56	-56	-51	-35	-44	-46	-44	-26	-30	-49.6	-26	-76
21	-29	-28	-28	-28	-20	-20	-20	-21	-32	-51	-75	-93	-88	-80	-72	-64	-56	-56	-59	-53	-45	-49	-46	-46	-48.3	-20	-93
22	-44	-44	-42	-35	-33	-29	-23	-24	-33	-51	-71	-88	-86	-73	-60	-53	-51	-48	-52	-54	-54	-45	-29	-29	-48.0	-23	-88
23	-17	-33	-26	-21	-20	-13	-06	-08	-20	-42	-67	-90	-97	-85	-74	-70	-65	-57	-56	-53	-48	-45	-41	-42	-45.7	-06	**-97**
24	-40	-40	-38	-40	-30	-25	-18	-17	-25	-41	-67	-89	-97	-93	-86	-82	-70	-58	-57	-54	-49	-48	-46	-43	-52.2	-17	**-97**
25*	-42	-41	-40	-38	-34	-24	-16	-13	-25	-49	-74	-89	-90	-81	-69	-57	-48	-48	-42	-40	-42	-38	-42	-47	-47.0	-13	-90
26*	-44	-46	-48	-41	-28	-17	-09	-12	-20	-45	-72	-86	-93	-85	-74	-63	-60	-61	-60	-57	-53	-46	-45	-37	-50.1	-09	-93
27	-38	-45	-46	-34	-30	-24	-26	-31	-56	-61	-70	-87	-88	-79	-70	-64	-48	-45	-46	-49	-49	-53	-49	-44	-51.3	-24	-88
28*	-44	-48	-37	-34	-32	-28	-19	-16	-22	-33	-48	-65	-68	-64	-56	-50	-45	-46	-48	-52	-49	-48	-45	-45	-43.4	-16	-68
29	-44	-40	-42	-38	-35	-30	-28	-25	-29	-39	-61	-72	-75	-70	-70	-65	-48	-48	-46	-42	-20	10	-05	07	-39.8	10	-75
30†	-05	-16	02	-22	02	-13	-09	-12	-21	-38	-54	-66	-72	-74	-76	-69	-61	-48	-47	-46	-31	-30	-41	-41	**-37.0**	02	-76
31	-38	-39	-37	-37	-37	-30	-33	-38	-40	-46	-56	-65	-65	-66	-65	-56	-51	-51	-46	-37	-37	-22	-10	-13	-42.3	-10	-66
Mittel	-39	-42	-38	-36	-33	-29	-25	-24	-32	-45	-62	-76	-80	-77	-72	-64	-55	-50	-48	-44	-43	-41	-38	-39	-47.1	-17	-82

Ostkomponente

Niemegk Γ Y = -0.00 800 + Tafelwert 1952

Weltzeit

September

Tag	0h	1h	2h	3h	4h	5h	6h	7h	8h	9h	10h	11h	12h	13h	14h	15h	16h	17h	18h	19h	20h	21h	22h	23h	Tagesmittel γ	Max.	Min.
1†	-07	-54	-53	-36	-37	-14	-17	-37	-40	-47	-55	-66	-60	-66	-55	-29	-16	-46	-50	-45	-18	-29	-58	-47	-40.9	-07	-66
2	-05	-26	-42	-45	-38	-40	-22	-26	-39	-44	-57	-62	-63	-63	02	-40	-45	-45	-41	-32	-36	-38	-38	-38	-38.5	02	-63
3	-29	-37	-39	-44	-50	-32	-22	-20	-25	-34	-54	-67	-70	-58	-53	-46	-36	-21	-38	-40	-34	-30	-48	-35	-40.1	-20	-70
4	-41	-50	-45	-36	-26	-26	-28	-27	-33	-49	-70	-86	-84	-73	-55	-36	-44	-46	-33	-36	-46	-45	-44	-41	-45.8	-26	-86
5	-48	-48	-40	-34	-31	-27	-24	-26	-34	-46	-64	-78	-92	-97	-89	-82	-32	-13	-24	-26	-26	-24	-26	-28	-44.1	-13	-97
6	-52	-36	-31	-45	-32	-36	-41	-35	-39	-40	-52	-70	-72	-69	-61	-54	-32	-46	-46	-34	-33	-38	-45	-40	-45.0	-31	-72
7	-42	-37	-34	-33	-50	-50	-24	-27	-36	-47	-63	-73	-80	-74	-71	-67	-59	-39	10	-32	-32	-21	02	22	-39.9	22	-80
8†	-17	-48	-75	-22	-34	-62	-47	-22	-32	-39	-58	-72	-76	-67	-65	-09	05	00	-29	-28	-56	-15	-33	-63	-40.2	05	-76
9†	-37	-32	-55	-77	-48	-60	-48	-30	-17	-30	-35	-50	-65	-48	-50	-21	-13	-49	-37	-16	-24	-42	-54	-68	-41.9	-13	-77
10	-39	-16	-43	-42	-39	-37	-37	-37	-33	-50	-51	-53	-66	-56	-54	-48	-40	-36	-26	-34	-37	-37	-37	-40	-41.2	-16	-66
11	-53	-32	-28	-28	-28	-36	-27	-21	-29	-37	-52	-56	-67	-64	-45	-47	-46	-35	-37	-42	-33	-19	-35	-25	-38.4	-19	-67
12	-33	-37	-33	-18	-24	-37	-26	-24	-36	-44	-58	-83	-102	-98	-81	-72	-62	-57	-47	-43	-38	-27	-31	-38	-47.9	-18	**-102**
13*	-34	-36	-30	-31	-30	-24	-21	-24	-29	-40	-51	-65	-64	-58	-52	-48	-49	-49	-49	-46	-45	-45	-42	-34	-41.5	-21	-65
14	-19	-34	-35	-44	-55	-33	-34	-33	-35	-46	-58	-63	-74	-61	-69	-40	-20	-49	-45	-38	-28	-20	-34	-46	-42.2	-19	-74
15	-41	-33	-29	-31	-32	-30	-28	-26	-33	-45	-52	-61	-73	-59	-57	-49	-54	-54	-46	-26	-30	-38	-31	-38	-41.5	-26	-73
16	-30	-27	-33	-37	-33	-31	-29	-29	-38	-51	-63	-68	-69	-61	-54	-50	-45	-40	-38	-46	-44	-05	-21	-26	-40.3	-05	-69
17*	-32	-34	-39	-29	-29	-26	-26	-25	-33	-46	-60	-66	-73	-60	-56	-53	-49	-42	-49	-46	-43	-42	-37	-34	-42.9	-25	-73
18*	-35	-37	-35	-35	-36	-34	-27	-27	-34	-49	-58	-70	-70	-63	-55	-51	-50	-47	-45	-31	-37	-43	-42	-41	-43.8	-27	-70
19*	-42	-42	-40	-40	-41	-38	-29	-41	-26	-41	-61	-78	-82	-80	-74	-68	-63	-57	-49	-46	-45	-40	-29	-35	**-49.5**	-26	-82
20	-36	-32	-34	-39	-39	-36	-34	-35	-32	-37	-51	-69	-75	-74	-66	-60	-57	-50	-50	-46	-42	-34	-36	-05	-44.5	-05	-75
21	-33	-05	12	-29	-33	-30	-25	-21	-29	-38	-53	-66	-75	-73	-65	-55	-49	-48	-47	-42	-42	-42	-36	-39	-40.1	12	-75
22	-37	-37	-34	-50	-45	-33	-26	-21	-27	-34	-49	-62	-70	-70	-62	-54	-47	-46	-42	-40	-36	-28	-31	-32	-42.2	-21	-70
23*	-39	-38	-37	-40	-37	-33	-28	-25	-27	-36	-52	-66	-70	-71	-66	-58	-50	-49	-46	-46	-44	-42	-45	-44	-45.4	-25	-71
24	-42	-43	-42	-38	-34	-35	-30	-29	-26	-35	-54	-72	-73	-73	-65	-54	-53	-50	-46	-33	-32	-30	-32	-58	-45.0	-26	-73
25	-33	-35	-37	-38	-38	-35	-29	-26	-27	-39	-54	-71	-75	-74	-67	-62	-62	-62	-64	-41	-53	-49	-36	01	-46.1	01	-75
26	96	75	62	37	06	-21	-02	-07	-21	-34	-46	-62	-70	-71	-66	-62	-59	-64	-60	-57	-50	-45	-41	-40	**-25.1**	**96**	-71
27	-35	-32	-29	-27	-35	-46	-45	-42	-33	-44	-46	-57	-63	-63	-59	-31	-35	-46	-40	-36	-37	-37	-37	-35	-41.2	-27	-63
28	-36	-37	-41	-39	-46	-45	-43	-34	-46	-52	-61	-68	-68	-73	-62	-62	-69	-58	09	-12	83	28	-13	-23	-36.2	83	-73
29†	-39	-11	-05	-21	-26	-52	-91	-55	-50	-48	-51	-55	-58	-48	-40	-47	-29	-35	-35	-22	27	43	62	08	-28.2	62	-91
30†	-13	23	-34	-38	-40	-20	-17	-22	-30	-47	-51	-65	-58	-48	-50	-32	00	-38	-31	-41	-42	-37	-31	-27	-32.9	23	-65
Mittel	-29	-29	-33	-34	-35	-35	-31	-28	-32	-42	-55	-67	-72	-67	-59	-50	-42	-44	-39	-37	-32	-29	-32	-33	-41.1	-04	-74

Oktober

Tag	0h	1h	2h	3h	4h	5h	6h	7h	8h	9h	10h	11h	12h	13h	14h	15h	16h	17h	18h	19h	20h	21h	22h	23h	Tagesmittel γ	Max.	Min.
1	-18	-39	-25	-28	-42	-37	-25	-17	-22	-33	-47	-54	-58	-59	-56	-47	-39	-42	-31	-19	-23	-32	-46	-44	-36.8	-17	-69
2	-27	-27	-34	-38	-38	-40	-34	-26	-31	-37	-54	-62	-61	-61	-53	-54	-50	-47	-42	17	-07	-14	-36	-38	-37.2	17	-62
3	-41	-38	-32	-29	-41	-54	-38	-22	-18	-28	-43	-64	-69	-65	-66	-49	-48	-14	-26	14	15	-13	40	59	-27.9	59	-69
4†	-19	09	-10	-24	-40	-91	-92	-49	-34	-32	-39	-47	-51	-51	-46	-13	-28	-37	19	-21	-26	-08	-45	-16	-33.0	19	-92
5†	-17	-17	-22	-25	-50	-102	-86	-50	-40	-40	-48	-41	-41	-44	-38	00	61	-06	-02	06	-17	-21	-33	-35	-29.5	**61**	**-102**
6	-20	-20	-13	-32	-37	-39	-29	-37	-32	-24	-35	-52	-64	-58	-33	-29	-21	-14	-39	-34	-27	-38	-34	-34	-33.1	-13	-64
7	-34	-36	-36	-38	-37	-39	-37	-35	-25	-32	-46	-50	-58	-50	-52	-42	-44	-38	-34	-36	-25	-17	-21	-33	-37.3	-17	-58
8	-38	-38	-54	-40	-27	-36	-30	-23	-20	-26	-41	-63	-74	-58	-69	-66	-67	-57	-39	-26	-32	-30	-31	-36	-42.5	-20	-74
9	-37	-24	-37	-36	-33	-35	-31	-24	-26	-40	-50	-66	-70	-67	-56	-46	-45	-43	-41	-40	-13	-09	-29	-48	-39.4	-09	-70
10	-25	-26	-27	-29	-30	-32	-29	-26	-29	-38	-50	-57	-62	-62	-58	-53	-49	-43	-44	03	35	-06	-30	-30	-33.2	35	-62
11	-37	-40	-55	-38	-38	-32	-31	-26	-26	-32	-52	-59	-72	-66	-57	-48	-44	-28	39	-34	-32	-36	-38	-56	-39.1	39	-72
12	-34	-23	-27	-49	-59	-37	-27	-23	-22	-31	-52	-64	-70	-66	-57	-49	-46	-42	-42	-31	-22	-31	-36	-35	-40.6	-22	-70
13	-33	-32	-30	-30	-33	-31	-28	-26	-28	-40	-55	-65	-62	-58	-49	-49	-45	-37	-36	-39	-38	-37	-36	-38	-39.8	-26	-65
14	-41	-33	-31	-38	-34	-46	-51	-28	-28	-38	-54	-61	-61	-57	-50	-45	-44	-45	-41	-34	-37	-36	-34	-33	-41.7	-28	-61
15*	-38	-37	-35	-35	-36	-35	-32	-26	-30	-45	-55	-58	-55	-53	-49	-45	-48	-41	-17	-34	-35	-38	-38	-38	-39.7	-17	-58
16	-36	-41	-38	-34	-34	-41	-31	-24	-25	-37	-59	-61	-76	-63	-58	-50	-49	-48	-45	-39	-37	-36	-26	-19	-42.0	-19	-76
17	-35	-35	-54	-33	-49	-40	-28	-28	-30	-40	-54	-59	-57	-53	-46	-45	-43	07	-22	-22	-02	-14	-18	-23	-34.3	07	-59
18	-30	-38	-44	-62	-48	-35	-34	-32	-31	-46	-55	-62	-66	-58	-52	-42	-44	-29	-20	-20	00	-29	-28	-40	-39.4	00	-66
19	-42	-38	-40	-41	-38	-36	-30	-25	-28	-44	-61	-65	-70	-64	-53	-44	-46	-43	-41	-38	-34	-31	-29	-31	-42.2	-25	-70
20*	-33	-42	-40	-38	-38	-36	-31	-26	-28	-39	-55	-62	-66	-62	-58	-59	-56	-47	-40	-38	-38	-28	-28	-36	-42.7	-26	-66
21	-37	-35	-37	-38	-39	-37	-32	-25	-25	-37	-79	-78	-90	-88	-101	-92	-81	-65	-54	-39	-04	-45	-41	-38	**-51.5**	-04	-101
22*	-34	-34	-36	-37	-35	-37	-31	-28	-26	-36	-50	-62	-58	-56	-49	-45	-46	-43	-42	-38	-38	-35	-34	-34	-40.2	-26	-62
23*	-32	-34	-34	-38	-38	-35	-30	-22	-22	-34	-46	-58	-63	-59	-55	-55	-50	-47	-46	-41	-38	-35	-31	-30	-40.5	-22	-63
24*	-35	-34	-36	-38	-38	-38	-35	-28	-29	-42	-55	-60	-62	-60	-51	-48	-48	-48	-48	-46	-42	-38	-34	-34	-42.8	-29	-62
25	-35	-36	-39	-40	-40	-40	-36	-32	-32	-46	-59	-55	-60	-59	-59	-56	-56	-09	-11	-36	-28	-30	-43	-21	-39.9	-09	-60
26†	-28	-39	-65	-12	-44	-36	-39	-32	-31	-35	-49	-62	-70	-88	-47	-45	-42	-18	-31	-22	05	-16	-26	-37	-37.9	05	-88
27	-21	-19	-30	-26	-29	-30	-29	-28	-31	-43	-47	-48	-48	-43	-37	-35	-34	-35	-31	-26	-36	-35	-34	-37	-33.8	-19	-48
28	-30	-33	-57	-29	-30	-36	-40	-33	-32	-39	-52	-60	-57	-53	-49	-40	-08	-42	-34	-32	-33	-38	-37	-35	-38.7	-08	-60
29	-40	-40	-32	-32	-35	-33	-28	-22	-24	-37	-50	-60	-64	-60	-52	-40	-36	-18	-21	08	28	26	02	12	-27.0	28	-64
30†	01	-16	-04	-36	-74	-21	-22	-22	-28	-33	-44	-49	-49	-42	-38	-31	08	-06	-05	28	33	06	40	-08	**-17.2**	40	-74
31†	-15	-43	-76	-38	-36	-41	-43	-42	-39	-37	-54	-57	-50	-39	-19	-24	38	-23	-20	-09	-12	-16	-15	-15	-30.2	38	-76
Mittel	-30	-32	-36	-35	-39	-41	-36	-29	-28	-37	-51	-59	-62	-59	-52	-45	-37	-34	-29	-23	-18	-24	-27	-28	-37.1	00	-69

Ostkomponente

Γ

Niemegk — Y = -0.00 800 + Tafelwert — 1952

Weltzeit

Tag	0h–1h	1h–2h	2h–3h	3h–4h	4h–5h	5h–6h	6h–7h	7h–8h	8h–9h	9h–10h	10h–11h	11h–12h	12h–13h	13h–14h	14h–15h	15h–16h	16h–17h	17h–18h	18h–19h	19h–20h	20h–21h	21h–22h	22h–23h	23h–24h	Tagesmittel	Max.	Min.
November																									γ		
1†	-59	-44	-31	-37	-36	-36	-32	-25	-24	-37	-42	-52	-49	-52	-18	-20	-35	-29	-10	14	-17	-08	-07	-36	-30.1	14	-59
2	-20	-23	-36	-40	-40	-40	-36	-28	-28	-34	-44	-49	-46	-46	-24	-25	-29	-39	-36	-29	-24	-25	-28	-32	-33.4	-20	-49
3	-40	-41	-48	-37	-39	-38	-36	-31	-32	-43	-53	-55	-63	-59	-62	-25	-43	-38	-34	-33	-29	-29	-25	-40	-40.5	-25	-63
4*	-37	-30	-34	-38	-36	-35	-34	-29	-30	-33	-48	-54	-51	-44	-40	-39	-37	-39	-36	-35	-35	-33	-35	-36	-37.4	-29	-54
5	-38	-40	-40	-37	-36	-36	-33	-28	-24	-32	-40	-46	-49	-47	-37	-40	-40	-35	-36	-32	-30	-30	-25	-28	-35.8	-24	-49
6	-44	-44	-44	-37	-56	-32	-35	-34	-31	-37	-50	-71	-73	-64	-52	-56	-48	-44	-22	-21	-28	-32	-33	-32	**-42.5**	-21	**-73**
7	-42	-35	-23	-25	-32	-36	-29	-29	-32	-43	-56	-63	-57	-52	-46	-32	-29	-45	06	10	-14	-07	-01	-26	-30.8	10	-63
8	-26	-35	-33	-35	-36	-40	-36	-35	-32	-39	-49	-53	-52	-48	-42	-44	-43	-46	-23	-26	-21	-33	-41	-28	-37.3	-21	-53
9	-23	-26	-38	-20	-28	-32	-33	-36	-37	-41	-47	-52	-49	-44	-43	-34	-42	-32	-34	-35	-32	-30	-32	-35	-35.6	-20	-52
10*	-33	-36	-36	-36	-36	-35	-34	-31	-32	-37	-44	-52	-52	-47	-44	-42	-39	-35	-32	-35	-35	-35	-33	-36	-37.8	-31	-52
11*	-35	-36	-36	-36	-36	-35	-33	-31	-33	-43	-54	-57	-59	-53	-48	-47	-51	-50	-46	-37	-35	-31	-16	-18	-39.8	-16	-59
12*	-27	-32	-36	-36	-38	-36	-36	-36	-37	-44	-52	-56	-54	-47	-44	-42	-42	-40	-38	-38	-34	-31	-31	-33	-39.2	-27	-56
13*	-39	-40	-38	-38	-36	-35	-34	-32	-32	-40	-47	-53	-52	-48	-45	-47	-44	-43	-43	-41	-40	-40	-40	-40	-41.1	-32	-53
14	-38	-42	-43	-43	-42	-40	-39	-35	-37	-43	-53	-59	-60	-55	-49	-46	-47	-43	-43	-39	-30	-31	-20	-31	-42.0	-20	-60
15	-39	-36	-36	-36	-35	-31	-31	-32	-38	-44	-57	-58	-55	-49	-43	-40	-32	-34	-37	-06	-12	-35	-38	-38	-37.2	-06	-58
16	-38	-39	-39	-40	-41	-39	-44	-44	-41	-45	-54	-66	-63	-66	-57	-39	-47	-32	-30	-30	-30	-31	-31	-28	-42.2	-28	-66
17	-32	-38	-33	-36	-36	-36	-35	-32	-31	-36	-40	-48	-48	-45	-48	-54	-53	-50	-44	-15	01	-17	-17	-26	-35.4	01	-54
18	-22	-29	-29	-34	-32	-35	-35	-39	-39	-36	-44	-50	-54	-50	-44	-43	-40	-38	-36	-31	-31	-31	-26	-32	-36.7	-22	-54
19	-34	-34	-32	-38	-34	-35	-33	-32	-34	-38	-42	-48	-50	-46	-42	-40	-40	-39	-37	-34	-31	-33	-30	-28	-36.8	-28	-50
20	-27	-26	-30	-30	-34	-34	-33	-33	-35	-42	-48	-54	-56	-50	-46	-46	-44	-43	-43	-39	-38	-35	-24	-27	-38.2	-24	-56
21†	-59	-33	-34	-44	-34	-43	-46	-46	-36	-53	-57	-40	-45	-46	-39	-39	-18	-19	-17	-30	-28	-29	-19	-08	-35.9	-08	-59
22	05	-01	-22	-32	-32	-31	-32	-35	-30	-43	-45	-43	-42	-43	-44	-32	-05	-14	-24	-14	-25	-27	-28	-30	-27.9	05	-45
23	-30	-38	-42	-48	-41	-39	-43	-43	-43	-44	-44	-48	-48	-44	-42	-39	-36	-31	-31	-32	-32	-31	-30	-31	-38.8	-30	-48
24	-38	-35	-37	-37	-36	-35	-33	-34	-36	-40	-47	-50	-49	-46	-40	-40	-20	-37	-36	-36	-34	-34	-34	-34	-37.4	-20	-50
25	-40	-31	-41	-33	-36	-36	-36	-36	-36	-42	-45	-51	-51	-43	-38	-35	-39	-35	-33	-31	-30	-27	-33	-35	-37.2	-27	-51
26†	-35	-35	-34	-35	-35	-36	-40	-49	-48	-56	-61	-52	-50	-45	-34	-31	-16	-22	-26	53	23	32	52	46	**-22.2**	**53**	-61
27†	-20	-32	-32	-35	-38	-45	-59	-48	-50	-50	-52	-41	-04	-26	-36	-31	13	00	-04	17	-08	-10	-20	-48	-27.5	17	-59
28†	-55	-25	-41	-40	-35	-40	-40	-36	-38	-42	-45	-42	-35	-14	-44	-15	01	-18	24	-14	-06	-14	-19	-28	-27.5	24	-55
29	-32	-34	-35	-35	-35	-36	-36	-39	-41	-42	-40	-46	-38	-26	-12	-40	-32	-21	02	-20	-27	-31	-36	-38	-32.1	02	-46
30	-53	-40	-35	-35	-37	-38	-40	-43	-44	-44	-48	-47	-42	-39	-38	-19	-22	-25	-27	-25	-19	-24	-34	-31	-35.4	-19	-53
Mittel	-35	-34	-36	-36	-37	-36	-36	-35	-35	-41	-48	-52	-50	-46	-41	-37	-33	-34	-28	-22	-24	-26	-24	-29	-35.7	-12	-55
Dezember																									γ		
1	-32	-34	-35	-38	-42	-45	-45	-45	-50	-42	-43	-50	-56	-45	-51	-46	-41	-10	-14	-30	06	-24	-13	-26	-35.5	06	-56
2†	-30	-22	-38	-18	-23	-28	-35	-39	-45	-48	-55	-40	-44	-47	07	-40	-27	-35	-26	04	-03	-14	-33	-37	-29.8	07	-55
3	-13	-31	-29	-36	-26	-54	-42	-45	-48	-46	-43	-42	-43	-45	-42	-47	-40	-41	-38	-28	-28	-04	-14	-10	-34.8	-04	-54
4†	-16	-24	18	-22	-10	-21	-35	-31	-30	-43	-48	-45	-25	-20	06	-21	-36	-23	36	16	-09	-18	-40	-50	**-20.5**	36	-50
5	-14	-23	-34	-35	-22	-36	-33	-33	-47	-42	-50	-46	-32	-32	-35	-37	-35	-34	-34	-16	-25	-30	-26	-28	-32.5	-14	-50
6	-35	-35	-33	-32	-32	-30	-30	-32	-34	-40	-43	-45	-38	-37	-38	-38	-45	-32	-24	-35	-34	-26	-20	-17	-33.5	-17	-45
7	-22	-19	-22	-33	-32	-35	-34	-38	-41	-42	-44	-46	-43	-42	-34	-34	-37	-36	-33	-26	-26	-27	-25	-24	-33.1	-19	-46
8	-25	-23	-27	-32	-31	-35	-37	-36	-39	-41	-46	-48	-43	-47	-47	-43	-42	-39	-35	-34	-33	-30	-30	-29	-36.3	-23	-48
9*	-30	-30	-34	-33	-34	-34	-34	-34	-35	-42	-47	-47	-42	-39	-38	-38	-37	-35	-35	-34	-29	-31	-32	-32	-35.7	-29	-47
10	-32	-33	-34	-35	-38	-37	-35	-34	-32	-35	-42	-43	-46	-42	-46	-39	-45	-38	-26	09	01	-14	-19	-28	-31.8	09	-46
11	-37	-35	-34	-36	-38	-52	-46	-42	-45	-48	-50	-47	-47	-46	-46	-39	-38	-31	-13	-22	-30	-31	-31	-31	-38.1	-13	-52
12	-37	-37	-34	-35	-35	-34	-36	-38	-39	-45	-50	-50	-46	-47	-52	-54	-36	-32	-30	-33	-30	-29	-29	-26	-38.1	-26	-50
13†	-20	-09	-30	-37	-57	-86	-70	-50	-41	-40	-46	-50	-74	-35	-26	-29	-29	-28	-28	-26	-25	-25	-28	-26	-38.1	-09	**-86**
14	-26	-25	-23	-27	-25	-27	-27	-28	-30	-38	-39	-39	-38	-36	-34	-32	-36	-32	-30	-28	-26	-27	-27	-23	-30.1	-20	-39
15	-26	-30	-24	-16	-23	-30	-36	-37	-41	-41	-50	-52	-43	-44	-40	-43	-39	-36	-33	-31	-30	-30	-30	-30	-34.8	-16	-52
16	-31	-32	-34	-34	-33	-30	-34	-38	-38	-38	-39	-37	-46	-48	-50	-55	-48	-39	-27	-19	-23	04	-04	-10	-32.6	04	-55
17	-14	-26	-29	-29	-31	-37	-34	-33	-37	-40	-41	-36	-36	-36	-37	-38	-37	-33	-31	-31	-28	-22	-12	-05	-30.5	-05	-41
18	-17	-23	-30	-42	-38	-41	-39	-42	-44	-46	-49	-49	-45	-46	-46	-43	-42	-42	-01	08	-25	-36	-35	-26	-35.0	08	-49
19*	-39	-33	-23	-33	-33	-33	-34	-34	-36	-39	-40	-40	-39	-37	-38	-40	-38	-36	-34	-33	-31	-29	-30	-33	-34.8	-23	-40
20*	-34	-36	-38	-38	-38	-37	-37	-35	-37	-38	-38	-40	-41	-39	-38	-39	-38	-37	-37	-34	-33	-32	-32	-34	-36.7	-32	-41
21*	-37	-37	-38	-40	-40	-39	-38	-40	-45	-46	-45	-46	-43	-42	-40	-35	-38	-37	-34	-29	-30	-29	-30	-30	-37.8	-29	-46
22	-33	-35	-38	-35	-34	-35	-37	-40	-45	-47	-49	-49	-48	-47	-46	-40	-54	-39	-38	-31	-30	-28	-25	-22	**-38.5**	-22	-54
23*	-25	-30	-30	-30	-34	-34	-38	-35	-38	-42	-46	-46	-48	-43	-42	-41	-41	-41	-39	-36	-33	-32	-32	-34	-37.1	-25	-48
24	-37	-36	-36	-45	-37	-34	-37	-37	-40	-45	-56	-60	-56	-64	-30	01	-30	-19	-25	02	06	-22	-26	-25	-32.8	06	-64
25	-23	-14	-28	-43	-56	-31	-36	-36	-42	-48	-40	-37	-43	-18	-38	-41	-38	-24	-26	-26	-11	-21	-26	-35	-32.5	-11	-56
26	-41	-33	-34	-35	-38	-45	-51	-42	-42	-44	-47	-45	-39	-35	-32	-31	-05	-35	-35	-32	-28	-26	-29	-27	-35.5	-05	-51
27	-26	-34	-44	-37	-34	-35	-36	-39	-37	-40	-42	-39	-34	-36	-37	-37	-37	-38	-34	-16	-16	02	43	61	-25.9	**61**	-44
28	02	-19	-14	-19	-24	-28	-30	-34	-38	-43	-43	-44	-39	-43	-36	-38	-53	-20	-01	-22	-25	-24	-14	-01	-27.1	02	-44
29†	02	-17	-28	-31	-28	-30	-33	-31	-38	-37	-42	-52	-46	-39	-42	-46	22	29	-06	02	-22	-31	-37	-06	-24.5	29	-52
30†	-22	-43	-27	-29	-34	-51	-33	-33	-36	-36	-48	-43	-38	-23	-40	-29	16	-16	-34	-17	-25	-28	-28	-38	-30.6	16	-51
31	-25	-26	-30	-23	-26	-33	-44	-43	-41	-40	-42	-33	-30	-35	-35	-01	-35	-38	02	-10	00	-12	-26	-43	-27.9	02	-44
Mittel	-26	-28	-30	-32	-33	-37	-38	-37	-40	-42	-45	-45	-43	-40	-37	-37	-34	-31	-25	-21	-22	-23	-24	-23	-33.0	-05	-50

Vertikalkomponente

Niemegk — $Z = 0.43\,800\ \gamma + \text{Tafelwert}$ — 1952

Weltzeit

Januar

Tag	0h–1h	1h–2h	2h–3h	3h–4h	4h–5h	5h–6h	6h–7h	7h–8h	8h–9h	9h–10h	10h–11h	11h–12h	12h–13h	13h–14h	14h–15h	15h–16h	16h–17h	17h–18h	18h–19h	19h–20h	20h–21h	21h–22h	22h–23h	23h–24h	Tagesmittel (γ)	Max.	Min.
1	12	13	21	20	21	21	20	21	23	24	21	22	23	25	25	24	24	23	20	20	19	20	18	18	20.8	25	12
2	18	16	17	17	18	18	18	17	13	15	17	19	20	20	21	20	20	20	19	21	19	18	16	15	18.0	21	13
3	14	14	15	15	16	16	17	16	14	12	08	04	08	14	15	15	17	18	15	16	21	23	16	15	**14.8**	23	04
4	16	07	07	11	14	15	16	15	14	13	10	06	11	16	23	24	28	26	24	22	23	12	20	16	16.2	28	06
5†	14	13	10	02	-01	05	12	16	24	26	28	27	30	39	40	36	40	41	40	34	32	22	10	14	23.1	41	**-01**
6	20	18	07	08	10	09	13	17	20	23	22	17	18	23	30	31	41	42	40	36	30	26	26	23	22.9	42	07
7	22	22	21	22	22	23	22	20	20	21	20	20	25	37	41	39	35	34	37	34	29	16	18	19	25.8	41	16
8	18	18	19	14	15	17	20	20	24	26	20	18	21	24	28	28	29	30	30	27	23	24	23	23	22.5	30	14
9	21	21	20	19	16	15	16	14	16	19	17	16	20	23	23	22	20	25	28	32	32	28	26	28	21.5	32	14
10	28	26	22	20	20	07	13	12	18	18	22	22	28	31	29	29	37	42	38	33	30	24	20	19	24.5	42	07
11	14	10	14	13	16	18	20	18	19	20	23	23	27	31	28	30	36	34	35	31	27	22	21	21	23.0	36	10
12	13	19	15	14	06	11	17	20	22	22	23	21	21	28	33	37	39	31	33	31	25	22	14	03	21.7	39	03
13†	12	11	11	15	16	18	16	17	16	22	23	29	28	38	60	55	44	39	41	34	18	11	13	05	24.7	60	05
14†	07	08	15	09	05	13	16	16	19	21	20	19	20	28	36	36	41	42	30	34	22	09	14	17	20.7	42	05
15	17	18	20	20	14	15	17	22	24	24	23	23	25	40	69	69	62	51	43	46	37	32	30	30	**32.1**	69	14
16	32	30	28	27	27	26	24	26	26	26	27	22	23	28	33	32	31	31	30	28	26	28	26	24	27.5	33	22
17	24	24	24	23	22	23	22	21	23	26	27	24	26	29	30	29	26	27	25	22	24	25	23	24	24.7	30	21
18*	24	23	24	22	21	21	21	22	20	22	19	16	19	21	22	22	22	24	23	23	24	21	21	20	21.5	24	16
19*	20	20	20	19	20	19	19	18	18	18	18	18	20	24	22	20	20	22	22	21	22	21	21	20	20.1	24	18
20*	19	18	18	18	17	16	17	17	14	13	13	10	11	16	17	17	19	20	19	20	22	18	17	18	16.8	22	10
21*	18	17	15	15	15	17	17	19	19	19	17	14	13	19	22	21	20	21	23	23	23	24	22	20	18.9	24	13
22	20	17	17	16	16	16	14	12	10	13	16	15	13	14	17	17	18	20	22	26	26	33	30	30	18.7	33	10
23	28	23	20	18	16	15	14	11	08	08	13	17	22	23	34	31	32	47	48	46	41	37	18	10	24.2	48	08
24	13	12	15	15	16	17	19	16	14	16	16	16	17	21	28	30	36	30	27	25	26	22	16	16	20.0	36	12
25	16	17	16	16	18	18	17	19	19	21	22	24	27	33	33	28	29	30	30	27	21	22	20	20	22.6	33	16
26*	20	19	19	18	17	17	17	17	16	13	14	12	12	16	16	14	13	13	14	16	13	14	12	12	15.2	20	12
27†	13	12	11	10	10	04	02	01	02	04	06	12	27	36	52	74	68	65	51	38	32	28	18	10	24.4	**74**	01
28	17	20	20	21	26	14	16	14	14	14	14	13	18	25	30	29	29	26	26	25	24	19	15	19	20.3	30	13
29†	19	22	22	22	20	19	16	15	15	20	21	19	26	32	42	38	51	70	69	63	42	42	34	31	**32.1**	70	15
30	31	28	27	18	20	16	16	17	20	22	23	22	24	28	28	28	28	29	29	28	25	21	21	21	23.8	31	16
31	21	22	22	20	19	18	18	17	18	17	17	16	17	23	25	21	28	31	28	25	24	22	22	19	21.2	31	16
Mittel	19	18	18	17	16	16	17	17	18	19	19	18	21	26	31	30	32	32	31	29	26	23	20	19	22.1	37	11

Februar

Tag	0h–1h	1h–2h	2h–3h	3h–4h	4h–5h	5h–6h	6h–7h	7h–8h	8h–9h	9h–10h	10h–11h	11h–12h	12h–13h	13h–14h	14h–15h	15h–16h	16h–17h	17h–18h	18h–19h	19h–20h	20h–21h	21h–22h	22h–23h	23h–24h	Tagesmittel (γ)	Max.	Min.
1	17	16	16	16	18	18	20	18	16	17	19	28	28	28	38	41	41	39	41	37	26	20	22	23	**25.1**	41	16
2	23	24	21	16	20	21	22	22	22	18	18	11	12	22	24	26	28	27	26	26	23	20	20	18	21.2	28	11
3*	17	19	19	20	20	20	20	21	22	20	18	18	20	23	23	21	20	20	20	20	20	20	18	18	19.9	23	17
4*	18	17	16	17	16	15	16	17	16	14	14	14	14	16	16	17	16	18	20	19	17	17	16	15	16.3	20	14
5*	16	14	14	14	13	12	13	11	08	07	06	06	07	11	12	11	11	12	12	12	11	11	12	11	11.1	16	06
6†	10	10	09	09	07	08	06	04	08	07	10	11	16	15	18	19	43	64	44	30	22	28	15	22	18.1	**64**	04
7	21	22	17	14	14	14	16	22	19	22	27	31	31	38	40	35	28	37	33	26	26	23	10	08	23.9	40	08
8†	02	10	15	18	20	16	14	15	18	14	21	22	23	27	34	35	31	27	25	10	12	19	20	15	19.3	35	02
9	11	12	17	18	09	10	15	14	15	19	21	20	20	23	30	39	41	29	26	16	21	20	10	04	19.2	41	04
10	08	13	17	16	16	16	16	15	16	14	19	20	19	22	21	28	36	35	26	18	20	11	-03	-22	16.5	36	-22
11	-18	-24	-15	-02	06	11	14	16	12	11	16	22	27	24	25	25	24	26	30	15	14	14	16	00	12.0	30	-24
12	-03	07	10	16	10	04	07	07	10	08	12	15	18	33	35	35	31	28	26	17	20	11	04	09	15.4	35	-03
13	02	08	12	14	16	13	14	12	11	10	11	15	21	22	31	40	34	28	28	26	20	06	03	05	16.8	40	02
14	12	12	12	15	16	16	16	16	16	15	14	12	13	18	21	24	26	28	25	20	22	18	16	16	17.5	28	12
15	18	17	17	15	14	16	16	11	11	11	13	14	14	14	16	17	18	19	18	20	19	18	15	12	15.5	20	11
16†	08	04	03	05	06	04	-01	08	16	22	22	20	30	50	52	42	43	38	36	36	30	29	23	18	22.7	52	-01
17	16	14	09	17	22	24	26	29	26	23	21	23	18	19	20	19	19	21	22	25	25	23	22	22	21.0	29	09
18	17	09	14	15	16	16	18	19	18	17	18	16	12	12	18	20	20	22	21	24	26	25	22	21	18.2	26	09
19	03	04	00	07	11	14	15	15	15	15	14	16	18	18	21	23	24	30	37	38	22	05	07	11	16.0	38	00
20	09	09	13	15	14	14	14	22	22	24	27	28	27	28	29	27	29	28	25	26	24	22	22	19	21.5	29	09
21*	18	18	17	16	14	15	16	18	18	16	14	13	14	16	15	15	17	19	19	20	20	18	18	17	16.7	20	13
22*	17	17	17	16	16	15	14	15	15	16	16	14	15	16	17	17	17	20	20	22	20	19	18	18	17.0	22	14
23	15	14	14	15	14	14	11	13	14	11	11	08	08	05	05	07	08	10	10	12	12	10	10	12	**11.0**	15	05
24†	-15	-32	-49	-58	-29	-08	08	10	06	06	04	12	31	44	44	57	57	59	60	33	32	28	20	14	13.9	60	**-58**
25	08	12	20	18	21	22	20	20	18	17	17	20	24	30	23	21	21	22	23	25	26	24	23	22	20.7	30	08
26	22	13	12	12	16	14	14	15	11	11	08	08	13	20	20	22	28	38	43	39	29	24	17	11	19.2	43	08
27†	20	18	19	10	11	14	15	18	14	10	08	12	20	26	31	32	35	33	31	29	21	11	03	16	19.0	35	03
28	18	10	11	05	04	06	14	18	20	16	14	19	25	35	47	54	57	46	38	32	29	24	22	19	24.3	57	04
29	20	20	19	19	18	20	20	18	16	14	14	18	26	30	37	36	37	31	30	26	25	22	14	11	22.5	37	11
Mittel	11	11	11	11	13	14	15	16	16	15	15	17	19	24	26	28	29	29	28	24	22	19	15	13	18.3	34	03

Vertikalkomponente

Niemegk

Γ

Z = 0.43 800 + Tafelwert

1952

Tag	0h–1h	1h–2h	2h–3h	3h–4h	4h–5h	5h–6h	6h–7h	7h–8h	8h–9h	9h–10h	10h–11h	11h–12h	12h–13h	13h–14h	14h–15h	15h–16h	16h–17h	17h–18h	18h–19h	19h–20h	20h–21h	21h–22h	22h–23h	23h–24h	Tagesmittel	Max.	Min.
März																									γ		
1	03	02	05	11	14	15	19	23	24	18	11	11	10	14	24	30	26	23	24	22	21	20	18	17	16.9	30	02
2*	16	16	16	17	16	16	18	20	20	15	10	09	09	09	12	14	15	16	17	16	17	17	16	16	15.1	20	09
3	16	15	14	14	12	12	14	10	05	-02	-03	-02	06	23	22	13	24	31	52	48	44	26	13	-06	16.7	52	-06
4†	00	08	09	-03	-18	-23	-10	-02	-03	-02	04	16	30	23	27	47	54	51	44	32	25	26	21	04	15.0	54	-23
5†	06	-02	-10	-10	-01	01	00	09	13	19	20	20	32	36	52	87	96	76	49	32	15	17	-42	-63	18.8	**96**	-63
6†	-65	-70	-93	-66	-51	-32	-41	-17	-12	02	08	07	11	16	27	36	32	31	41	35	40	24	23	21	**-3.9**	41	**-93**
7†	25	20	21	18	10	14	18	22	22	21	22	30	28	36	62	54	46	40	41	41	26	25	06	-09	**26.6**	62	-09
8	-06	07	16	18	16	16	20	21	16	15	14	22	38	39	38	46	48	50	34	27	31	21	21	20	24.5	50	-06
9	00	-09	01	10	16	22	23	27	25	19	21	23	23	31	41	55	57	39	31	19	12	02	01	-09	20.0	57	-09
10	-04	12	15	16	18	14	16	19	18	17	19	20	23	30	41	46	51	47	38	32	26	13	-04	-01	21.8	51	-04
11	-15	-06	-02	10	16	19	22	20	19	15	14	14	23	22	34	41	42	43	29	29	29	26	20	16	20.0	43	-15
12	12	09	14	09	15	17	22	25	25	20	18	17	24	29	43	44	37	36	33	36	30	22	22	19	24.1	44	09
13	22	23	23	23	24	26	26	27	21	14	10	09	14	25	26	29	29	28	29	29	25	24	12	15	22.2	29	09
14*	19	21	23	23	23	26	27	26	21	13	11	13	15	20	22	25	23	21	22	22	21	21	18	14	20.4	27	11
15	13	16	17	17	18	17	22	22	19	09	08	08	09	10	16	23	28	34	34	37	37	24	20	22	20.0	37	08
16	22	22	21	20	18	15	17	13	10	06	06	11	14	15	20	28	30	28	27	29	31	24	20	10	19.0	31	06
17	07	11	12	11	06	11	15	14	11	09	14	20	25	35	47	41	36	31	29	26	22	22	16	15	20.2	47	06
18	16	18	17	17	16	17	23	23	22	20	14	12	14	20	26	36	32	28	26	25	25	23	22	19	21.3	36	12
19*	18	18	18	19	19	21	24	22	16	09	07	06	06	10	18	25	22	22	21	20	17	15	16	16	16.9	25	06
20*	16	17	18	17	17	18	20	14	10	08	07	07	10	09	12	16	16	15	16	15	15	14	15	14	14.0	20	07
21	13	09	09	09	07	08	17	14	09	03	02	09	17	36	35	46	34	33	32	32	29	21	16	-14	17.8	46	-14
22	-02	-01	-08	-08	-08	-04	07	10	10	08	10	13	20	21	24	27	25	28	27	22	15	16	09	-03	10.8	28	-08
23	-22	-37	-26	-11	-06	-01	04	05	-02	00	03	06	15	15	20	22	26	28	26	24	21	21	20	15	6.9	28	-37
24	19	20	15	14	-11	-02	08	09	11	14	15	16	16	22	38	47	43	44	42	33	25	09	06	08	19.2	47	-11
25	16	17	19	19	18	20	19	17	17	17	14	20	32	29	29	32	35	35	32	26	22	15	17	19	22.3	35	14
26	14	11	-01	08	12	17	20	20	15	08	02	05	13	22	26	30	26	24	22	24	23	22	20	18	16.7	30	-01
27	20	19	19	18	19	17	20	19	13	03	02	08	17	28	27	28	39	34	27	25	25	21	20	20	20.3	39	02
28*	18	20	20	20	20	21	23	19	17	11	07	06	10	15	18	18	18	16	17	17	17	17	18	17	16.7	23	06
29	17	17	16	15	14	15	17	18	15	08	-01	-01	04	08	13	16	16	16	20	18	16	15	13	06	13.0	20	-01
30	03	03	06	07	12	13	16	15	09	02	00	-04	-02	04	20	45	59	49	43	38	38	17	-27	-16	14.6	59	-27
31†	-22	-70	-50	-28	-14	02	16	16	20	18	13	08	16	26	29	59	64	63	48	35	17	19	18	-01	12.6	64	-70
Mittel	06	05	06	08	09	11	15	16	14	11	10	12	17	22	29	36	36	34	31	28	24	19	12	07	17.4	41	-09
April																									γ		
1	04	05	-09	-04	01	10	16	18	15	11	08	11	14	34	49	59	57	42	40	35	29	28	27	26	21.9	59	-09
2†	25	02	-11	-13	-17	-02	09	15	19	23	19	14	16	26	40	36	41	62	59	45	15	18	25	-10	19.0	62	-17
3†	-20	-08	-09	-09	-11	-09	-06	-01	02	08	11	14	22	30	41	58	64	66	50	40	21	09	10	-05	15.3	66	-20
4	01	05	-05	01	07	14	16	14	12	09	10	19	28	40	39	43	49	48	44	24	-06	02	03	04	17.5	49	-06
5	08	01	-03	-08	-01	09	15	15	13	12	18	16	12	24	40	41	46	39	43	37	28	21	09	-03	18.0	46	-08
6	-24	-20	-05	01	07	12	14	14	08	04	06	05	14	26	33	32	31	28	25	16	18	14	02	-19	10.1	33	-24
7	-18	-02	12	15	15	20	24	17	10	08	04	11	16	18	31	31	33	41	36	36	27	14	17	14	17.9	41	-18
8	-01	05	15	17	15	09	14	14	15	13	12	17	18	26	37	36	33	35	33	23	17	18	19	17	19.0	37	-01
9	04	04	06	10	15	22	22	17	12	04	04	05	12	18	20	23	36	44	43	32	29	18	15	03	17.4	44	03
10	-04	-21	-19	-10	-03	03	07	12	11	12	11	11	16	23	25	27	29	29	26	24	26	20	18	19	**12.2**	29	-21
11	22	23	24	22	21	24	23	23	20	15	08	07	16	22	24	26	27	26	28	28	28	26	26	26	22.3	28	07
12*	26	25	16	16	16	19	22	22	16	10	01	-07	-03	08	15	20	21	22	22	22	25	24	23	21	16.8	26	-07
13	22	18	14	07	-04	05	12	15	16	12	08	03	09	14	19	21	25	26	29	28	25	24	22	23	16.4	29	-04
14	20	23	23	22	22	24	27	26	20	12	05	01	03	10	19	30	36	32	27	26	26	23	23	23	21.0	36	01
15	23	23	23	20	20	19	20	19	16	11	07	11	16	32	33	35	42	39	34	32	27	26	25	25	24.1	42	07
16	24	24	23	17	19	19	21	17	16	11	11	10	16	25	27	30	33	33	29	28	22	20	20	21	21.5	33	10
17	22	22	23	18	09	10	18	23	23	20	14	10	10	18	24	25	27	28	26	28	26	25	25	23	20.7	28	09
18	23	23	23	23	24	23	23	22	16	11	05	-04	-02	05	11	15	23	32	39	36	23	11	02	01	17.0	39	-04
19	-06	-05	05	14	17	19	23	25	20	10	03	-02	04	25	38	42	36	32	34	34	30	27	11	11	18.6	42	-06
20*	16	19	19	21	23	23	21	19	13	03	-02	00	06	12	17	22	22	24	23	24	25	24	19	13	16.9	25	-02
21†	17	12	11	15	16	16	15	12	08	05	-02	-12	-06	19	81	94	117	112	97	77	52	34	11	10	**33.8**	**117**	-12
22	26	26	23	22	24	28	31	28	21	19	19	23	29	35	38	37	38	38	34	32	32	33	33	33	29.2	38	19
23	30	29	30	27	28	32	32	29	26	20	13	13	19	24	30	32	34	37	31	32	29	29	28	29	27.6	37	13
24	28	30	29	29	31	33	32	29	22	15	08	05	07	13	20	35	47	48	39	36	34	22	15	18	26.0	48	05
25*	24	26	27	28	30	29	30	30	27	19	11	10	08	15	21	24	31	29	27	25	25	24	25	25	23.8	31	08
26*	24	24	24	24	24	24	25	25	19	06	00	01	05	14	18	17	20	26	32	31	28	28	25	24	20.3	32	00
27*	23	23	25	26	26	25	23	18	12	08	03	01	04	12	16	18	18	20	20	20	22	21	18	18	17.5	26	01
28	16	15	14	15	-01	01	06	10	11	11	09	08	13	26	39	47	58	63	58	48	35	29	27	20	24.1	63	-01
29†	11	10	17	20	15	04	03	05	-03	-06	-07	-03	11	20	22	38	65	63	58	34	04	18	-02	-20	15.7	65	-20
30†	-10	-26	-16	01	15	14	11	14	16	11	15	22	25	30	34	35	48	48	40	29	23	16	00	-16	15.8	48	**-26**
Mittel	12	11	12	13	13	16	18	18	15	11	08	07	12	22	30	34	40	40	38	32	25	22	17	12	19.9	43	-04

Weltzeit

Vertikalkomponente

Niemegk $Z = 0.43\,800 + \text{Tafelwert}$ Γ **1952**

0^h 1^h 2^h 3^h 4^h 5^h 6^h 7^h 8^h 9^h 10^h 11^h 12^h 13^h 14^h 15^h 16^h 17^h 18^h 19^h 20^h 21^h 22^h 23^h 24^h Weltzeit

Mai

Tag	0h–1h	1h–2h	2h–3h	3h–4h	4h–5h	5h–6h	6h–7h	7h–8h	8h–9h	9h–10h	10h–11h	11h–12h	12h–13h	13h–14h	14h–15h	15h–16h	16h–17h	17h–18h	18h–19h	19h–20h	20h–21h	21h–22h	22h–23h	23h–24h	Tagesmittel γ	Max.	Min.
1†	-24	-25	-27	-13	04	11	18	23	22	14	10	22	34	35	43	46	45	39	40	32	26	14	15	09	17.2	46	-27
2†	-12	-09	-13	-17	-05	11	20	23	25	21	23	26	36	44	49	55	56	46	37	26	30	27	15	-06	21.2	56	-17
3†	02	-04	01	06	20	13	12	16	21	18	16	17	23	29	36	48	54	60	45	39	28	09	-19	-25	19.4	60	-25
4	-49	-18	-06	03	09	15	22	22	23	19	14	14	22	29	32	38	38	36	37	37	32	21	10	05	**16.9**	38	-49
5	-06	-16	-04	17	23	28	27	21	19	15	13	17	29	34	29	29	34	36	39	37	31	27	18	07	21.0	39	-16
6	05	09	13	19	23	22	19	16	07	07	05	12	21	24	28	33	36	38	34	34	33	31	26	19	21.4	38	05
7†	17	19	21	20	17	13	15	18	15	19	22	26	36	75	108	119	120	109	87	64	54	56	28	37	**46.5**	**120**	13
8	41	40	20	13	30	32	32	31	22	12	12	12	15	22	28	35	39	37	41	43	38	33	34	35	29.0	43	12
9*	35	32	33	32	32	32	32	25	22	16	13	13	16	23	28	28	31	34	34	34	34	33	32	32	28.2	35	13
10*	25	25	27	29	31	31	31	29	22	11	04	02	10	18	23	26	27	27	27	27	28	27	27	28	23.4	31	02
11	28	28	28	29	31	31	27	22	17	09	02	00	07	20	30	28	29	34	42	42	36	31	30	28	25.4	42	00
12	29	20	20	24	25	27	25	22	18	10	08	10	14	21	22	24	30	34	33	32	28	27	26	26	23.1	34	08
13	26	26	27	28	28	26	23	20	17	12	11	11	18	29	24	25	28	27	26	26	29	26	26	23	23.4	29	11
14	15	03	09	18	22	25	26	24	18	13	12	13	17	21	23	24	25	25	23	24	23	23	23	24	19.7	26	03
15*	24	24	24	25	25	26	26	23	18	16	07	05	12	17	22	26	30	37	32	30	30	28	27	26	23.3	37	05
16*	26	26	27	30	29	29	28	24	15	03	-06	-06	05	17	22	27	29	30	30	28	28	26	24	24	21.5	30	-06
17	24	24	25	27	30	30	29	25	18	08	00	00	07	16	20	24	24	24	23	24	22	21	21	21	20.3	30	00
18	16	17	06	15	22	22	22	26	25	21	18	10	06	15	26	27	55	60	52	45	35	31	30	29	26.3	60	06
19	23	20	25	23	22	06	15	16	12	13	08	08	16	23	29	37	48	48	43	36	30	28	28	28	24.4	48	06
20	21	22	25	26	23	25	25	22	17	10	08	11	19	23	32	38	40	38	34	32	31	25	25	26	24.9	40	08
21	27	28	26	29	29	29	26	22	14	10	07	08	19	26	28	33	32	33	32	31	30	30	30	29	25.3	33	07
22	28	29	30	32	33	33	31	28	24	20	18	19	21	29	31	32	33	31	29	27	27	28	27	27	27.8	33	18
23*	26	26	27	28	28	25	23	21	14	09	02	-06	-05	08	18	28	26	26	28	28	27	26	26	24	20.1	28	-06
24	19	19	22	23	20	19	17	14	09	01	-08	-01	13	22	27	28	34	34	32	30	28	28	28	24	20.1	34	-08
25	07	00	07	12	14	20	22	23	20	14	09	06	08	15	16	23	29	29	28	27	27	26	25	25	18.0	29	00
26	25	24	25	25	25	26	27	24	16	11	-05	00	08	12	22	19	36	41	40	38	33	22	06	-12	20.3	41	-12
27†	-56	-72	-53	-20	06	25	30	32	33	31	31	38	52	58	68	62	63	56	50	37	24	23	26	22	23.6	68	**-72**
28	17	23	24	25	28	31	32	31	28	26	23	22	32	34	40	53	62	59	55	42	23	26	24	05	31.9	62	05
29	-10	02	12	16	14	16	23	23	19	17	09	09	21	28	34	39	42	44	43	36	34	27	24	24	22.8	44	-10
30	25	20	10	15	11	16	21	21	15	11	05	07	07	22	28	35	37	35	32	31	29	27	27	13	20.8	37	05
31	04	-05	00	09	16	18	13	19	20	21	13	11	17	26	34	40	42	43	38	39	36	26	27	22	22.0	43	-05
Mittel	12	12	13	18	22	23	24	23	19	14	10	11	18	26	32	36	40	40	38	34	30	27	23	19	23.5	43	-04

Juni

Tag	0h–1h	1h–2h	2h–3h	3h–4h	4h–5h	5h–6h	6h–7h	7h–8h	8h–9h	9h–10h	10h–11h	11h–12h	12h–13h	13h–14h	14h–15h	15h–16h	16h–17h	17h–18h	18h–19h	19h–20h	20h–21h	21h–22h	22h–23h	23h–24h	Tagesmittel γ	Max.	Min.
1	27	30	32	32	32	32	33	28	24	17	11	12	20	26	28	31	32	32	34	36	36	34	32	32	28.5	36	11
2	30	30	29	30	29	26	26	28	27	24	20	19	22	26	30	30	32	36	38	41	37	36	35	33	29.8	41	19
3	33	32	31	29	28	25	29	25	22	19	16	17	22	26	29	33	35	39	41	37	37	36	33	31	29.4	41	16
4	19	20	23	28	30	29	30	26	20	17	14	12	13	17	25	29	31	32	33	34	34	31	31	30	25.3	34	12
5	30	29	29	25	26	26	29	25	17	10	06	14	22	30	35	38	39	37	34	34	28	33	31	30	27.4	39	06
6*	29	25	29	30	30	28	26	24	21	18	18	22	26	28	29	28	29	30	31	31	31	31	30	30	27.2	31	18
7*	30	30	31	32	32	30	28	28	23	18	10	12	15	20	24	26	30	32	32	33	32	31	29	28	26.5	33	10
8	27	26	25	16	17	17	20	22	20	16	11	16	22	27	36	36	32	37	37	39	36	33	26	27	25.9	39	11
9†	28	25	21	24	27	31	27	23	17	12	12	12	17	32	63	53	43	38	36	36	31	28	25	25	28.6	63	12
10	20	20	24	28	30	31	31	25	25	28	20	12	14	29	34	38	40	37	34	33	28	24	21	15	26.7	40	12
11	18	20	24	27	27	28	33	32	27	22	13	10	19	26	33	30	31	37	38	35	33	29	30	30	27.2	38	10
12	30	27	26	29	30	30	32	32	29	22	22	25	22	24	29	32	33	33	35	32	32	31	29	29	29.0	35	22
13*	29	29	30	32	31	30	30	27	22	14	08	09	14	18	21	25	28	30	30	30	26	27	27	26	**24.7**	32	08
14†	26	26	28	29	27	27	25	23	22	17	13	16	19	24	25	35	44	62	47	47	42	37	22	21	29.3	62	13
15	26	30	32	28	17	18	17	19	20	16	14	17	20	23	27	33	35	37	41	36	37	37	33	26	26.6	41	14
16	26	28	27	29	29	33	32	26	22	22	18	17	25	32	36	48	52	48	42	38	36	36	34	32	32.0	52	17
17	32	33	30	29	29	25	26	27	18	18	23	22	21	28	36	41	42	44	41	41	38	35	34	34	31.1	44	18
18	29	16	19	23	23	22	24	24	24	25	24	24	15	20	29	32	34	38	39	34	32	32	26	28	26.5	39	15
19	28	29	30	29	28	28	29	29	25	21	19	14	17	24	24	28	30	34	38	35	33	33	32	32	27.9	38	14
20*	31	30	32	33	34	32	28	24	18	07	04	06	12	18	26	28	34	33	32	33	33	31	30	30	25.8	34	04
21*	30	29	30	33	30	26	27	30	26	17	12	15	18	20	24	23	25	25	26	28	28	28	25	24	25.0	33	12
22	24	25	28	28	23	18	16	13	11	06	06	08	08	16	36	36	45	53	52	46	41	35	37	26	26.5	53	06
23†	20	19	19	16	17	22	26	24	22	15	13	24	30	38	40	47	47	46	40	34	29	22	19	18	27.0	47	13
24†	23	08	-19	-18	-06	11	19	18	16	18	17	16	31	55	76	82	74	61	54	44	32	31	32	26	29.2	**82**	-19
25	26	30	33	36	36	40	41	40	32	21	16	14	21	35	53	56	55	57	53	47	40	35	32	30	**36.6**	57	14
26	26	25	23	19	18	24	29	29	27	23	29	31	29	41	53	55	47	40	38	35	35	33	31	31	32.1	55	18
27	30	31	29	29	20	24	30	35	36	31	29	29	30	38	38	44	48	47	48	45	40	37	31	26	34.4	48	20
28	27	30	29	32	34	37	39	35	30	23	14	17	25	29	34	37	40	36	34	34	32	32	32	32	31.0	40	14
29	32	33	33	32	33	32	35	34	30	29	24	24	29	31	33	35	39	37	35	32	30	25	20	15	30.5	39	15
30†	-01	05	-01	-11	-34	-66	-64	-35	-10	22	59	72	73	71	66	65	63	60	55	52	48	45	45	45	26.0	73	**-66**
Mittel	26	26	25	25	24	24	25	25	22	19	17	19	22	29	36	38	40	40	39	37	34	32	30	28	28.5	45	10

Vertikalkomponente

Niemegk $Z = 0.43\,800\ \gamma + \text{Tafelwert}$ 1952

Weltzeit

Juli

Tag	0h–1h	1h–2h	2h–3h	3h–4h	4h–5h	5h–6h	6h–7h	7h–8h	8h–9h	9h–10h	10h–11h	11h–12h	12h–13h	13h–14h	14h–15h	15h–16h	16h–17h	17h–18h	18h–19h	19h–20h	20h–21h	21h–22h	22h–23h	23h–24h	Tagesmittel (γ)	Max.	Min.
1	46	45	46	45	47	45	46	42	33	31	31	34	35	37	38	42	44	43	42	43	39	36	29	36	39.8	47	29
2*	39	40	41	40	41	41	40	40	39	38	32	28	31	36	41	41	38	38	41	40	40	40	40	39	38.5	41	28
3	40	40	41	41	41	41	41	41	41	37	33	32	32	36	42	51	59	65	60	57	50	48	44	41	43.9	65	32
4	41	42	43	45	43	36	38	36	30	27	24	28	35	41	48	52	42	44	43	42	43	43	42	38	39.4	52	24
5†	36	34	36	38	38	37	30	35	39	42	39	39	47	76	95	95	102	98	84	75	44	40	45	44	**53.7**	**102**	30
6†	42	43	45	42	45	35	35	44	23	26	24	23	28	40	43	42	44	46	45	45	44	44	44	40	38.8	46	23
7	40	41	39	40	41	40	38	38	34	30	32	28	30	32	38	44	49	52	50	45	42	42	42	41	39.5	52	28
8	42	42	41	42	42	42	46	42	35	29	24	19	20	34	50	54	53	50	46	43	40	40	39	35	39.6	54	19
9†	35	36	37	33	34	36	38	35	28	26	26	26	31	36	49	56	57	52	46	44	42	42	41	40	38.6	57	26
10	38	39	40	40	40	41	40	42	34	31	30	34	40	34	47	51	57	69	70	61	52	46	41	35	43.8	70	30
11	30	26	30	35	37	36	34	30	27	26	24	23	29	39	40	39	42	46	46	45	42	40	40	41	35.3	46	23
12	38	36	31	32	32	35	35	36	34	31	28	21	21	25	32	37	38	38	37	39	38	38	37	36	33.5	39	21
13	35	35	35	38	39	35	30	27	24	22	18	14	16	26	41	42	44	46	44	41	38	38	36	36	33.3	46	14
14	35	34	28	26	28	32	33	35	29	22	22	23	27	30	33	38	51	45	44	42	38	38	36	28	33.2	51	22
15	27	28	32	36	32	30	33	32	26	22	21	25	28	30	36	34	39	41	42	42	38	37	36	30	32.4	42	21
16	31	34	36	36	35	36	35	33	28	27	27	25	25	30	36	36	38	40	42	41	39	37	37	36	34.2	42	25
17	35	35	36	38	37	34	34	36	32	26	20	16	19	25	35	41	45	46	45	42	41	38	35	34	34.4	46	16
18	33	34	34	37	31	29	30	27	23	20	20	21	18	22	29	37	38	36	33	33	33	32	30	30	29.6	38	18
19*	31	32	34	35	35	32	30	26	21	16	16	18	18	25	26	29	33	33	30	31	30	31	31	30	28.0	35	16
20†	26	26	25	28	26	23	22	19	20	10	08	13	20	24	36	52	60	54	46	48	42	33	24	18	29.3	60	**08**
21†	16	16	17	16	10	16	24	28	28	30	30	28	39	54	64	76	61	52	44	41	36	31	27	17	33.4	76	10
22	17	21	27	32	31	32	34	34	30	27	20	21	22	25	26	30	33	37	38	39	32	31	32	28	29.1	39	17
23	27	30	34	34	30	30	30	29	29	25	22	19	19	23	31	39	38	38	36	36	35	28	30	30	30.1	39	19
24	27	22	28	31	32	31	31	31	30	27	22	19	20	28	28	32	35	39	38	36	35	35	31	27	29.8	39	19
25	27	30	30	33	34	32	30	27	26	28	22	22	21	24	38	37	40	42	45	42	39	34	33	28	31.8	45	21
26	22	22	20	12	20	24	29	30	29	27	25	20	23	31	35	38	42	39	38	36	34	35	35	34	29.2	42	12
27	33	31	30	32	34	35	34	32	32	24	17	15	22	26	32	35	36	36	36	37	37	34	24	26	30.4	37	15
28*	27	27	28	31	28	27	26	24	22	22	22	19	21	21	23	27	27	28	29	31	32	32	32	32	**26.6**	32	19
29*	32	32	31	33	36	36	36	33	31	24	17	18	27	29	29	31	30	30	30	31	32	31	31	32	30.1	36	17
30*	32	29	29	30	29	30	30	29	29	25	17	14	16	18	22	27	30	30	31	31	31	30	30	30	27.0	32	14
31	29	28	26	24	24	23	24	30	34	31	26	26	21	25	36	46	52	54	49	49	42	39	37	35	33.8	54	21
Mittel	33	33	33	34	34	33	33	33	30	27	24	23	26	32	39	43	45	45	44	42	39	37	35	33	34.5	48	20

August

Tag	0h–1h	1h–2h	2h–3h	3h–4h	4h–5h	5h–6h	6h–7h	7h–8h	8h–9h	9h–10h	10h–11h	11h–12h	12h–13h	13h–14h	14h–15h	15h–16h	16h–17h	17h–18h	18h–19h	19h–20h	20h–21h	21h–22h	22h–23h	23h–24h	Tagesmittel (γ)	Max.	Min.
1	35	33	34	35	28	27	31	31	29	26	21	22	23	23	27	31	31	33	34	35	39	36	34	32	30.4	39	21
2	30	27	26	31	31	32	32	31	28	27	25	24	29	32	35	37	41	44	47	42	36	36	31	26	32.5	47	24
3†	29	30	30	33	31	19	18	20	17	16	17	21	29	42	53	70	67	55	48	46	42	40	37	36	35.2	**70**	16
4	36	30	29	30	34	32	31	28	23	22	23	23	28	28	28	38	37	32	36	36	32	33	31	20	30.0	38	20
5	10	16	22	27	30	29	31	33	32	31	25	19	25	30	35	41	46	49	44	37	34	33	32	33	31.0	49	10
6	29	13	10	17	20	23	28	29	23	20	13	16	22	28	34	37	38	40	38	38	36	36	34	32	27.2	40	10
7	23	12	20	24	30	33	36	36	37	30	29	29	30	38	44	42	44	44	42	40	38	37	35	33	33.6	44	12
8	28	31	33	35	37	40	39	34	32	31	29	26	26	34	33	34	36	35	34	34	36	34	32	32	33.1	40	26
9	33	34	35	35	35	35	38	36	30	25	21	19	24	30	34	36	36	37	36	37	36	34	34	32	32.6	38	19
10	28	15	11	17	18	20	22	22	23	22	19	18	21	35	42	51	53	56	52	47	44	42	35	31	31.0	56	11
11	31	32	26	25	31	34	37	36	31	29	30	26	24	30	34	32	34	34	32	35	35	36	26	30	31.2	37	24
12†	27	13	17	26	28	27	30	35	35	29	24	20	24	30	36	46	50	44	42	45	37	36	35	34	32.1	50	13
13	33	34	35	38	40	39	38	37	36	32	29	27	30	33	39	44	42	41	40	39	39	37	37	37	**36.5**	44	27
14*	36	35	35	37	38	38	38	35	29	20	16	17	17	25	32	35	35	36	37	39	37	36	35	35	32.2	39	16
15	35	33	31	32	34	33	32	30	25	22	22	19	26	32	37	40	36	32	32	32	26	31	31	31	30.6	40	19
16*	31	31	30	30	28	28	28	26	18	14	15	20	24	29	30	32	31	31	33	33	32	32	33	32	28.0	33	14
17†	32	29	28	26	24	22	18	16	13	11	05	14	11	20	28	36	44	44	38	32	27	29	30	29	25.2	44	05
18†	18	19	18	22	22	18	26	25	22	17	18	20	28	28	34	40	43	52	47	40	38	32	22	25	28.1	52	17
19	27	29	23	19	23	29	30	31	27	21	16	16	18	20	27	37	47	45	40	36	35	34	34	31	29.0	47	16
20	31	32	29	29	30	29	26	27	27	22	22	33	38	36	36	36	37	35	37	38	38	36	27	28	31.6	38	22
21	29	30	30	32	31	31	30	28	26	19	12	15	21	27	30	35	34	31	29	32	30	31	31	30	28.1	35	12
22	31	30	29	30	30	31	31	32	30	20	14	14	18	24	31	36	34	30	28	27	28	30	29	31	27.8	36	14
23	26	20	14	21	27	30	33	29	26	15	10	09	16	23	28	30	31	29	29	30	29	27	27	30	24.5	33	09
24	29	30	30	29	32	33	34	33	28	17	08	03	05	13	16	17	21	23	25	26	27	29	29	28	23.5	34	03
25*	28	28	28	29	31	33	32	31	30	24	19	18	19	25	28	32	32	33	31	31	31	28	28	27	28.2	33	18
26*	27	27	27	28	28	30	30	27	21	12	02	02	10	18	23	25	22	21	24	27	27	30	30	27	**22.7**	30	**02**
27	28	27	21	21	24	26	28	28	25	18	15	18	28	30	30	34	39	39	37	35	33	31	30	28	28.0	39	15
28*	30	27	27	29	32	31	31	29	22	16	13	14	21	30	31	33	32	32	32	31	31	30	31	31	27.8	33	13
29	30	26	26	25	27	30	32	30	25	14	06	03	11	20	33	46	56	55	52	53	42	34	30	26	30.5	56	03
30†	29	22	12	08	08	12	19	22	15	06	06	09	12	19	24	30	37	38	40	38	40	36	36	35	23.0	40	06
31	35	35	35	35	31	31	30	31	32	29	27	26	29	32	32	37	37	36	36	38	36	36	31	29	32.8	38	26
Mittel	29	27	26	28	29	29	30	30	26	21	18	18	22	28	32	37	39	38	37	36	34	34	32	30	29.6	42	15

Vertikalkomponente

Niemegk $Z = 0.43\,800 + \text{Tafelwert}$ (Γ) 1952

Weltzeit

Tag	0h–1h	1h–2h	2h–3h	3h–4h	4h–5h	5h–6h	6h–7h	7h–8h	8h–9h	9h–10h	10h–11h	11h–12h	12h–13h	13h–14h	14h–15h	15h–16h	16h–17h	17h–18h	18h–19h	19h–20h	20h–21h	21h–22h	22h–23h	23h–24h	Tagesmittel	Max.	Min.
September																									γ		
1†	23	25	06	01	02	15	24	28	30	33	29	38	48	55	61	73	70	56	47	46	46	46	36	09	35.3	73	01
2	16	28	30	30	30	38	39	45	46	40	35	30	34	45	61	59	47	42	42	43	40	33	21	22	37.3	61	16
3	26	28	30	31	30	31	36	37	37	32	25	27	33	44	46	46	51	47	44	42	40	37	27	28	35.6	51	25
4	30	33	32	32	34	36	35	36	37	28	27	32	36	41	48	50	46	41	38	37	36	35	35	35	36.2	50	27
5	34	31	34	35	36	38	41	38	33	27	22	25	34	37	44	63	77	80	73	63	50	41	32	33	**42.5**	**80**	22
6	28	33	36	34	32	38	38	37	36	32	29	31	36	44	46	50	46	46	45	44	39	35	35	35	37.7	50	28
7	36	36	36	37	36	22	31	32	27	22	22	23	25	29	32	33	36	38	44	42	29	17	13	−07	28.8	44	−07
8†	15	21	06	13	23	22	24	30	33	28	25	25	33	44	44	60	63	59	54	46	24	24	30	19	31.9	63	06
9†	04	16	12	08	14	25	32	36	36	36	36	38	40	43	51	58	60	52	47	40	37	35	24	13	33.0	60	04
10	07	18	24	23	27	34	38	34	34	35	34	33	37	44	46	42	42	41	40	41	40	38	38	35	34.4	46	07
11	33	33	34	36	35	34	34	32	25	22	23	24	29	33	38	47	47	45	41	40	40	32	28	30	34.0	47	22
12	27	27	18	19	25	29	36	36	35	28	21	17	21	22	26	33	36	38	41	51	47	43	40	39	31.5	51	17
13*	39	38	38	37	36	38	39	35	32	28	28	29	33	38	37	35	34	34	35	36	36	35	35	33	34.9	39	28
14	30	33	33	33	20	19	24	27	28	30	28	25	29	32	46	58	58	47	44	40	32	32	33	27	33.7	58	19
15	28	28	31	33	34	35	37	35	34	28	23	22	27	26	32	38	38	35	35	38	38	36	35	30	32.3	38	22
16	28	31	31	29	30	30	33	31	28	25	23	22	23	29	32	35	36	35	34	34	34	29	30	30	30.1	36	22
17*	32	33	31	29	31	33	34	31	27	21	18	21	27	30	31	33	33	32	33	33	33	33	31	32	30.1	34	18
18*	32	33	32	31	32	33	35	31	26	20	16	18	22	24	27	28	27	30	30	33	33	32	33	33	28.8	35	16
19*	33	32	32	30	30	30	34	34	29	23	17	17	22	28	34	35	33	30	30	30	31	32	33	33	29.7	35	17
20	32	31	32	30	30	33	38	37	32	26	20	20	22	24	26	28	31	29	31	28	31	31	18	14	28.1	38	14
21	02	−17	−05	14	24	29	34	37	33	27	24	27	31	31	33	33	33	33	34	35	34	34	33	32	26.0	37	−17
22	30	32	32	32	28	32	34	35	32	25	21	19	21	24	29	35	36	39	40	38	37	35	32	32	31.2	40	19
23*	30	31	32	34	34	34	35	34	30	24	19	21	22	25	32	33	33	33	33	33	34	31	30	30	30.3	35	19
24	32	31	29	28	28	31	35	33	29	23	19	18	15	18	26	39	47	41	40	41	42	39	36	24	31.0	47	15
25	22	27	29	30	31	33	36	35	31	25	22	18	17	21	27	30	28	32	35	40	35	33	36	22	29.0	40	17
26	01	−15	−14	−03	08	07	16	24	27	29	28	29	29	30	34	37	37	36	38	39	38	38	38	37	**23.7**	39	−15
27	35	33	33	32	28	18	23	24	26	27	31	33	35	41	50	58	56	46	44	47	44	42	40	38	36.8	58	18
28	39	36	34	30	28	31	36	36	34	28	29	31	32	36	39	37	41	47	63	68	54	37	37	26	37.9	68	26
29†	17	05	13	21	28	34	28	34	38	38	45	51	59	74	61	50	47	45	44	42	21	15	−01	−13	33.2	74	−13
30†	−48	−28	−05	11	24	31	36	37	33	30	36	34	40	46	46	50	52	49	47	39	35	39	40	38	29.7	52	**−48**
Mittel	23	24	24	26	28	30	33	34	32	28	26	27	30	35	40	44	44	42	42	41	37	34	31	26	32.5	49	12
Oktober																									γ		
1	32	29	30	34	36	36	40	40	35	26	25	26	30	35	37	40	39	40	39	40	38	38	36	31	34.7	40	25
2	33	34	34	32	32	35	37	38	32	24	23	24	29	36	39	40	37	40	43	40	36	37	37	37	34.5	43	23
3	36	29	28	26	31	32	36	39	38	28	26	30	33	33	46	53	62	64	63	59	31	24	15	24	36.9	64	15
4†	−14	00	17	28	31	34	25	26	24	21	21	26	35	42	49	66	62	60	47	45	27	28	14	01	**29.8**	66	**−14**
5†	16	27	33	36	36	32	35	36	39	48	55	69	69	59	59	69	72	68	59	33	39	41	38	35	**46.0**	72	16
6	33	32	32	30	32	33	33	35	36	34	33	32	35	45	50	61	58	49	49	47	43	42	42	42	39.9	61	30
7	42	42	41	41	41	41	43	45	40	32	32	31	33	40	49	49	47	49	48	46	42	38	38	38	41.2	49	31
8	38	37	30	30	32	35	39	40	42	36	33	32	31	37	43	45	46	45	46	46	45	44	41	40	38.9	46	30
9	36	30	30	31	34	37	44	44	42	31	28	33	34	34	38	41	42	42	42	42	43	43	41	32	37.2	44	28
10	34	35	35	35	35	35	37	37	33	29	25	26	31	31	34	37	37	42	43	40	37	41	42	41	35.5	43	25
11	40	38	31	34	35	34	37	36	35	34	31	31	35	35	38	41	42	45	49	46	43	41	43	27	37.5	49	31
12	16	23	26	25	23	23	33	36	36	33	32	32	33	38	39	40	40	40	42	37	37	38	39	38	33.3	42	16
13	30	35	36	36	36	38	38	37	35	34	34	34	31	32	36	39	37	37	39	38	38	38	38	36	35.9	39	30
14	36	34	36	34	34	36	33	33	32	25	26	30	32	33	35	36	38	40	38	38	39	39	39	39	34.8	40	25
15*	38	38	37	37	37	37	38	38	30	25	26	27	31	32	36	36	37	37	38	39	38	37	36	37	35.1	39	25
16	37	35	34	32	32	33	34	35	27	24	24	24	25	26	33	36	36	36	36	36	36	37	39	39	32.8	39	24
17	38	36	25	20	26	28	34	34	33	27	27	30	31	34	38	42	43	51	54	49	48	42	40	38	36.2	54	20
18	38	37	36	34	30	35	37	38	38	32	30	30	35	40	43	46	53	54	49	44	43	41	37	36	39.0	54	30
19	35	36	37	37	38	38	40	40	37	30	26	26	29	34	37	40	39	38	38	38	38	38	38	38	36.0	40	26
20*	37	36	32	36	35	36	36	36	32	25	25	26	28	36	43	46	48	45	44	44	40	37	37	37	36.5	48	25
21	33	37	36	36	36	35	37	36	33	24	19	26	31	35	45	69	57	58	70	78	66	51	46	45	43.3	78	19
22*	43	41	40	39	39	38	38	36	30	27	27	32	34	36	37	38	39	38	39	41	39	38	39	38	36.9	43	27
23*	38	36	37	36	36	36	38	38	33	30	25	26	28	30	33	36	36	38	41	40	37	36	36	36	34.8	41	25
24*	35	36	36	36	36	36	37	36	32	25	24	27	27	30	33	32	32	32	34	35	34	33	34	34	32.8	37	24
25	32	32	32	32	32	32	31	32	22	20	19	22	22	29	32	34	37	47	50	46	37	30	15	17	30.6	50	15
26†	19	07	−11	−03	14	23	27	30	26	25	25	35	44	58	80	91	84	80	65	55	48	44	38	24	38.7	**91**	−11
27	24	28	29	29	35	36	38	39	38	36	36	33	35	38	41	42	42	40	40	41	41	41	40	36	36.6	42	24
28	34	34	29	31	34	34	36	38	35	32	33	33	34	35	38	39	44	43	38	34	35	36	33	34	35.2	44	29
29	34	34	33	33	34	35	37	37	36	34	34	36	39	39	42	50	53	59	60	54	44	39	34	31	40.0	60	31
30†	23	09	17	15	03	21	31	33	33	32	33	34	36	40	47	60	75	78	64	54	47	38	06	16	35.2	78	03
31†	23	28	22	07	23	27	36	41	35	34	34	41	51	67	76	76	70	62	56	47	47	44	34	34	42.3	76	07
Mittel	31	31	30	30	32	34	36	37	34	30	29	31	34	38	43	47	48	48	47	44	40	38	35	33	36.7	52	21

Vertikalkomponente

Niemegk $Z = 0.43\,800 + \text{Tafelwert}$ [γ] 1952

Weltzeit

November

Tag	0h–1h	1h–2h	2h–3h	3h–4h	4h–5h	5h–6h	6h–7h	7h–8h	8h–9h	9h–10h	10h–11h	11h–12h	12h–13h	13h–14h	14h–15h	15h–16h	16h–17h	17h–18h	18h–19h	19h–20h	20h–21h	21h–22h	22h–23h	23h–24h	Tagesmittel γ	Max.	Min.
1†	29	24	30	33	34	35	37	40	38	35	34	40	40	45	56	56	56	52	51	45	40	32	35	23	39.2	56	23
2	14	28	33	35	36	37	37	36	33	29	30	32	35	45	53	53	51	52	48	40	32	38	38	38	37.6	53	**14**
3	39	38	35	35	36	36	38	40	40	38	39	38	38	44	49	52	49	46	44	43	43	41	41	38	40.8	52	35
4*	36	37	38	38	38	39	39	42	39	36	36	36	36	40	40	40	41	41	41	41	40	41	40	40	39.0	42	36
5	38	39	39	37	39	39	40	40	39	35	29	28	30	38	42	41	42	41	43	41	40	40	36	35	38.0	43	28
6	34	35	34	35	31	26	28	33	32	31	30	34	35	35	36	39	40	41	44	44	42	41	39	37	35.7	44	26
7	32	29	32	34	33	32	32	36	33	29	26	30	31	34	39	40	40	41	41	43	51	42	30	30	35.0	51	26
8	34	36	36	36	36	34	32	34	34	29	29	29	32	39	41	41	41	41	38	33	36	32	27	28	34.5	41	27
9	34	33	31	31	35	35	36	37	34	31	30	33	37	37	38	40	40	37	38	38	38	36	37	37	35.5	40	30
10*	36	37	36	37	36	36	37	36	36	33	33	34	34	36	36	38	39	40	40	38	38	38	37	36	36.5	40	33
11*	36	36	36	37	36	37	38	39	38	35	35	40	40	40	39	40	42	43	47	45	44	40	40	38	39.2	47	35
12*	38	39	39	38	41	38	36	38	38	37	37	37	40	40	38	37	38	38	38	38	40	39	39	40	38.4	41	36
13*	39	37	37	37	37	38	37	38	38	37	37	38	38	39	37	36	36	36	37	36	36	36	36	35	37.0	39	35
14	36	36	36	36	33	33	32	32	31	24	24	25	27	29	29	29	30	29	31	34	34	34	29	32	**31.0**	36	24
15	32	31	30	29	29	28	29	30	31	32	35	36	37	37	38	39	39	38	38	38	37	35	35	35	34.1	39	28
16	34	33	33	32	32	32	32	31	28	27	27	30	37	46	54	51	51	45	44	43	42	41	41	40	37.8	54	27
17	39	36	38	38	38	37	36	37	39	38	40	40	41	41	39	40	41	41	44	52	58	54	55	50	42.2	58	36
18	47	47	44	44	42	39	38	34	35	34	34	39	43	44	43	43	43	41	41	41	44	44	44	45	41.4	47	34
19	44	42	42	42	42	42	39	39	41	42	42	42	44	43	43	43	44	44	44	49	41	39	40	40	42.2	49	39
20	41	40	40	38	38	36	34	34	34	32	30	30	32	34	35	35	37	37	35	35	35	35	32	34	35.1	41	30
21†	28	22	27	24	25	27	27	31	33	31	30	35	34	40	42	46	46	46	46	42	41	41	38	35	34.9	46	22
22	25	18	29	29	33	34	35	35	34	32	32	34	38	43	47	52	57	53	51	47	45	43	41	39	38.6	57	18
23	38	38	38	37	34	34	34	31	30	29	28	28	32	36	38	38	39	39	39	38	38	37	37	36	35.2	39	28
24	33	34	34	35	35	36	34	34	35	35	34	35	39	41	42	44	42	43	41	40	39	38	37	37	37.4	44	33
25	33	31	32	31	32	34	34	32	32	33	29	32	34	38	41	43	42	40	39	40	39	38	37	36	35.5	43	29
26†	36	36	36	36	34	34	32	30	30	28	27	32	38	40	42	48	54	56	52	38	47	37	26	19	37.0	56	19
27†	34	41	42	40	40	39	41	41	42	43	48	56	72	74	64	64	66	63	60	46	40	36	38	32	**48.4**	**74**	32
28†	21	26	34	33	36	38	39	41	37	37	38	40	48	58	58	53	51	49	41	38	38	42	39	38	40.5	58	21
29	39	40	41	41	41	41	41	39	39	38	39	42	46	51	52	53	49	46	39	42	42	41	40	41	42.6	53	38
30	37	36	38	38	39	39	40	41	41	42	41	42	42	41	42	43	44	46	46	43	39	39	39	39	40.7	46	36
Mittel	34	34	36	36	36	36	36	36	36	34	33	36	38	42	43	44	44	44	43	41	41	39	37	36	38.0	48	29

Dezember

Tag	0h–1h	1h–2h	2h–3h	3h–4h	4h–5h	5h–6h	6h–7h	7h–8h	8h–9h	9h–10h	10h–11h	11h–12h	12h–13h	13h–14h	14h–15h	15h–16h	16h–17h	17h–18h	18h–19h	19h–20h	20h–21h	21h–22h	22h–23h	23h–24h	Tagesmittel γ	Max.	Min.
1	41	41	41	41	40	40	37	35	35	38	38	38	34	35	42	44	46	54	56	50	39	34	39	40	40.8	56	34
2†	34	35	39	34	40	39	39	34	34	34	37	37	42	53	74	81	69	64	59	47	39	44	38	30	44.8	**81**	30
3	39	44	45	44	41	42	37	36	37	39	42	42	41	44	45	44	44	45	47	50	48	41	41	42	42.5	50	36
4†	27	15	18	32	33	38	40	44	42	41	41	46	51	55	58	56	52	55	50	55	51	49	38	30	42.4	58	**15**
5	28	36	39	35	37	39	38	38	38	38	42	42	45	45	44	44	45	45	45	38	39	41	42	42	40.2	45	28
6	44	43	44	44	44	42	43	40	40	40	38	39	42	44	44	44	46	47	46	46	45	45	45	44	43.3	47	38
7	45	42	44	44	42	41	41	39	38	39	38	35	36	39	41	43	46	46	46	42	42	44	43	44	41.7	46	35
8	41	41	40	40	40	40	40	40	40	39	38	37	38	40	43	45	44	43	44	44	44	44	41	41	41.1	45	37
9*	42	42	41	41	41	41	41	41	40	39	38	39	40	40	40	40	40	40	40	41	42	40	40	40	40.4	42	38
10	38	39	40	38	37	37	38	38	38	35	37	37	40	42	44	48	54	60	59	54	53	49	47	46	43.6	60	35
11	45	44	43	43	42	41	36	37	38	40	43	44	47	50	48	48	48	48	48	49	48	45	43	43	44.2	50	36
12	40	38	39	40	40	40	40	39	40	41	40	41	44	51	55	57	54	50	50	47	45	44	42	40	44.1	57	38
13†	38	34	35	35	38	29	32	35	39	44	56	59	70	69	67	63	59	56	54	54	53	52	52	51	48.9	70	29
14	51	50	49	48	48	49	49	48	45	44	47	47	48	50	51	51	50	49	48	47	47	46	45	46	48.0	51	44
15	46	40	44	42	40	40	40	39	39	40	42	42	42	42	44	44	43	44	44	44	44	44	44	44	42.4	46	39
16	44	44	43	42	41	39	39	38	37	37	39	45	48	49	52	53	56	54	52	52	51	47	46	45	45.5	56	37
17	46	44	44	43	43	43	42	40	39	41	42	42	44	46	47	47	47	46	45	46	45	46	46	48	44.2	48	39
18	48	48	45	41	36	39	38	36	33	33	38	38	39	42	43	44	44	46	47	46	46	42	42	44	41.6	48	33
19*	44	38	42	43	42	42	42	41	40	41	42	42	43	42	42	43	44	43	43	43	43	43	43	42	42.2	44	38
20*	42	42	41	40	39	39	38	38	39	42	43	42	42	42	42	43	44	43	42	42	41	41	41	40	41.2	44	38
21*	40	40	39	38	39	38	38	36	35	37	38	38	38	40	43	44	43	44	44	44	44	42	41	40	**40.1**	44	35
22	40	40	39	38	39	39	38	38	34	37	40	41	42	42	46	55	59	57	59	55	54	51	49	47	45.0	59	34
23*	46	45	43	43	42	42	43	42	41	41	40	39	40	40	40	39	39	40	41	42	43	42	43	39	41.5	46	39
24	38	38	39	39	34	35	35	34	34	34	38	41	44	56	66	73	64	58	55	58	63	52	49	38	46.5	73	34
25	35	37	35	36	32	36	41	41	43	48	49	48	51	59	57	54	52	50	49	50	49	48	44	43	45.3	59	32
26	39	38	40	41	43	43	41	39	40	43	40	43	49	49	48	49	47	47	47	46	46	45	45	43	43.8	49	38
27	42	43	38	37	39	42	42	42	38	39	40	42	43	44	44	44	43	42	43	47	48	48	51	41	42.6	51	37
28	51	54	52	52	49	48	47	43	39	40	42	45	44	47	53	53	53	58	59	58	58	54	49	38	49.4	59	38
29†	34	42	43	41	41	42	45	43	42	48	44	40	44	49	51	57	69	70	72	64	56	46	40	42	48.5	72	34
30†	48	46	47	46	44	44	44	44	46	48	50	54	58	57	62	61	62	67	60	56	50	46	41	46	**51.1**	67	41
31	42	44	41	43	44	44	43	39	39	39	41	44	47	45	51	56	56	55	51	49	40	44	40	36	44.7	56	36
Mittel	41	41	41	41	40	40	40	39	39	40	41	42	44	47	49	50	50	50	50	49	47	45	44	42	43.9	54	35

Aktivitätszahlen und Kennziffern

Niemegk Januar 1952

Tag	n	f	ν	ΣK_1	K_1	K_2							
						0—3	3—6	6—9	9—12	12—15	15—18	18—21	21—0
1	1	0.5	1.0	24	5233 2342	1202	2001	2002	2002	2001	1002	1201	1001
2	0	0.5	0.2	14	2211 1232	1001	1001	1001	1001	2001	1001	1201	2001
3	0	0.5	0.6	17	2212 2044	1001	1001	1001	1001	1001	1001	2002	1202
4	1	0.5	1.0	23	4112 3345	1002	1001	2001	2001	2002	2002	2002	2202
5	1	1	1.3	33	3454 5534	1002	1002	1002	1002	1212	1212	1011	2211
6	1	1	1.2	29	4443 3542	1202	1002	1002	2002	2002	2202	1002	1001
7	1	0.5	1.0	25	2222 4544	1001	2001	2001	2001	1212	1012	1012	1002
8	0	0.5	0.5	17	3322 2320	1001	1002	1001	1001	1001	1201	1001	1001
9	1	0.5	0.7	20	0232 2353	1001	1001	1001	1001	1001	2002	1202	1001
10	1	1	1.2	32	3533 3645	1001	1201	1002	2002	2002	1302	1002	2202
11	1	0.5	1.2	28	4323 3544	1002	1002	1001	1002	2002	1202	1002	1002
12	1	1	1.3	34	5533 4554	1002	1202	2002	2002	1002	1202	1202	1202
13	1	1	1.5	35	4335 5555	1002	2002	2001	2202	1212	2012	1002	1002
14	1	1	1.4	34	4443 4555	1002	2002	2002	2002	2201	2002	2002	1002
15	1	1	1.3	29	4333 5542	1002	1002	2002	2002	2222	1022	1012	1001
16	1	0.5	0.5	22	3223 2343	1201	1001	1001	1002	1001	1101	2201	1002
17	0	0.5	0.2	16	3221 1232	1001	1001	1001	2001	2001	2001	2002	1001
18	0	0	0.0	8	2101 1111	1001	1001	1001	1001	1001	1001	1001	1001
19	0	0.5	0.1	12	1101 2232	1001	1001	1001	1001	1001	1001	2101	1001
20	0	0.5	0.2	12	0201 2133	1001	2001	1001	2001	1001	1001	2101	1101
21	0	0.5	0.2	14	3112 1132	1001	1001	1001	1001	1001	1001	1002	1001
22	0	0.5	0.5	14	1111 2233	1001	1001	1001	1001	1001	1001	1001	1002
23	1	0.5	1.1	26	3223 4444	1002	1001	1001	1001	1212	1012	1002	1002
24	1	0.5	0.8	19	3111 3433	1002	1001	1001	1001	2002	1002	1002	2002
25	1	0.5	0.6	20	3112 3442	1002	1001	1001	1001	1002	1201	1201	1001
26	0	0	0.2	11	0012 3221	1001	1001	1001	1001	1001	1001	1001	1001
27	1	1	1.5	31	1434 5644	2001	1002	2002	3012	2012	2023	2012	1012
28	1	0.5	1.0	28	3433 4434	1002	1002	2002	2002	2201	1202	1001	2201
29	1	1.5	1.5	29	3122 4575	1001	1001	1001	1002	1012	1022	2322	1012
30	1	0.5	0.7	21	4322 3133	1002	1002	1001	1001	2001	2001	2201	2201
31	1	0.5	0.8	18	1112 4423	1001	1001	2001	1001	2201	1202	1001	1001
Mittel	0.7	0.6	0.8	22.4									
Max.	1	1.5	1.5	35									
Min.	0	0	0.0	8									

Niemegk Februar 1952

Tag	n	f	ν	ΣK_1	K_1	K_2							
						0—3	3—6	6—9	9—12	12—15	15—18	18—21	21—0
1	1	0.5	1.4	33	5234 5455	2002	1001	1002	2202	1002	1002	1201	1001
2	0	0.5	0.5	20	3322 2332	1002	1002	1001	1001	1001	2001	2001	1001
3	0	0.5	0.1	12	2111 1132	1001	1001	1001	1001	2001	2001	1101	1001
4	0	0	0.1	10	2111 2120	1001	1001	1001	1001	1001	1001	1001	1001
5	0	0	0.0	5	0111 1001	1001	1001	1001	1001	1001	1001	1001	1001
6	1	1	1.6	33	1334 4666	1001	1001	1002	3002	2002	2023	2322	2312
7	1	1	1.3	32	4344 3455	1002	2002	2002	3012	2211	2012	1012	1202
8	1	1	1.4	33	4353 4554	1002	1002	1002	2002	1002	1201	1202	1002
9	1	1	1.2	32	4423 5554	1002	1002	2001	2001	2002	2202	1202	1002
10	1	1	1.4	28	3223 2466	1001	1001	2001	2001	1001	1221	1322	1322
11	1	1	1.3	31	5334 3355	1023	1012	2011	2221	2021	1022	2222	1212
12	1	1	1.4	33	4533 4455	1012	1012	1012	2022	2022	2222	1222	1212
13	1	1	1.2	30	4333 4445	1211	2022	2001	2001	2001	2201	1002	1202
14	1	0.5	0.9	26	4223 3444	1002	1001	2001	2002	1002	2002	1202	1002
15	0	0	0.4	16	2322 2203	1001	1001	1001	1001	1001	1001	1001	2002
16	1	1	1.6	37	3454 5466	1002	1002	1202	1002	1012	1012	1301	1002
17	1	0.5	0.8	19	4213 3222	1202	1001	1001	1002	1002	1001	1001	1001
18	1	0.5	0.9	21	4212 2244	2201	1001	2001	1002	1002	1001	1202	1002
19	1	0.5	1.3	32	4334 3456	1202	1002	2002	2002	2002	1002	1012	1212
20	0	0.5	0.5	18	3232 2312	1002	1002	2002	2001	2001	1002	1001	1001
21	0	0	0.0	12	2110 2222	1001	1001	1001	1001	1001	1001	1001	2001
22	0	0.5	0.2	13	1121 1142	1001	1001	1001	1001	1001	1001	1201	1001
23	0	0.5	0.6	12	2111 1114	1001	1001	1001	1001	2001	1001	1001	2202
24	1	1.5	1.7	40	6644 5564	2023	1023	2002	2002	2022	1023	1322	1012
25	1	0.5	1.0	20	4233 4121	1012	1011	1011	1011	1221	1011	1011	1011
26	1	0.5	1.2	29	3333 3545	2111	1011	2012	1012	1012	2212	1022	1012
27	1	1	1.4	31	4443 2455	1012	2201	2012	2001	1011	1211	3312	1002
28	1	1	1.2	29	4344 3452	1002	2002	2002	2002	1012	2022	1222	1001
29	1	0.5	1.0	24	2323 4433	1001	1002	2001	2002	2012	1012	1011	2002
Mittel	0.7	0.6	1.0	24.5									
Max.	1	1.5	1.7	40									
Min.	0	0	0.0	5									

Aktivitätszahlen und Kennziffern

Niemegk — März — 1952

Tag	n	f	ν	Σ K_1	K_1	K_2 0—3	3—6	6—9	9—12	12—15	15—18	18—21	21—0
1	1	0.5	0.8	21	3322 4421	1002	1002	1001	1001	1002	1201	1001	1001
2	0	0.5	0.1	9	1202 1111	1001	2001	1001	1001	1001	1001	1001	1001
3	1	1	1.5	27	0122 5566	1001	2001	2001	2001	1012	2012	2322	1322
4	1	1	1.6	38	5545 4555	1012	1022	2012	1012	3002	2012	1212	1212
5	1	1	1.7	41	4545 5756	1012	1012	2002	2002	2022	1023	1022	1023
6	1	1	1.6	38	6653 4455	1322	1022	2222	2002	1012	1012	1012	1312
7	1	1	1.5	38	3535 5656	1002	2002	2001	2201	2022	2322	1012	1322
8	1	1	1.5	34	5333 4664	1012	2002	2001	2002	2012	1312	1312	1002
9	1	1	1.5	34	5334 4555	1212	2002	2002	2002	2002	2022	1002	1022
10	1	1	1.4	33	4333 4655	1022	2012	2012	2002	2002	1312	1012	1022
11	1	1	1.2	31	4333 4563	1022	1012	1002	1002	1012	1012	1312	1012
12	1	0.5	1.0	25	4323 3343	1012	1011	2011	2012	1012	1012	1211	1012
13	1	0.5	0.7	20	2222 3234	1011	1011	2001	2001	2002	1001	1001	2201
14	0	0.5	0.2	14	2213 1113	1001	1001	1001	1001	1001	1001	1001	2002
15	1	0.5	1.0	23	3221 3354	1002	1001	1001	1001	1002	1012	2012	2012
16	1	0.5	1.0	25	2333 2354	1001	1101	2002	2002	1002	1012	1012	1012
17	1	0.5	1.1	29	4433 4443	1002	1002	2002	1002	2022	1022	1012	1201
18	0	0.5	0.6	18	2232 2313	1001	1001	2002	2001	1001	1201	1001	2001
19	0	0.5	0.4	17	2121 2333	1001	1001	2001	1001	1002	2002	2002	1001
20	0	0	0.0	7	0112 0111	1001	1001	1001	1001	1001	1001	1001	1001
21	1	1	1.3	32	3334 5446	2002	1002	2002	2002	2202	2002	1002	2302
22	1	0.5	1.2	28	4423 2355	2012	1012	1001	2002	1001	1002	2202	1002
23	1	0.5	1.5	30	6333 2463	1322	1012	1002	1012	1001	1002	1302	1002
24	1	1	1.4	34	4544 4544	1002	1212	2002	1002	1002	1002	1002	1002
25	1	0.5	1.0	25	3233 3344	1001	1001	2002	2002	2002	1002	1002	1002
26	1	1	0.8	25	5312 3353	1202	1001	2001	1001	2001	1002	1201	1002
27	1	0.5	0.9	23	2332 3433	1001	1202	1002	1001	1002	1201	1101	1201
28	0	0	0.1	10	2111 2111	1001	1001	1001	1001	1001	1001	1001	2001
29	0	0.5	0.4	15	1112 2224	1001	1001	1001	1001	1001	1001	2001	1202
30	1	1	1.4	31	4322 3566	1002	1002	2001	2001	2002	1023	1013	1023
31	1	1	1.6	39	6454 3665	1023	2012	2002	2002	1002	2212	1013	1012
Mittel	0.8	0.7	1.0	26.3									
Max.	1	1	1.7	41									
Min.	0	0	0.0	7									

Niemegk — April — 1952

Tag	n	f	ν	Σ K_1	K_1	K_2 0—3	3—6	6—9	9—12	12—15	15—18	18—21	21—0
1	1	1	1.2	31	5443 5532	1202	1002	2002	1002	1012	1012	1002	1001
2	1	1	1.6	39	5545 4565	2212	1012	2002	1301	1002	1012	1013	1013
3	1	1	1.7	40	5445 4666	1012	1012	2012	2002	2002	1312	1013	1013
4	1	1	1.5	35	4354 4465	1012	1012	2212	2002	2002	1012	3013	1012
5	1	1	1.4	36	5444 4654	1012	1012	1012	1002	1002	1302	1002	1002
6	1	1	1.5	33	5334 3456	1212	1012	2002	2201	2002	1201	2202	1302
7	1	1	1.2	30	4343 3454	1002	1002	2201	1002	2002	1002	1202	1002
8	1	1	1.3	30	4433 4354	1202	1201	2002	1002	2002	1002	1002	1002
9	1	1	1.1	29	4323 3545	1002	1002	1002	1002	1002	1202	1002	1202
10	1	0.5	1.0	23	5333 2133	2002	1002	1002	1001	1001	1001	1002	1201
11	0	0.5	0.3	16	2222 2231	1001	2001	1001	1001	1001	1001	1101	1001
12	0	0.5	0.3	14	3211 0133	2201	1001	1001	1001	1001	1001	1101	1001
13	1	0.5	0.7	17	3312 2132	1101	1002	1001	1001	1001	1001	2201	1001
14	1	0.5	0.6	18	2113 2423	1001	1001	1001	1001	1001	1002	1001	1201
15	1	0.5	0.8	22	3223 4341	2001	2001	2001	1002	1201	1002	2002	1001
16	1	0.5	0.8	23	3332 3333	1001	2002	1002	1001	2002	1002	2202	1001
17	0	0.5	0.6	17	2332 2221	1001	2002	2002	1001	1001	1001	1001	1001
18	1	1	0.9	17	0012 2345	1001	2001	2001	1001	2001	1002	2002	1002
19	1	1	1.2	28	3322 4455	1002	1002	2001	2001	2002	1002	1202	1201
20	0	0.5	0.4	13	2211 0313	1001	1001	1001	1001	1001	1001	1001	2202
21	2	1.5	1.8	35	3123 7766	1002	2001	1001	1002	3023	2033	1333	1023
22	1	0.5	1.2	25	4443 3322	1002	2002	2002	1002	1002	1002	1001	1001
23	1	0.5	0.7	18	3223 2231	2002	2002	2002	2201	2001	1001	1201	1001
24	1	0.5	0.8	16	1101 2425	1001	1001	1001	1001	1001	2002	2001	1202
25	0	0.5	0.2	14	1103 3312	1001	1001	1001	1001	1002	1002	1001	1001
26	1	0.5	0.4	14	1011 2342	1001	1001	1001	2001	2001	2002	1202	1001
27	0	0.5	0.2	12	2111 1123	1001	1001	1001	1001	1001	2001	2001	1002
28	1	1	1.1	28	4433 3434	2101	1202	2002	2002	1002	1002	1002	1202
29	1	1.5	1.7	40	4454 5666	1002	1002	2202	1002	1202	2013	1013	1023
30	1	1	1.6	36	5444 4555	2023	2002	3002	2002	2002	1202	2202	2012
Mittel	0.8	0.8	1.0	25.0									
Max.	2	1.5	1.8	40									
Min.	0	0.5	0.2	12									

Aktivitätszahlen und Kennziffern

Niemegk **Mai** **1952**

Tag	n	f	ν	Σ K_1	K_1	K_2 0—3	3—6	6—9	9—12	12—15	15—18	18—21	21—0
1	1	1	1.5	37	5445 4555	1212	2012	2002	2002	2012	2212	2212	2222
2	1	1	1.4	34	5434 4455	1022	2022	3012	2002	1012	2012	1212	1222
3	1	1	1.5	34	5433 3466	1012	1012	2002	1001	2002	1022	1322	1322
4	1	1	1.4	32	6333 3455	1322	1012	2001	2001	2002	1202	2202	1222
5	1	0.5	1.2	27	5333 3334	1222	1012	2011	2211	2001	1002	1002	1012
6	1	0.5	1.0	24	3343 3323	1012	1002	1002	1001	1001	1012	1011	1002
7	1	1	1.6	34	3354 5545	1002	1201	2002	1002	2222	1022	1022	1322
8	1	0.5	1.1	28	4433 4433	1022	1002	1002	1001	1002	1002	1101	1001
9	0	0	0.0	6	2100 0012	1001	1001	1001	1001	1001	1001	1001	1001
10	0	0.5	0.2	11	3202 2110	1201	1001	1001	1001	1001	1001	1001	1001
11	1	0.5	0.8	19	0212 4541	1001	2001	2001	1001	1002	2002	2002	1001
12	0	0.5	0.5	21	4322 2242	2201	1002	2001	1001	2001	2001	2201	1001
13	1	0.5	0.6	20	2112 4244	1001	1001	1001	1001	2002	1001	2201	1001
14	0	0.5	0.4	14	4321 1111	1002	1002	1001	2001	2001	1001	1001	1001
15	0	0.5	0.3	11	1101 2321	1001	1001	1001	2001	2001	2201	1001	1001
16	0	0.5	0.1	9	1111 1211	1001	2001	2001	1001	1001	1001	2001	2001
17	0	0.5	0.4	13	1011 1333	1001	1001	1001	1001	1001	2001	1002	2002
18	1	1	1.4	28	4333 4533	1002	1002	2002	2002	2012	2022	1022	1012
19	1	1	1.3	30	4535 3433	2211	2211	2001	3202	2001	1012	1012	1011
20	1	0.5	0.9	26	3423 4424	1002	2002	2002	1001	2002	1002	2001	2201
21	0	0.5	0.6	20	3223 3322	1001	2002	2001	1001	2002	2002	1001	1001
22	0	0	0.0	10	2212 2100	1001	2001	2001	2001	2001	2001	1001	1001
23	0	0.5	0.4	16	1112 3332	1001	1001	1001	1001	1001	1001	1001	1001
24	1	0.5	0.8	23	3323 3333	1002	1001	2001	1001	1002	1002	1001	2002
25	1	0.5	0.8	19	4232 3311	1212	1012	1002	2001	1001	2002	1001	1001
26	1	1	1.5	28	0135 3556	1001	1001	1001	2212	2012	2202	1202	2322
27	1	1	1.6	34	6335 3554	2033	2022	2002	1002	2012	1212	2202	1002
28	1	1	1.3	30	4333 4544	1012	1002	2001	2001	2002	2212	2012	1022
29	1	1	1.3	31	5434 3543	1022	2012	2001	2002	2002	1202	2002	1002
30	1	0.5	1.0	24	3422 3343	1012	1012	1002	1002	1002	1002	1202	1002
31	1	0.5	1.0	24	4432 2234	1012	1012	2002	2001	1001	1001	2002	2201
Mittel	0.7	0.6	0.9	23.1									
Max.	1	1	1.6	37									
Min.	0	0	0.0	6									

Niemegk **Juni** **1952**

Tag	n	f	ν	Σ K_1	K_1	K_2 0—3	3—6	6—9	9—12	12—15	15—18	18—21	21—0
1	0	0.5	0.5	17	2222 2232	1011	1001	1001	1001	1001	1001	1001	1001
2	0	0	0.4	14	2211 2231	1001	1001	1001	1001	1001	1002	2001	1001
3	0	0.5	0.6	17	2211 2333	2001	1001	1001	1001	1001	1001	2201	1002
4	0	0.5	0.4	17	4212 1232	1201	1001	1001	1001	1001	1001	1101	1001
5	1	0.5	0.6	18	2312 2422	1001	1101	1001	1001	1001	1201	1001	2001
6	0	0.5	0.2	12	3111 2121	2001	1001	1001	1001	1001	1001	2001	1001
7	0	0	0.1	10	1102 1131	1001	1001	1001	1001	1001	1001	2002	1001
8	1	1	1.2	27	3334 3443	2101	1001	1002	1002	1002	1002	1002	1002
9	1	1	1.2	28	3333 5434	1002	2002	2001	2002	2022	1022	1002	2002
10	1	1	1.0	26	4322 4344	1002	2002	2001	1001	2201	2012	1012	2002
11	1	0.5	0.8	24	3332 3433	1001	1001	2002	2001	2002	1002	1002	2201
12	0	0.5	0.4	15	3211 2222	1002	1001	2001	1001	1001	1001	1001	1001
13	0	0.5	0.3	11	0112 1123	1001	1001	2001	2001	2001	2001	1001	1001
14	1	1	1.3	28	1233 4555	1001	1001	1002	1002	2002	1022	1211	1212
15	1	0.5	0.9	24	2424 3333	1001	1002	1001	1002	2002	1002	1002	1002
16	1	0.5	0.9	24	3443 3421	1002	2002	3002	2002	2002	1002	1001	2001
17	1	0.5	0.8	23	3333 3332	1002	1001	2001	2002	2002	1002	1002	1001
18	1	0.5	0.8	21	4312 3323	1002	1002	1001	2001	1002	1002	1001	2101
19	0	0.5	0.3	14	2111 3321	1001	1001	1001	2001	2002	1001	2001	1001
20	0	0	0.1	12	2112 2211	2001	2001	2001	1001	1001	1001	1001	1001
21	0	0.5	0.2	11	2101 1222	1001	1001	1001	1001	1001	2002	1001	2001
22	1	1	1.1	24	1123 5444	1001	1001	2002	1002	1212	1022	1022	1022
23	1	0.5	1.3	27	3334 4334	1002	1002	2002	1002	1211	1022	2012	1002
24	1	1	1.2	28	4423 4434	1022	1022	1001	1002	1022	1022	1022	1012
25	1	0.5	0.9	21	1123 3344	1001	1001	1001	1002	2022	1022	1022	1012
26	1	0.5	0	25	4334 4421	1002	1002	1002	2002	2002	1002	1001	1001
27	0	0.5	[illegible]	22	2322 3433	1001	1002	2001	2001	1002	1002	1002	1002
28	0	0.5	0.[illegible]	14	3113 2211	1002	1001	1001	1002	1002	1001	1001	1001
29	1	0.5	0.9	17	1111 2245	2001	1001	1001	1001	1001	1001	1002	1012
30	1	1.5	1.7	33	5765 3322	1322	2023	3023	2023	1022	1012	1001	1001
Mittel	0.6	0.6	0.7	20.1									
Max.	1	1.5	1.7	33									
Min.	0	0	0.1	10									

Aktivitätszahlen und Kennziffern

Niemegk — Juli — 1952

Tag	n	f	ν	ΣK_1	K_1	K_2 0—3	3—6	6—9	9—12	12—15	15—18	18—21	21—0
1	1	0.5	0.9	17	1112 2145	1001	1001	1001	1001	1002	1001	1002	2002
2	0	0.5	0.3	15	3212 2212	1001	1001	1001	1001	1001	1001	1001	1001
3	1	0.5	0.6	19	2211 4432	1001	1001	1001	1001	1002	1012	1012	1001
4	0	0.5	0.5	19	2322 3412	1001	2001	1001	1001	1002	1002	1001	2001
5	1	1	1.6	32	3434 5454	1002	1002	1002	2002	2022	2022	1022	1012
6	1	0.5	1.1	24	3453 3321	1002	2002	1202	1002	1002	1002	1001	1001
7	0	0.5	0.4	15	2222 2320	1001	2001	1001	2001	2001	2002	1001	1001
8	0	0.5	0.5	17	1121 4323	1001	1001	2001	1001	1002	1002	1001	1101
9	1	0.5	1.0	27	3334 3443	2001	1002	1002	1002	2002	1002	1201	1001
10	• 1	0.5	1.0	27	2333 4534	1001	2002	2001	2002	1002	1002	2002	2201
11	0	0.5	0.6	20	4322 3330	1002	1002	2002	2001	1001	1001	1001	1001
12	0	0.5	0.2	14	2222 2022	1001	1001	1002	1001	1002	1001	1001	1002
13	1	0.5	0.6	17	1212 3431	1001	1001	1001	2001	1002	1002	1002	1001
14	1	0.5	0.7	23	3323 3423	1002	2002	2002	2002	1002	1202	1001	2002
15	1	0.5	0.7	22	3322 3333	1002	1002	2001	2001	2001	1002	1001	2002
16	0	0.5	0.4	15	2221 3221	1001	1001	1001	1001	1002	1002	2001	1001
17	0	0.5	0.4	15	1211 2233	1001	2001	1001	2001	1001	1002	1002	1002
18	1	0.5	0.4	17	2312 3222	1001	1002	1001	1001	1002	1001	2001	1001
19	0	0.5	0.1	14	1112 3222	1001	2001	1001	1001	2002	2001	2001	1001
20	1	1	1.3	31	3225 5545	2002	1001	1002	2003	2012	2012	1012	2002
21	1	1	1.4	34	3544 5544	1002	2002	2002	2202	2212	1212	2212	2002
22	1	0.5	0.9	25	4333 2334	1002	1002	2002	2002	2001	1002	2002	1002
23	1	0.5	0.7	19	2222 2324	1001	1002	1002	1001	1001	1002	1001	1201
24	0	0.5	0.6	20	3213 2333	2002	1001	1001	1002	1001	1002	1002	2001
25	1	0.5	0.7	18	1112 3433	1001	1001	1001	2001	2002	2002	1002	1001
26	0	0.5	0.8	18	3332 2311	1002	1201	1002	2001	1001	1001	1001	1001
27	1	0.5	0.7	13	2001 2224	1001	1001	1001	1001	1001	1001	2001	2202
28	0	0.5	0.2	13	2122 1221	1001	1001	1001	1001	1001	1001	1001	2001
29	0	0	0.0	6	0000 1122	2001	1001	1001	1001	1001	1001	2001	2001
30	0	0	0.0	7	2101 1011	1001	1001	1001	1001	1001	1001	2001	1001
31	1	0.5	0.8	22	2133 3442	3001	1001	1002	1002	1002	1002	1201	1001
Mittel	0.5	0.5	0.6	19.2									
Max.	1	1	1.6	34									
Min.	0	0	0.0	6									

Niemegk — August — 1952

Tag	n	f	ν	ΣK_1	K_1	K_2 0—3	3—6	6—9	9—12	12—15	15—18	18—21	21—0
1	0	0.5	0.5	18	2322 2232	2001	1001	2001	1001	1001	1001	2102	1001
2	0	0.5	0.7	19	3212 2234	1002	1001	1001	1001	1002	1001	1201	2201
3	1	1	1.2	27	2333 5533	1001	1002	1101	1001	1022	1022	1012	1001
4	1	0.5	0.9	25	3332 3344	2002	1002	1002	2001	2001	2002	2202	2002
5	0	0.5	0.8	23	4323 2333	1002	1001	2001	2002	2001	1002	1002	1001
6	1	0.5	1.0	26	4433 3333	2002	1002	2002	2001	1002	1002	1001	1001
7	0	0.5	0.9	21	4231 3134	1202	1002	1002	1001	2002	1001	1001	2201
8	0	0.5	0.5	18	3222 2232	1001	1001	1001	2001	2001	2001	2001	1001
9	0	0.5	0.4	16	1112 2243	2001	1001	2001	2001	2001	2001	2201	1002
10	1	0.5	0.9	24	4212 4443	2002	1002	1001	1001	1002	1002	2201	1001
11	1	0.5	0.8	20	4212 3224	1202	1001	1001	1001	1002	1001	1001	3202
12	1	0.5	1.0	26	5223 3443	1201	1001	2001	1002	1002	1202	2202	1001
13	0	0	0.2	15	1222 2312	1001	1001	1001	2001	2001	1001	1001	1001
14	0	0	0.0	12	1211 2221	1001	1001	2001	1001	1001	1001	1001	1001
15	1	0.5	0.6	15	3111 1143	2101	1001	1001	1001	1001	1001	2202	1002
16	0	0.5	0.1	9	2211 1110	1001	1001	1001	1001	1001	1001	1001	1001
17	1	1	1.4	29	2335 4354	2001	2002	3002	1002	2002	2002	2202	1002
18	1	0.5	1.3	32	4433 4545	2202	1002	2001	3001	2002	2202	1001	1202
19	0	0.5	0.9	22	4322 3422	1001	1002	1001	1001	1001	1002	1001	1001
20	1	0.5	1.0	25	3423 3334	1002	1002	1002	2002	1002	1002	1002	2201
21	0	0.5	0.4	15	2113 2231	1001	1001	2001	1002	1001	1001	2101	1001
22	0	0.5	0.4	13	1122 1213	1001	1001	1001	1001	1001	1001	1001	1002
23	1	0.5	0.6	16	4111 2322	2002	1001	1001	1001	2001	2001	2002	2001
24	0	0.5	0.4	13	1122 1321	1001	1001	1001	1001	1001	1001	1001	1001
25	0	0.5	0.2	13	1112 2222	1001	2001	2000	2000	1001	1001	1001	1001
26	0	0.5	0.2	13	1113 1222	2001	1001	1001	1002	1001	1001	2001	1001
27	0	0.5	0.6	17	3232 1222	1001	1001	1002	1001	1001	1001	1001	2001
28	0	0.5	0.0	11	2211 1211	1001	1001	1001	1001	1001	1001	1001	1001
29	1	0.5	0.9	19	2112 2344	2001	1001	1001	1001	1001	2012	2012	1012
30	1	0.5	1.1	24	4432 2333	2002	2202	1002	1001	1001	1002	2002	2201
31	0	0.5	0.6	12	1111 2123	1001	1001	1001	1001	2001	1001	1001	2102
Mittel	0.4	0	0.7	19.0									
Max.	1	1	1.4	32									
Min.	0	0	0.0	9									

Aktivitätszahlen und Kennziffern

Niemegk — **September** — **1952**

Tag	n	f	ν	ΣK_1	K_1	K_2 0—3	3—6	6—9	9—12	12—15	15—18	18—21	21—0
1	1	1	1.6	32	5444 3534	2202	1002	2002	2002	2002	2212	1002	2222
2	1	0.5	1.4	30	4353 5334	1012	1002	2002	2002	2212	1002	2002	2212
3	1	0.5	1.1	23	3323 3324	1012	1002	2001	2201	1002	1201	1001	2212
4	1	0.5	0.7	18	2222 3331	1001	1002	2001	2001	2001	1201	2201	2001
5	1	1	1.1	26	3133 3544	2001	1001	1002	1001	1002	1222	1012	1202
6	0	0.5	0.7	21	3332 1333	1201	1002	1002	1001	1001	1201	2201	1002
7	1	1	1.2	25	2431 2355	1001	2201	1001	1001	2001	1002	1212	1222
8	1	1	1.5	37	6544 3555	1222	1012	2002	2201	2002	1013	2212	1212
9	1	1	1.5	34	5434 3555	1012	1002	2002	2201	3002	1201	2202	2012
10	1	0.5	1.1	22	4333 3123	1012	1002	1002	2001	2002	1001	1001	1001
11	0	0.5	0.8	23	4222 3334	1201	1001	2001	2001	2002	2002	1002	1202
12	1	0.5	1.0	25	3332 4343	1002	2002	1002	1002	2002	1002	2002	1002
13	0	0	0.2	13	2112 1123	1001	1001	2002	2001	2001	1001	1001	2001
14	1	0.5	1.2	29	3433 4444	1002	2201	1001	1002	1002	1202	1201	1002
15	0	0.5	0.7	21	3123 3333	1002	1001	1001	2001	2002	1002	1002	2002
16	1	0.5	0.6	19	3222 2224	1002	1001	1001	2001	2002	2001	1001	1201
17	0	0.5	0.2	13	2112 2212	1001	1001	2001	1001	1001	1001	1001	2101
18	0	0	0.1	8	1110 0131	1001	1001	1001	1001	1001	1001	1101	1001
19	0	0	0.0	5	1000 1102	1001	1001	1001	1001	1001	2001	1001	1001
20	1	0.5	0.6	15	1111 2234	1001	1001	2001	1001	2001	2001	2002	3212
21	1	0.5	0.9	19	5322 2122	1022	1012	1001	1001	1001	1001	1001	2001
22	0	0.5	0.2	13	2311 1122	1001	1201	1001	1001	1001	1001	1001	2001
23	0	0.5	0.0	8	2100 2201	1001	1001	1001	1001	1001	1001	1001	1001
24	1	0.5	0.8	20	1122 3434	1001	1001	1001	1001	1001	1002	1002	2201
25	1	0.5	1.0	17	1101 2345	1001	1001	1001	1001	1001	2002	2202	1013
26	1	0.5	1.1	20	5522 2121	1023	1023	1012	1001	1001	1001	1001	1001
27	1	0.5	1.1	21	1433 3421	1001	1201	2002	1002	1002	1202	1001	1001
28	1	1	1.4	28	2223 3466	2001	1002	1002	1101	1002	2002	2023	1013
29	1	1	1.7	35	5443 5356	1212	1002	1202	1002	2002	2201	2322	1023
30	1	1	1.5	30	6434 3532	1023	1012	2002	1201	1002	1201	2002	1001
Mittel	0.7	0.6	0.9	21.7									
Max.	1	1	1.7	37									
Min.	0	0	0.0	5									

Niemegk — **Oktober** — **1952**

Tag	n	f	ν	ΣK_1	K_1	K_2 0—3	3—6	6—9	9—12	12—15	15—18	18—21	21—0
1	1	0.5	0.8	22	4322 2234	2201	1002	2001	2001	1001	2001	2101	2201
2	1	0.5	0.9	22	2212 3354	1001	1001	1001	1001	1201	1001	1201	1002
3	1	1	1.4	27	2321 2566	1001	1002	1002	1001	1001	2222	1222	1013
4	1	1	1.7	36	6553 3455	2322	1212	1012	2001	2002	1022	2322	1222
5	1	1	1.7	36	4554 4563	1012	2312	2012	2012	2012	1322	2322	1002
6	1	0.5	1.2	27	3333 4542	1002	2002	2002	1002	1002	1202	1002	1001
7	0	0.5	0.7	22	1233 3334	1001	1001	1002	2001	2002	1012	1002	1201
8	1	0.5	0.9	24	4312 4334	1201	1002	1001	1002	2002	1001	1201	1002
9	1	0.5	0.8	21	3213 2244	1002	1001	1001	1002	1001	1001	2201	2002
10	1	1	0.9	21	2212 2354	1001	1001	1001	1001	2001	2002	2202	1002
11	1	1	1.0	29	3323 3564	1201	1002	1001	2002	1001	2002	1302	2211
12	0	0.5	0.9	24	4433 3133	1012	1012	2002	2002	2002	1001	1202	1001
13	0	0.5	0.3	16	3202 1323	1101	1001	1001	1001	2001	2002	1001	2101
14	0	0.5	0.3	15	2332 1211	2001	1002	1002	2001	1001	1001	1001	1001
15	0	0.5	0.3	8	1001 0330	1001	1001	1001	1001	1001	2001	2201	1001
16	0	0.5	0.3	15	1213 3113	1001	1001	1001	1001	1002	1001	1001	1002
17	1	0.5	0.8	20	3311 2532	1002	1002	1001	2001	1001	1201	1002	1001
18	1	0.5	0.9	21	2331 2343	1001	1002	1002	2001	2001	1002	1202	1002
19	0	0	0.3	10	2022 1102	1001	1001	1001	1002	1001	1001	1001	1001
20	0	0.5	0.3	14	2211 2222	1001	1001	1001	1001	1001	1001	1001	1001
21	1	1	1.3	23	0014 5553	1001	1001	1001	1002	1022	2022	1022	1002
22	0	0	0.1	6	1212 0000	1001	1001	1001	1001	1001	1001	1001	1001
23	0	0	0.0	8	0101 2211	1001	1001	1001	1001	1001	1001	1001	2001
24	0	0	0.0	4	1001 0011	1001	1001	1001	1001	1001	1001	1001	1001
25	1	0.5	0.9	20	1013 2544	1001	1001	1001	1001	1001	1211	1012	2022
26	1	1	1.5	32	5424 5444	1022	1022	2001	1002	1022	1022	1211	2012
27	0	0.5	0.5	17	3321 1232	1001	1002	1001	1001	1001	1001	2101	1001
28	1	0.5	0.6	22	4322 2432	1201	1001	1001	2001	2001	2201	2101	2001
29	1	0.5	0.9	21	2121 2454	1001	1001	1001	1001	1001	1002	1002	1002
30	1	1	1.5	32	5522 3465	2002	1302	1001	1001	1002	1012	1302	1222
31	1	1	1.6	36	5544 5643	1212	1012	2201	1002	1022	1322	1012	2012
Mittel	0.6	0.6	0.8	21.0									
Max.	1	1	1.7	36									
Min.	0	0	0.0	4									

Aktivitätszahlen und Kennziffern

Niemegk — November — 1952

Tag	n	f	v	Σ K₁	K₁	K₂ 0—3	3—6	6—9	9—12	12—15	15—18	18—21	21—0
1	1	0.5	1.0	28	3322 4455	1002	1002	2002	2001	1201	1002	2202	2202
2	1	0.5	0.9	22	3222 4342	1002	1001	1001	1001	1201	1002	1002	1001
3	0	0.5	0.6	18	3212 3313	2002	1001	2001	1002	1002	1201	1001	2101
4	0	0	0.0	6	2110 0110	1001	1001	1001	1001	1001	1001	1001	1001
5	0	0.5	0.2	14	2201 2223	2001	1001	1001	1001	1001	1001	1001	2101
6	1	0.5	0.9	23	2433 3341	1001	1002	1002	1002	1002	2002	2202	2001
7	1	0.5	1.0	25	3322 1455	1002	1002	2001	1001	2001	1002	2002	1002
8	1	0.5	1.0	24	3322 2354	1002	1002	1001	2001	2001	2001	2202	2002
9	0	0.5	0.5	19	3312 1432	1002	1001	2001	2001	1001	1201	1001	1001
10	0	0	0.0	5	1001 0111	1001	1001	1001	2001	2001	2001	1001	1001
11	0	0.5	0.2	9	1000 0233	1001	1001	1001	1001	1001	1001	1001	2001
12	0	0	0.0	6	2110 0101	1001	1001	1001	1001	1001	1001	2001	2001
13	0	0	0.0	5	1001 1011	2001	1001	1001	1001	1001	1001	1001	1001
14	0	0.5	0.3	14	1212 1133	1001	2001	2001	1001	1001	1001	2001	2002
15	0	0.5	0.6	15	2221 1241	1001	1001	1001	1001	1001	1001	2201	1001
16	0	0.5	0.8	12	0121 4301	1000	1001	2001	1001	1002	1002	1001	1001
17	0	0.5	0.9	18	3111 2253	2001	1001	1001	1001	1001	2001	1202	1002
18	0	0	0.3	12	2211 2022	1001	1001	1001	1001	1001	1001	1001	1001
19	0	0.5	0.1	12	1211 1123	1001	1001	1001	1001	1001	1001	1001	1101
20	0	0.5	0.4	13	2202 1213	1001	1001	1000	1001	1001	1001	1001	2101
21	1	0.5	1.2	26	4343 2433	2201	1002	2002	2002	2001	1202	1002	1002
22	1	0.5	0.9	20	4232 2430	1202	1001	2001	1001	1001	1202	1002	1001
23	0	0.5	0.3	13	3321 1111	2001	1001	1001	1001	1001	1001	1001	1001
24	0	0.5	0.5	11	2011 2410	1001	1001	1001	1001	1001	1201	1001	1001
25	0	0.5	0.5	13	3102 2212	2002	1001	1001	1001	1002	1001	1001	1001
26	1	0.5	1.2	22	1123 2364	1001	1001	2001	1002	1001	1002	2302	1012
27	1	0.5	1.5	34	4335 5554	1002	1002	1001	1002	1012	1002	1202	2002
28	1	0.5	1.1	29	4233 4553	1002	1001	2002	1002	2002	1202	1202	1002
29	1	0.5	0.7	21	1122 4443	1001	1001	2001	2001	1201	1002	2201	1002
30	0	0.5	0.7	22	3222 2443	1002	1001	1001	2001	2001	1201	2201	1201
Mittel	0.4	0.4	0.6	17.0									
Max.	1	0.5	1.5	34									
Min.	0	0	0.0	5									

Niemegk — Dezember — 1952

Tag	n	f	v	Σ K₁	K₁	K₂ 0—3	3—6	6—9	9—12	12—15	15—18	18—21	21—0
1	1	0.5	1.0	25	1122 4555	1001	1001	1001	1002	1002	1212	1212	1002
2	1	1	1.4	31	4323 5545	1002	1002	1001	1002	2221	1022	1012	1202
3	1	0.5	1.0	25	3433 3234	1002	1002	2002	2002	1001	1001	2002	1002
4	1	1	1.4	33	6334 4454	1312	1002	2002	1002	2002	1002	1003	1012
5	1	0.5	1.0	26	4333 4252	1012	1002	2002	2002	2201	1001	1201	1001
6	0	0.5	0.2	16	1321 1332	1001	1001	1001	1001	1001	2002	2001	1001
7	0	0.5	0.2	14	3211 1231	1002	1001	1001	2001	2001	2001	2002	1001
8	0	0	0.1	10	2111 2201	2001	1001	1001	1001	1001	1001	1001	2001
9	0	0	0.0	4	1000 0021	1001	1001	1001	1001	1001	1001	2001	2001
10	1	0.5	0.6	16	1112 2342	1001	1001	1001	1001	1001	1002	2002	1001
11	0	0.5	0.5	18	2322 2331	1001	1002	1002	1001	1001	2002	1002	1001
12	0	0.5	0.6	17	2121 3422	1001	1001	1001	1001	1002	1002	1001	2001
13	1	0.5	1.2	25	3443 4232	1002	1002	3002	1002	1012	1001	1002	1001
14	0	0	0.1	10	0201 2203	1001	1001	1001	1001	1001	1001	1001	1001
15	0	0.5	0.7	19	3313 3312	1002	1001	1001	1002	1002	1002	1001	1001
16	1	0.5	0.6	18	2212 2333	1001	1001	1001	1001	1001	1002	2002	1201
17	0	0.5	0.4	13	3211 1113	1001	1001	1001	1001	1001	1001	1001	2002
18	1	0.5	0.7	21	3311 3352	1002	1002	1001	1001	1001	1002	2202	1001
19	0	0.5	0.1	7	3100 1101	2002	1001	1001	1001	2001	1001	1001	1001
20	0	0	0.0	7	1101 1111	1001	1001	1001	1001	1001	1001	1001	1001
21	0	0	0.0	5	0000 2111	1001	1001	1001	1001	1001	1001	1001	1001
22	0	0.5	0.5	13	1001 3332	1001	1001	1001	1001	2002	1002	1002	1001
23	0	0	0.0	7	1100 1121	1001	1001	1001	1001	1001	1001	2001	1001
24	1	0.5	1.3	29	2324 5544	1001	1002	1001	1002	2012	1212	1211	2002
25	1	0.5	0.9	26	3424 4333	1002	1002	1002	1002	1002	1002	1002	2002
26	1	0.5	0.7	21	3233 2422	1201	1001	1002	1001	1001	1201	1001	2001
27	1	0.5	1.1	21	3222 1236	1001	1001	1001	2001	2001	2001	2002	2202
28	1	0.5	1.0	29	4223 4554	1002	1001	1001	1002	1002	1002	1002	1002
29	1	1	1.3	30	4324 3554	1002	1002	1002	2002	2002	1012	1012	1002
30	1	1	1.3	32	5433 3644	1002	1002	1002	2002	2002	1302	1002	1002
31	1	0.5	1.1	30	4233 4545	1002	1001	2002	2002	2002	2201	2002	2002
Mittel	0.5	0.5	0.7	19.3									
Max.	1	1	1.4	33									
Min.	0	0	0.0	4									

Tagesmittel der Elemente

Niemegk — Begrenzung der Tage nach Weltzeit — **1952**

$D = -2°50'.0$ + Tafelwert.

Tag	Jan.	Febr.	März	April	Mai	Juni	Juli	Aug.	Sept.	Okt.	Nov.	Dez.
	′	′	′	′	′	′	′	′	′	′	′	′
1	8.6	9.2	8.5	10.1	11.2	11.5	12.7	11.2	13.0	13.8	15.0	14.1
2	8.1	8.4	8.6	11.3	11.0	11.3	11.5	12.0	13.4	13.7	14.4	15.1
3	7.7	8.7	9.9	12.2	12.8	11.5	11.6	**10.4**	13.1	15.4	13.1	14.2
4	8.6	8.0	10.1	10.9	**13.5**	**12.2**	11.0	11.6	12.1	14.4	13.7	**16.9**
5	7.8	**7.7**	**12.8**	10.6	11.4	10.7	**12.8**	11.9	12.4	14.9	14.0	14.7
6	8.3	9.6	10.8	10.5	11.2	11.0	12.3	11.0	12.2	14.3	**12.8**	14.5
7	9.3	10.1	10.9	10.6	11.4	10.4	11.3	11.4	13.3	13.7	15.0	14.5
8	7.9	10.0	11.5	11.6	10.6	**9.6**	11.0	12.4	13.0	12.8	13.8	13.9
9	**7.3**	10.0	11.9	11.4	10.9	10.5	10.9	12.5	12.7	13.4	14.1	14.2
10	8.8	11.3	10.8	10.9	10.4	11.2	10.7	11.8	12.9	14.5	13.8	14.8
11	9.2	11.8	10.0	10.5	**8.7**	11.2	11.9	12.2	13.5	13.4	13.3	13.6
12	9.8	10.0	9.7	10.0	10.4	11.0	12.0	12.4	11.8	13.0	13.4	13.6
13	10.1	9.5	9.2	10.2	9.6	10.5	10.3	11.8	13.0	13.3	13.2	**13.5**
14	**10.3**	9.2	9.8	10.0	10.3	10.6	10.9	12.3	12.9	12.9	13.0	15.0
15	9.7	9.0	9.9	9.1	10.5	10.7	11.6	11.2	13.0	13.3	13.8	14.2
16	9.2	9.6	9.2	9.3	9.7	10.8	12.3	12.9	13.2	13.0	12.9	14.6
17	8.9	9.3	**8.4**	10.4	9.0	10.7	10.5	12.1	12.7	14.2	14.1	15.0
18	8.2	8.9	8.9	10.5	10.5	11.8	10.5	12.2	12.6	13.3	13.9	14.3
19	8.2	9.8	10.0	11.2	9.5	11.2	11.3	12.2	**11.5**	12.8	13.9	14.3
20	8.5	9.3	9.0	10.0	10.7	11.7	**10.0**	11.5	12.5	12.8	13.7	14.0
21	8.3	8.2	9.4	**8.6**	10.4	10.8	12.2	11.8	13.2	**11.1**	14.0	13.8
22	8.4	8.6	10.4	9.0	10.9	11.7	12.7	11.9	12.9	13.2	15.4	**13.5**
23	8.7	8.1	10.8	10.6	9.9	11.7	11.7	12.3	12.3	13.2	13.5	13.9
24	9.0	**14.8**	10.1	10.9	9.2	11.2	11.5	11.1	12.3	12.7	13.7	14.6
25	8.6	9.5	10.2	9.9	10.9	10.8	12.4	12.0	12.2	13.3	13.8	14.7
26	7.5	10.2	9.5	9.7	10.0	11.5	11.7	11.5	**15.9**	13.5	**16.5**	14.1
27	7.8	10.1	8.6	9.4	13.0	11.0	11.4	11.2	12.9	14.3	15.4	15.9
28	8.9	10.0	9.0	9.6	11.0	11.5	12.3	12.6	13.9	13.5	15.5	15.6
29	10.1	9.7	9.2	10.5	11.6	**12.2**	11.6	13.3	15.3	15.6	14.6	16.0
30	9.5		10.1	**12.3**	9.9	11.7	11.9	**13.8**	14.4	**17.3**	14.1	14.9
31	8.0		12.8		11.1		11.2	12.8		14.9		15.5
M	8.7	9.6	10.0	10.4	10.7	11.1	11.5	12.0	13.0	13.7	14.0	14.6

$y = 67°10'.0$ + Tafelwert.

Tag	Jan.	Febr.	März	April	Mai	Juni	Juli	Aug.	Sept.	Okt.	Nov.	Dez.
	′	′	′	′	′	′	′	′	′	′	′	′
1	3.2	3.6	2.7	3.7	3.1	2.5	2.7	1.9	3.0	2.9	3.4	2.0
2	2.4	3.2	1.9	3.5	3.2	2.1	2.3	1.5	3.4	2.6	3.0	2.9
3	2.0	2.8	2.3	3.8	2.9	2.0	2.5	2.1	3.2	3.0	2.8	2.5
4	2.5	2.3	4.3	**4.1**	2.8	1.8	2.5	1.6	2.6	3.2	2.5	2.8
5	4.1	1.8	**4.7**	3.4	2.9	1.8	2.9	1.5	3.0	**4.9**	2.3	2.5
6	3.5	2.5	3.3	3.1	3.4	1.7	**3.3**	2.2	2.8	3.8	2.0	2.6
7	3.4	4.1	3.7	3.2	**4.9**	1.2	2.6	2.2	2.2	3.2	1.9	2.2
8	3.0	3.4	4.5	3.0	3.6	0.7	2.6	2.3	3.4	2.6	2.0	2.1
9	2.5	3.2	3.7	2.7	2.4	1.4	2.5	2.2	3.5	2.4	1.9	1.8
10	3.3	3.3	3.5	2.7	1.7	1.5	2.7	2.3	3.1	2.4	1.8	2.6
11	3.0	3.2	3.2	2.9	1.6	1.9	2.5	1.7	2.7	2.4	2.1	2.5
12	3.2	3.0	3.3	2.2	1.6	1.6	1.9	2.3	2.4	2.5	1.9	2.4
13	3.7	3.0	2.9	2.1	1.5	1.5	1.6	2.4	2.4	2.3	1.6	**3.7**
14	3.1	2.9	2.8	2.1	1.3	1.7	2.0	2.3	2.2	2.4	**1.4**	3.1
15	4.5	2.4	2.7	2.4	2.3	1.9	2.0	1.5	2.3	2.2	2.1	2.1
16	3.5	4.3	2.8	2.0	1.6	2.5	2.4	1.7	1.9	**1.7**	2.3	2.5
17	3.1	3.4	3.0	2.6	**0.9**	2.0	2.0	1.2	2.2	2.6	2.5	2.4
18	2.6	2.5	2.8	1.7	1.5	1.7	1.8	1.7	1.8	2.9	2.3	1.8
19	2.5	2.8	2.1	2.4	2.2	1.6	1.6	2.2	1.7	2.7	2.4	2.0
20	2.5	2.9	1.8	2.0	2.0	1.4	**1.0**	2.3	**1.5**	2.6	**1,4**	1.6
21	2.4	2.0	2.3	3.1	1.9	1.1	2.5	1.3	2.2	2.6	2.5	**1.5**
22	2.5	2.1	2.6	3.9	1.8	**0.5**	2.2	1.4	2.4	2.2	3.1	2.2
23	3.3	**1.3**	2.8	3.0	1.0	2.3	2.0	1.5	1.8	2.2	2.1	1.8
24	3.0	**4.5**	2.9	2.3	1.0	2.4	1.6	**1.1**	2.0	1.9	2.2	2.7
25	2.9	3.4	3.1	2.4	1.7	2.3	1.9	1.8	**1.5**	1.8	2.0	2.9
26	**1.6**	2.6	2.4	1.6	1.3	1.7	2.0	1.3	2.5	3.9	3.0	2.2
27	3.0	3.1	2.6	**1.1**	3.9	2.1	1.5	1.9	3.0	2.9	**4.2**	2.1
28	3.4	3.7	**1.7**	2.4	2.6	2.2	1.3	1.8	3.4	2.4	3.0	3.2
29	**4.6**	3.0	**1.7**	2.5	2.6	1.5	1.9	1.7	**3.7**	3.5	2.8	3.5
30	3.7		2.2	3.4	2.4	**4.7**	1.7	2.0	3.5	3.6	2.2	3.6
31	2.6		3.8		2.3		1.8	**2.5**		4.2		2.5
M	3.1	3.0	2.9	2.7	2.3	1.8	2.1	1.9	2.6	2.8	2.4	2.5

$H = 0.18380$ Γ γ + Tafelwert.

Tag	Jan.	Febr.	März	April	Mai	Juni	Juli	Aug.	Sept.	Okt.	Nov.	Dez.
	γ	γ	γ	γ	γ	γ	γ	γ	γ	γ	γ	γ
1	24	19	29	16	23	37	39	47	32	34	28	49
2	33	24	40	17	23	43	45	53	27	38	34	38
3	39	29	35	12	27	45	43	46	30	32	37	43
4	32	36	4	**8**	28	46	41	50	38	26	42	39
5	10	45	**0**	19	28	47	41	54	36	**8**	45	41
6	19	32	11	21	21	49	**30**	41	37	22	48	42
7	22	11	17	22	**8**	55	40	43	41	32	49	47
8	27	19	5	25	20	62	40	41	25	40	48	49
9	34	22	16	29	38	53	41	43	24	42	49	52
10	23	21	19	26	47	50	40	41	31	42	50	41
11	26	19	23	28	49	46	40	50	37	42	47	43
12	24	23	23	37	48	51	48	41	40	39	50	44
13	18	25	28	38	51	50	52	41	42	43	53	**28**
14	21	27	29	40	52	49	46	42	43	42	55	36
15	9	33	31	37	42	44	46	54	42	45	46	49
16	22	7	28	41	48	38	41	49	46	**51**	45	44
17	27	21	27	33	**58**	46	48	55	41	39	43	44
18	32	32	29	45	50	47	48	49	47	35	46	54
19	34	26	39	34	40	51	51	42	49	37	44	50
20	32	28	42	40	43	52	**60**	41	**52**	39	**57**	56
21	34	40	35	30	45	56	38	55	40	41	40	**57**
22	33	39	28	16	47	**65**	41	53	40	44	33	49
23	23	**48**	24	30	56	40	46	51	48	44	46	54
24	26	**1**	27	38	56	38	51	**56**	46	48	45	41
25	28	20	25	37	44	43	48	47	**52**	49	47	39
26	**45**	31	34	47	52	50	45	52	35	21	33	48
27	28	23	32	**53**	14	46	53	46	33	34	**20**	49
28	20	18	**44**	37	37	43	53	48	28	42	34	36
29	**7**	27	43	31	33	53	46	50	**20**	27	39	31
30	18		36	18	35	**3**	49	41	22	24	46	30
31	32		11		37		49	**39**		18		45
M	26	26	26	30	39	47	45	47	37	36	43	44

$F = 0.47500$ Γ γ + Tafelwert.

Tag	Jan.	Febr.	März	April	Mai	Juni	Juli	Aug.	Sept.	Okt.	Nov.	Dez.
	γ	γ	γ	γ	γ	γ	γ	γ	γ	γ	γ	γ
1	28	30	27	26	**25**	40	52	46	45	45	**47**	57
2	30	29	29	25	29	44	52	**50**	44	47	48	56
3	29	29	29	19	28	44	57	**50**	45	46	52	56
4	27	29	16	19	27	41	52	47	48	**37**	52	54
5	**25**	27	17	24	30	43	**66**	**50**	**53**	45	52	**53**
6	28	29	**0**	**17**	28	44	48	41	49	45	52	56
7	32	26	**32**	24	**46**	45	51	48	43	50	51	56
8	31	25	25	28	35	48	52	47	39	51	51	57
9	**33**	26	24	27	41	46	52	47	39	50	52	57
10	32	23	27	21	40	44	55	45	44	49	53	56
11	31	18	27	32	42	43	48	48	45	51	54	58
12	29	23	31	29	40	47	50	46	44	46	54	58
13	30	25	31	30	42	42	51	**50**	48	50	54	56
14	27	26	30	34	38	46	49	46	48	48	50	58
15	**33**	27	30	36	37	42	48	49	46	49	49	58
16	**33**	24	29	36	39	45	48	45	46	50	52	59
17	**33**	27	29	32	41	47	51	44	44	48	**56**	58
18	32	29	31	33	43	42	46	45	45	50	**56**	59
19	32	25	31	30	37	46	46	43	46	47	**56**	58
20	27	**31**	29	31	40	44	50	45	46	49	54	**60**
21	30	30	30	**43**	40	45	46	47	39	**56**	**47**	59
22	30	**31**	21	33	44	49	**43**	46	44	51	49	**60**
23	31	29	15	37	41	40	46	43	47	49	50	59
24	28	**13**	28	39	41	42	47	44	47	49	51	59
25	32	27	31	36	34	**51**	48	44	47	47	51	57
26	31	30	28	37	39	49	44	41	36	44	**47**	59
27	**33**	27	31	36	27	50	48	44	47	47	53	58
28	27	29	**32**	36	43	46	45	45	46	48	50	**60**
29	**33**	**31**	29	26	34	48	46	47	39	47	54	57
30	29		27	22	33	**25**	44	**37**	**35**	41	**56**	59
31	32		16		34		50	45		46		58
M	30	27	26	30	37	44	49	46	44	48	52	58

Abweichung der fortlaufend gebildeten Tagesmittel vom Normalwert

Niemegk Weltzeit **1952**

Datum		Tagesmitte Uhr	Januar						Februar						März					
			1–15			16–31			1–15			16–29			1–15			16–31		
			X	Y	Z	X	Y	Z	X	Y	Z	X	Y	Z	X	Y	Z	X	Y	Z
		0	-154	95	77	-199	79	175	-26	-97	16	-70	-39	-70	-54	16	-13	-28	-57	-23
		6	-74	62	47	-124	26	117	-61	-53	45	-179	-37	-5	-26	-21	-42	-43	-26	-17
1	16	12	-53	16	35	-82	33	92	-120	18	58	-247	32	24	-30	-47	-43	-53	-20	-32
		18	-39	17	33	-68	16	80	-158	0	68	-321	40	54	-10	-62	-23	-48	-52	-57
		0	7	22	20	-40	29	77	-156	62	66	-245	99	79	24	-33	-29	-65	-36	-49
		6	27	6	10	-32	33	72	-126	33	34	-149	81	21	59	-37	-51	-83	-22	-16
2	17	12	36	-15	6	-32	18	63	-70	-23	18	-102	8	6	76	-51	-62	-57	-64	-21
		18	50	-19	0	-29	20	61	-50	-17	14	-50	-5	0	90	-53	-68	-69	-35	-3
		0	73	-31	-12	-24	9	51	-46	-7	16	0	-47	-18	145	-62	-97	-58	-38	10
		6	83	-41	-26	1	4	36	-22	-8	11	6	-51	-23	97	-125	-79	-37	-49	-15
3	18	12	93	-39	-27	15	-24	31	-14	-13	4	1	-14	-22	30	24	-46	-44	-41	-10
		18	91	-37	-35	26	-32	24	8	-20	-3	0	-6	-42	-53	45	-92	-26	-39	-5
		0	73	-26	-34	44	-34	19	46	-28	-15	-9	-4	-49	-240	28	-100	3	-3	-17
		6	22	-25	-17	45	-40	18	52	-42	-27	-27	15	-37	-292	110	-53	35	-3	-39
4	19	12	24	8	-13	39	-24	16	50	-53	-32	-53	38	-45	-278	49	-64	53	16	-55
		18	16	-27	-25	41	-21	11	55	-57	-39	-72	8	-30	-278	64	-59	55	20	-59
		0	-95	-60	0	29	-20	1	74	-56	-56	-80	38	-10	-268	86	-27	59	6	-67
		6	-160	-22	41	21	-20	-11	100	-59	-70	-72	78	4	-269	162	34	75	-5	-77
5	20	12	-194	-28	55	23	-12	-18	136	-74	-85	-38	8	9	-316	193	-27	84	-45	-84
		18	-201	-29	67	20	2	-22	156	-77	-97	-6	9	19	-325	195	-177	134	-40	-104
		0	-132	-10	58	28	-2	-13	167	-94	-99	34	-4	1	-288	206	-233	120	-64	-109
		6	-83	1	41	43	-14	-6	105	-118	-53	68	-55	-29	-256	107	-327	51	-66	-58
6	21	12	-102	-3	52	37	-24	3	10	32	-16	86	-60	-39	-204	80	-254	21	-21	-47
		18	-109	26	77	40	-14	3	-103	56	4	83	-54	-39	-175	66	-52	-47	-16	-83
		0	-67	40	82	44	-24	-5	-212	74	42	84	-62	-41	-179	76	26	-95	1	-81
		6	-79	42	93	44	-25	-12	-234	137	56	83	-51	-39	-166	131	73	-59	22	-104
7	22	12	-78	50	81	29	-19	0	-195	70	42	76	-37	-37	-145	79	50	-44	36	-118
		18	-63	36	68	30	-53	8	-163	90	33	81	-37	-42	-170	106	33	-64	90	-148
		0	-85	32	70	28	-59	4	-144	70	19	96	-37	-51	-191	81	22	-65	82	-166
		6	-47	13	49	-37	-49	41	-136	76	6	126	-42	-76	-226	76	19	-97	67	-174
8	23	12	-29	-29	47	-77	4	54	-118	58	-5	162	-69	-98	-264	115	28	-80	59	-157
		18	-6	-30	52	-85	4	41	-106	27	-7	122	159	-213	-235	113	17	-26	-6	-91
		0	21	-31	40	-112	27	52	-104	49	-7	-11	173	-222	-230	132	29	-31	8	-67
		6	50	-79	29	-95	63	41	-92	57	-5	-169	222	-118	-206	129	24	-31	38	-32
9	24	12	45	-66	36	-40	15	12	-91	54	-7	-290	309	-69	-158	133	-17	-65	23	-35
		18	17	-55	41	-34	19	17	-83	77	-3	-330	121	53	-155	118	-4	-101	30	-13
		0	9	-53	44	-23	23	27	-63	69	-5	-263	111	81	-128	93	-16	-89	21	0
		6	-52	-5	70	-19	2	35	-75	40	-14	-175	81	18	-113	83	-19	-84	17	-8
10	25	12	-64	20	66	-21	-12	37	-97	126	-34	-119	14	-2	-130	73	0	-75	28	-5
		18	-64	52	50	-3	-18	41	-119	188	-87	-42	9	-7	-145	66	-20	-63	18	-25
		0	-70	59	58	28	-31	27	-146	206	-91	-30	18	-26	-122	85	-22	-25	23	-39
		6	-41	51	54	102	-47	-13	-132	219	-95	-15	12	-26	-110	64	-36	3	-12	-60
11	26	12	-33	38	50	146	-79	-38	-112	149	-80	-6	44	-18	-94	26	-19	4	-20	-61
		18	-26	48	47	176	-92	-50	-96	77	-44	-52	20	-17	-59	22	3	-8	-28	-40
		0	-56	38	48	221	-115	-85	-72	62	-57	-84	5	-13	-59	27	13	-13	-58	-42
		6	-71	50	49	53	-115	14	-80	70	-45	-102	33	2	-69	13	16	-25	-42	-29
12	27	12	-57	73	37	-25	-56	54	-80	55	-47	-94	47	-20	-95	12	22	-20	-65	-26
		18	-78	53	39	-122	-24	78	-65	57	-38	-96	17	-36	-103	12	49	-7	-50	-23
		0	-80	63	38	-229	3	102	-51	56	-32	-105	29	-26	-98	25	41	29	-22	-15
		6	-113	68	69	-135	33	33	-62	29	-34	-132	65	10	-86	23	15	81	-36	-47
13	28	12	-119	83	66	-103	10	12	-64	28	-33	-140	38	32	-54	-16	2	98	-53	-63
		18	-114	89	55	-69	4	14	-78	22	-25	-110	58	58	-46	-6	0	122	-56	-73
		0	-109	101	50	-59	-16	23	-78	33	-18	-79	48	58	-41	-5	2	113	-46	-84
		6	-92	112	25	-125	-21	65	-45	26	-37	-69	12	30	-38	-2	-8	87	-68	-93
14	29	12	-89	98	25	-234	78	130	-49	7	-27	-53	20	13	-35	7	-17	97	-41	-100
		18	-111	81	45	-284	99	137	-28	9	-21	-60	39	-15	-20	30	-32	69	-20	-121
		0	-110	89	54	-295	127	143	-10	12	-26				-5	25	-42	86	-19	-129
		6	-162	97	101	-228	132	104	6	12	-39				-4	-2	-44	48	-47	-87
15	30	12	-205	67	139	-131	40	46	16	-7	-47				-20	16	-21	22	10	-85
		18	-193	94	167	-73	22	38	51	-1	-75				-11	-30	-13	-42	131	-179
		0				-14	9	31										-181	135	-157
		6				-3	-17	23										-198	200	-123
	31	12				12	-49	19										-219	167	-106
		18				30	-41	10										-204	62	-27

Einheit der Zahlen: 0.1^{γ}

Normalwerte für den Jahresanfang: X = $18\,388.2^{\gamma}$, Y = -865.6^{γ}, Z = $43\,817.3^{\gamma}$.

Abweichung der fortlaufend gebildeten Tagesmittel vom Normalwert

Niemegk Weltzeit **1952**

Datum		Tages-mitte Uhr	April 1–15 X	April 1–15 Y	April 1–15 Z	April 16–30 X	April 16–30 Y	April 16–30 Z	Mai 1–15 X	Mai 1–15 Y	Mai 1–15 Z	Mai 16–31 X	Mai 16–31 Y	Mai 16–31 Z	Juni 1–15 X	Juni 1–15 Y	Juni 1–15 Z	Juni 16–30 X	Juni 16–30 Y	Juni 16–30 Z
		0	-162	54	-32	23	-76	0	-151	62	107	80	-49	-35	24	17	21	26	-37	8
		6	-170	50	-33	45	-65	-14	-119	65	-98	108	-53	-41	27	25	7	28	-21	36
1	16	12	-183	18	-13	60	-50	-27	-110	46	-80	117	-58	-46	13	29	13	16	-21	39
		18	-129	56	-23	32	-40	-36	-110	20	-68	120	-55	-49	13	18	8	20	-18	41
		0	-154	65	-15	-6	-3	-27	-83	37	-56	142	-67	-40	51	23	16	60	-7	40
		6	-144	53	-29	18	28	-40	-113	34	-38	154	-72	-46	69	16	19	93	-25	28
2	17	12	-155	79	-43	-5	11	-36	-118	37	-40	221	-104	-59	72	12	26	93	-32	29
		18	-194	72	-64	20	22	-21	-136	30	-5	248	-72	-85	95	12	28	110	-17	10
		0	-215	55	-94	73	23	-36	-99	8	-21	226	-72	-67	80	10	21	98	5	15
		6	-233	110	-69	97	-23	-56	-50	29	-36	223	-59	-36	79	12	24	80	15	-3
3	18	12	-215	132	-81	111	10	-73	-79	131	-59	145	-18	0	89	22	21	103	24	-18
		18	-251	93	-44	89	30	-113	-63	196	-94	104	-90	9	91	51	9	116	24	-1
		0	-255	78	-22	52	19	-111	-73	215	-88	74	-79	-12	84	59	5	148	9	-4
		6	-255	59	-36	6	31	-72	-99	211	-111	32	-71	-7	99	60	-10	150	-7	-9
4	19	12	-254	56	-59	-2	54	-58	-67	160	-85	34	-70	-19	102	58	-21	136	-13	-4
		18	-198	56	-66	-11	44	-26	-60	131	-48	36	-22	-9	106	54	-14	112	-23	4
		0	-166	48	-62	-17	22	-36	-75	88	-49	50	5	0	122	32	-22	120	-8	-17
		6	-135	71	-81	29	29	-67	-71	83	-51	59	-16	-5	103	4	0	132	10	-19
5	20	12	-139	39	-55	50	-15	-76	-70	50	-44	80	-10	-15	110	-22	0	145	11	-26
		18	-161	61	-70	90	12	-90	-68	64	-24	94	-17	-4	105	-42	2	166	16	-32
		0	-160	86	-86	125	0	-102	-79	43	-43	103	-22	-6	113	-46	14	174	3	-15
		6	-148	39	-102	57	-178	29	-114	53	-48	104	-24	-14	135	-11	1	176	-32	-22
6	21	12	-120	31	-134	-49	-91	93	-133	44	-41	84	-27	-12	130	-7	-3	192	-39	-35
		18	-122	23	-104	-110	-117	119	-118	-6	-34	66	-13	-5	136	-15	3	207	-20	-48
		0	-107	13	-94	-274	-136	167	-161	1	-14	81	-15	17	120	-19	-1	259	-20	-76
		6	-105	26	-92	-259	54	83	-153	-4	147	111	6	19	136	-48	-11	306	-45	-51
7	22	12	-108	38	-57	-188	-57	46	-267	60	209	111	0	13	175	-48	-11	273	10	-20
		18	-81	19	-49	-158	-55	57	-307	122	238	124	-3	3	232	-37	-35	231	28	-34
		0	-83	49	-44	-50	-11	54	-258	157	240	151	-19	-29	257	-69	-41	118	11	-7
		6	-79	31	-38	-45	1	38	-262	93	77	164	-55	-61	252	-105	-23	10	24	15
8	23	12	-81	88	-47	-41	19	30	-149	11	34	189	-58	-65	250	-91	-17	25	15	-16
		18	-88	130	-47	-35	7	32	-104	-24	42	211	-68	-81	224	-113	-5	47	10	-64
		0	-63	118	-55	-10	12	23	-26	-31	42	206	-73	-94	202	-65	-6	18	25	-72
		6	-47	136	-68	21	6	21	36	17	35	196	-79	-70	182	-29	17	60	40	-17
9	24	12	-44	70	-63	40	33	13	28	18	25	193	-95	-66	159	-44	9	6	-6	5
		18	-56	60	-111	44	45	6	69	10	13	181	-43	-94	129	-32	8	-26	-32	-89
		0	-54	56	-111	39	36	13	73	22	4	127	-31	-66	117	-32	24	3	-22	114
		6	-69	46	-113	27	22	-5	93	2	-8	105	-16	-82	122	-21	2	-7	-33	72
10	25	12	-74	50	-116	23	-25	-10	110	-17	-24	83	-1	-87	132	-1	-11	54	-22	79
		18	-62	19	-37	49	-36	-18	99	-28	-21	83	-53	-49	128	0	-15	100	-5	51
		0	-44	29	-24	68	-31	-39	111	-37	-30	96	-62	-58	109	7	-17	123	-4	53
		6	-40	35	-27	109	-53	-51	110	-96	-23	134	-130	-50	105	10	-24	148	-4	48
11	26	12	-55	23	-16	119	-38	-45	126	-107	-4	156	-56	-65	91	-1	-6	128	2	33
		18	-28	21	-24	111	-31	-43	151	-139	-16	54	50	-198	96	1	6	108	-38	45
		0	-24	24	-37	126	-36	-48	159	-109	-9	-110	93	-147	128	11	16	82	-47	54
		6	1	-1	-61	135	-35	-53	127	-31	-10	-182	159	-55	145	3	15	83	-39	46
12	27	12	26	-6	-71	174	-63	-74	121	-18	-28	-218	124	-33	139	-17	11	84	-27	55
		18	41	-22	-94	190	-96	-111	111	-3	-21	-160	37	99	142	-20	15	72	-6	66
		0	53	-7	-93	156	-72	-115	124	-48	-21	-51	36	85	141	-37	-7	78	-7	53
		6	39	1	-80	83	-84	-49	140	-62	-19	-1	41	52	122	-42	-22	68	12	35
13	28	12	38	1	-76	12	-42	-9	146	-60	-25	11	5	50	133	-41	-33	54	-2	21
		18	29	16	-46	-28	12	-2	158	-45	-54	9	3	9	156	-36	-41	62	3	23
		0	47	2	-36	-53	-46	-30	133	-11	-49	-4	2	-17	140	-55	-39	81	-1	31
		6	49	-8	-29	-27	-47	-41	159	-12	-56	-32	26	47	133	-67	-9	107	-8	32
14	29	12	56	-15	-31	-33	7	-93	159	-29	-63	-34	37	-42	123	-35	13	154	30	15
		18	57	-28	-33	-93	55	-134	139	-33	-40	-40	4	-22	91	-60	8	137	43	-111
		0	69	-43	-36	-152	104	-92	130	-24	-45	-30	-34	-30	94	-41	3	-154	28	-166
		6	32	-54	-8	-189	157	-92	81	-17	-41	-28	-38	-48	79	-2	-11	-251	48	-85
15	30	12	19	-57	0	-167	108	-93	68	-15	-28	-19	-52	-62	71	-33	-15	-345	28	-31
		18	20	-67	-1	-137	72	-115	68	-19	-20	-12	-4	-85	59	-25	-6	-390	30	128
		0										24	9	-78						
		6										13	4	-62						
	31	12										6	8	-51						
		18										14	1	9						

Einheit der Zahlen: 0.1 γ

Den Zahlen liegt die Annahme eines gleichmäßigen Ganges der Normalwerte des Jahres zugrunde.

Abweichung der fortlaufend gebildeten Tagesmittel vom Normalwert

Niemegk — Weltzeit — 1952

Datum		Tagesmitte Uhr	Juli						August						September					
			1–15			16–31			1–15			16–31			1–15			16–30		
			X	Y	Z	X	Y	Z	X	Y	Z	X	Y	Z	X	Y	Z	X	Y	Z
		0	-128	67	200	39	20	41	31	-50	38	139	-4	-34	-44	29	-54	28	-3	-28
		6	-89	76	134	37	28	40	68	-42	10	129	18	-45	-72	63	13	30	8	-30
1	16	12	11	65	107	25	28	41	82	-45	-7	85	29	-41	-92	28	22	39	20	-40
		18	65	43	94	33	2	44	106	-10	-13	114	9	-48	-154	30	64	27	21	-36
		0	90	27	94	56	-44	39	116	23	-10	164	-22	-66	-182	35	86	12	30	-40
		6	122	12	88	71	-59	41	126	13	11	132	-65	-64	-170	43	55	2	24	-42
2	17	12	72	0	93	95	-73	42	136	-10	13	148	-20	-70	-136	51	41	-4	-6	-41
		18	74	-18	94	116	-74	35	149	-60	11	110	-22	-88	-158	36	43	2	-16	-39
		0	74	-12	97	117	-58	25	158	-104	-13	65	-2	-67	-105	48	26	35	-20	-41
		6	78	-4	122	107	-86	12	90	-120	28	91	20	-49	-92	36	17	55	-21	-53
3	18	12	55	3	147	94	-73	-6	56	-92	39	84	-8	-41	-115	34	23	57	-16	-54
		18	32	8	149	84	-52	-6	16	-60	47	54	-10	-27	-80	37	32	65	-29	-56
		0	30	4	131	103	-52	-12	9	-43	64	36	-12	-22	-55	7	32	46	-34	-53
		6	10	-26	121	110	-24	-19	63	-22	12	34	2	-35	-47	-15	30	56	-71	-43
4	19	12	36	-32	101	120	-36	-23	101	-25	-13	21	-9	-33	-34	-24	29	69	-74	-46
		18	73	-24	88	157	-20	-42	127	-10	-37	19	-30	-21	-31	-26	34	74	-63	-46
		0	73	-56	105	175	-22	-57	139	0	-28	-12	-53	-14	2	-17	30	86	-55	-38
		6	103	-18	210	182	-92	-23	155	7	-13	-8	-55	-4	13	-45	60	83	-37	-47
5	20	12	34	63	243	208	-105	-10	148	-19	-4	9	-48	-8	-53	-8	91	96	-25	-63
		18	-29	91	257	159	-123	-36	144	-62	-13	54	10	-7	-55	-10	88	86	16	-122
		0	-80	119	237	64	-96	-4	92	-77	-31	117	19	-18	-75	-12	95	38	27	-118
		6	-130	113	125	29	-7	38	35	-68	-42	149	-4	-35	-97	18	67	15	34	-104
6	21	12	-80	43	94	-7	26	30	16	-61	-42	150	-36	-43	-39	-18	42	-22	18	-84
		18	-56	9	89	-8	46	59	26	-31	-30	155	-67	-44	-26	-24	43	-20	-31	-26
		0	-4	11	99	8	51	58	19	-26	-2	129	-66	-39	-20	-21	24	2	-26	-33
		6	26	-10	100	19	34	-14	35	-45	16	121	-47	-41	14	-44	-7	-13	-19	-37
7	22	12	17	-19	100	22	42	-14	32	-40	21	122	-34	-47	0	33	-47	-16	-4	-33
		18	31	-11	104	32	24	-4	7	-46	47	128	6	-65	-50	28	-90	-14	1	-29
		0	10	5	102	64	19	-9	5	-10	45	121	30	-73	-114	28	-87	10	-5	-30
		6	-6	-21	109	69	7	-3	3	8	27	106	-2	-80	-163	102	-41	39	-11	-32
8	23	12	22	-34	100	73	-9	-4	12	13	15	109	-12	-80	-161	29	-17	64	-37	-43
		18	45	-39	83	88	-12	-10	18	13	16	113	-47	-61	-160	8	-26	91	-41	-50
		0	33	-72	76	110	-22	-8	27	7	7	125	-57	-61	-186	33	-6	83	-46	-52
		6	33	-55	84	127	-25	-10	33	-1	7	151	-75	-87	-186	19	-6	53	-48	-49
9	24	12	25	-40	90	119	-26	-8	35	18	10	160	-78	-91	-170	11	-7	35	-34	-36
		18	5	-56	101	101	-16	-2	55	40	-31	151	-80	-93	-142	50	15	14	-26	-39
		0	5	-23	114	82	-19	-4	73	15	-49	109	-84	-80	-104	29	13	29	-26	-35
		6	28	5	121	90	10	4	48	-13	-24	76	-45	-49	-98	7	-9	78	-40	-48
10	25	12	17	-2	141	87	26	11	14	-21	-7	64	-27	-45	-107	17	7	102	-46	-57
		18	11	10	123	94	20	-17	13	-41	22	66	-29	-49	-100	22	37	70	150	-135
		0	37	15	103	86	15	-15	16	-8	48	81	-20	-74	-46	38	17	11	181	-141
		6	15	12	77	67	10	-13	48	23	19	105	-38	-95	-60	36	12	-28	185	-121
11	26	12	20	11	55	57	-15	-15	105	-4	-6	111	-59	-100	-40	44	2	-59	163	-111
		18	49	21	59	48	-25	16	87	17	-23	111	-56	-108	-40	54	-23	-27	-28	-30
		0	57	21	68	76	-36	14	62	-14	-30	107	-92	-92	-49	34	-18	-18	-68	-25
		6	80	21	50	102	-50	5	53	-12	-12	77	-74	-58	2	-36	-44	-76	-28	10
12	27	12	102	15	37	138	-35	-4	10	9	3	58	-72	-48	-14	-52	-23	-91	2	20
		18	106	11	42	160	0	-15	-7	-17	37	45	-74	-36	-21	-53	11	-108	-15	28
		0	120	-19	21	166	20	-23	14	-5	48	71	-21	-39	-11	-36	19	-128	-30	40
		6	134	-68	31	164	30	-40	12	-13	48	80	6	-48	-14	27	34	-91	-70	18
13	28	12	124	-83	34	138	11	-43	10	-27	46	75	6	-51	3	11	10	-142	51	30
		18	132	-110	20	120	-15	-30	8	-24	46	87	4	-56	37	-4	-14	-163	89	-3
		0	124	-91	32	85	-24	-20	6	-24	28	118	-17	-62	43	-20	-26	-220	70	14
		6	71	-61	36	70	-26	-8	14	5	8	120	-37	-44	17	-17	-1	-257	126	57
14	29	12	73	-44	32	69	-24	-8	17	1	2	92	42	-24	14	3	-3	-216	130	-17
		18	47	-14	33	75	-12	-17	40	-4	-7	39	116	-54	-15	13	6	-235	143	-72
		0	48	-24	31	78	1	-23	70	-30	-9	17	138	-68	-4	23	13	-208	192	-84
		9	79	-12	24	85	-5	-37	95	-53	1	-2	128	-93	15	9	-18	-202	205	-106
15	30	12	74	-8	21	97	-9	-10	136	-63	-14	-1	69	-100	8	9	-17	-199	82	-53
		28	54	-1	34	151	-30	-50	138	-38	-22	13	0	-54	29	11	-21	-190	54	35
		0				156	-66	-39				-7	-32	-13						
		6				120	-66	-1				-24	-13	5						
	31	12				97	-46	27				-14	15	-3						
		18				31	-55	43				41	22	-57						

Einheit der Zahlen: 0.1 γ

Den Zahlen liegt die Annahme eines gleichmäßigen Ganges der Normalwerte des Jahres zugrunde.

Abweichung der fortlaufend gebildeten Tagesmittel vom Normalwert

Niemegk Weltzeit **1952**

Datum		Tagesmitte Uhr	Oktober						November						Dezember					
			1–15			16–31			1–15			16–30			1–15			16–31		
			X	Y	Z	X	Y	Z	X	Y	Z	X	Y	Z	X	Y	Z	X	Y	Z
		0	-135	68	29	62	1	-25	-227	108	77	55	-26	-40	31	3	13	47	-10	22
		6	-95	37	3	79	-21	-32	-183	72	37	20	-47	-17	46	-24	12	-2	-27	44
1	16	12	-85	42	-4	75	-23	-32	-152	81	21	4	-53	-3	34	0	18	-17	16	55
		18	-53	36	-3	83	-32	-44	-144	99	20	-18	-43	9	12	28	8	-35	28	59
		0	-35	17	-9	41	-33	-37	-132	96	9	-57	-13	32	12	33	6	-59	29	64
		6	-35	7	-9	10	12	-17	-114	94	2	5	-11	15	-73	59	59	-22	58	49
2	17	12	-42	37	-6	-44	53	1	-98	47	5	-15	14	41	-68	56	57	-14	36	41
		18	-40	24	-14	-64	48	16	-77	29	20	-26	26	56	-95	44	71	14	26	39
		0	-37	37	-6	-91	39	24	-82	16	35	-4	17	49	-116	42	79	63	6	27
		6	-74	43	23	-125	17	37	-64	-18	30	-21	29	55	-28	12	29	84	-14	19
3	18	12	-99	129	17	-82	1	28	-72	-25	36	6	0	32	-25	6	33	78	-10	15
		18	-138	154	-19	-90	10	33	-80	-11	39	13	-11	28	40	54	-5	69	-11	13
		0	-195	121	-41	-95	13	31	-58	-2	37	-9	-4	41	14	68	4	29	8	26
		6	-214	156	-31	-75	1	9	-23	15	20	-15	1	43	-28	126	31	25	23	26
4	19	12	-166	77	-54	-67	-28	-2	-18	6	17	-8	-2	40	-54	148	32	37	-9	20
		18	-192	53	-19	-64	-25	-6	-2	-1	19	13	9	31	-98	111	53	62	-20	17
		0	-264	48	39	-32	-20	-14	0	9	12	55	1	10	-101	103	45	87	-21	15
		6	-280	114	73	-42	-32	-2	0	10	10	92	-11	-11	-67	67	20	84	-23	15
5	20	12	-341	111	107	-41	-34	2	11	21	7	118	-17	-32	-39	27	9	95	-29	9
		18	-328	141	112	-31	-32	2	34	9	-8	157	-45	-65	-39	13	29	100	-33	5
		0	-267	181	79	-3	-47	0	50	-14	-18	67	-59	-68	-30	24	31	105	-48	-3
		6	-232	118	38	4	-117	20	43	-51	-21	-5	-26	-50	-32	14	31	109	-49	-5
6	21	12	-203	75	45	-23	-123	69	38	-47	-17	-47	5	-35	-40	16	40	99	-41	-2
		18	-174	50	68	-29	-119	80	28	-20	-18	-97	61	-29	-23	30	39	95	-32	-2
		0	-133	43	76	-44	-101	86	29	-18	-19	-65	82	-23	5	21	35	99	-35	0
		6	-121	16	63	-14	-9	56	44	14	-19	-97	93	-8	6	22	28	56	-51	20
7	22	12	-112	32	57	6	-11	5	48	69	-25	-113	84	2	8	19	23	18	-48	46
		18	-90	27	38	0	-10	-4	20	64	-17	-114	32	23	18	15	16	-10	-37	57
		0	-67	36	38	-6	-1	-4	8	67	-17	-84	17	14	15	14	18	-40	-28	65
		6	-47	-9	30	-2	-14	-13	8	61	-13	-22	-8	-14	27	-1	19	24	-20	39
8	23	12	-29	-21	34	8	-15	-17	34	3	-30	4	-25	-33	34	-14	16	71	-35	11
		18	-28	-8	32	23	-18	-19	53	19	-35	9	-17	-38	33	-23	18	112	-53	-5
		0	-19	-22	32	28	-33	-23	67	18	-29	5	-7	-27	40	-20	20	115	-65	-17
		6	-5	5	25	38	-28	-29	73	31	-31	-5	-4	-15	58	-7	15	4	-41	34
9	24	12	-9	9	16	45	-39	-38	48	19	-21	0	-12	-12	63	-9	9	-59	7	60
		18	-16	23	21	55	-44	-48	46	0	-13	12	-12	-18	78	-15	1	-105	19	55
		0	-9	26	6	94	-49	-63	50	7	-10	26	-14	-24	79	-7	-5	-141	34	77
		6	9	26	-2	62	-41	-57	56	1	-12	24	-18	-29	14	-18	15	-104	32	61
10	25	12	-5	70	-2	51	-11	-60	58	-4	-12	18	-11	-31	-38	29	41	-74	9	47
		18	-4	40	-1	40	-9	-120	57	-5	-12	14	-8	-23	-56	19	53	-58	-4	61
		0	-2	41	6	-29	-4	-111	40	-14	-5	7	-33	-28	-71	-5	59	-20	-17	51
		6	-24	46	16	-172	-9	-13	32	-34	4	-40	-15	-11	-57	-1	59	8	-7	37
11	26	12	-12	10	18	-228	9	20	24	-25	15	-110	138	-17	-32	-35	45	15	-22	32
		18	0	15	-14	-261	37	75	22	-21	21	-167	141	-7	-17	-27	36	18	-15	31
		0	-32	18	-15	-266	46	97	34	-25	20	-246	143	31	-11	-19	37	20	1	30
		6	-30	12	-17	-129	78	14	46	-9	15	-294	191	83	-42	-27	45	42	-17	18
12	27	12	-39	-6	-25	-103	49	-2	54	-20	6	-248	84	96	-23	-36	43	29	73	19
		18	-52	11	6	-92	24	4	65	-29	3	-231	70	76	-20	-47	31	-37	118	46
		0	-24	1	10	-59	12	-1	49	-19	4	-189	94	60	-102	-63	41	-47	118	51
		6	-2	13	2	-41	5	-3	57	-23	0	-124	77	24	-140	-44	71	-92	114	71
13	28	12	3	1	0	-21	-1	-16	86	-40	-9	-110	83	17	-180	-36	91	-100	60	86
		18	3	-13	0	-13	0	-13	102	-49	-15	-112	95	40	-235	0	127	-71	48	60
		0	1	-21	-14	-33	15	-10	130	-61	-39	-83	95	42	-186	40	133	-108	48	62
		6	1	-22	-13	-80	6	10	130	-70	-59	-71	77	34	-118	45	98	-137	93	75
14	29	12	-12	-19	-11	-156	115	31	107	-49	-69	-69	36	37	-96	43	81	-155	85	77
		18	-10	-16	-5	-175	141	-17	103	-34	-82	-42	23	30	-60	45	63	-167	54	90
		0	5	-10	-3	-175	151	-25	60	-32	-72	-34	14	34	-28	22	47	-189	56	100
		6	3	-5	-5	-199	198	-3	25	-12	-49	-5	7	18	10	7	30	-180	53	111
15	30	12	20	0	-9	-186	212	-18	13	-2	-39	0	2	17	28	-5	25	-160	23	102
		18	37	-3	-18	-198	171	0	6	-12	-32	5	7	24	31	-24	25	-131	41	95
		0				-225	140	10										-69	35	78
		6				-263	157	38										-40	17	54
	31	12				-255	81	53										-14	49	37
		18				-250	83	76										-19	48	31

Einheit der Zahlen: 0.1 γ

Normalwerte für den Jahresschluß: X = 18407.3 γ, Y = − 832.8 γ, Z = 43841.0 γ (nach vorläufiger Berechnung.)

Monatsmittel des täglichen Ganges, dargestellt durch Stundenmittel

Niemegk | Weltzeit | 1952

ΔX — Nordkomponente

	0h–1h	1h–2h	2h–3h	3h–4h	4h–5h	5h–6h	6h–7h	7h–8h	8h–9h	9h–10h	10h–11h	11h–12h	12h–13h	13h–14h	14h–15h	15h–16h	16h–17h	17h–18h	18h–19h	19h–20h	20h–21h	21h–22h	22h–23h	23h–24h	T.-M.
	γ	γ	γ	γ	γ	γ	γ	γ	γ	γ	γ	γ	γ	γ	γ	γ	γ	γ	γ	γ	γ	γ	γ	γ	γ
J.	0.7	1.6	1.7	4.1	6.0	9.6	**10.9**	8.1	1.8	-4.2	-6.6	-7.3	-6.1	-6.4	-9.7	-7.4	**-9.8**	-3.4	-1.9	-0.5	4.3	5.0	6.4	3.6	18384.9
F.	3.6	3.9	3.2	1.7	3.2	6.6	8.3	3.2	-3.9	-8.1	-10.5	**-12.4**	-9.9	-7.0	-4.8	-5.4	-4.4	-2.9	-0.1	**9.7**	4.7	7.2	8.0	5.9	385.0
M.	5.7	5.6	5.8	4.3	6.9	7.2	3.8	-1.1	-9.7	-16.1	**-20.8**	-16.2	-12.3	-9.9	-8.1	-7.0	-6.4	2.7	6.1	8.7	10.7	13.4	11.3	**15.5**	385.7
A.	12.7	8.8	4.5	3.7	3.8	3.5	-3.9	-12.1	-17.2	-22.4	**-24.1**	-21.3	-14.8	-9.8	-6.9	-2.8	3.7	9.0	9.9	12.8	**17.2**	14.8	15.1	15.2	389.8
M.	16.4	11.2	4.2	3.1	-0.8	-4.5	-10.7	-21.1	-26.7	**-27.7**	-20.5	-13.1	-11.6	-6.8	-3.0	3.7	8.7	11.0	**18.3**	**18.3**	14.5	13.9	12.5	10.6	398.3
J.	10.5	8.7	11.2	10.5	8.6	-1.1	-8.8	-15.9	-23.4	**-23.7**	-21.2	-21.0	-18.2	-13.0	-4.9	1.4	7.2	9.5	14.7	**16.0**	15.5	14.9	12.7	9.8	406.6
J.	8.4	7.2	6.6	6.4	5.1	0.9	-3.8	-13.3	-17.4	-20.7	**-21.2**	-20.7	-16.3	-12.6	-5.8	0.1	5.0	11.2	14.3	12.7	**15.0**	13.5	12.5	11.7	405.1
A.	6.9	7.3	7.1	5.9	3.7	2.1	-2.0	-10.8	-17.3	**-19.7**	-18.6	-15.9	-11.0	-6.8	-2.1	0.2	2.5	5.3	9.9	12.4	**13.1**	9.6	10.6	7.1	407.2
S.	11.8	9.5	9.4	6.6	6.8	5.7	-3.3	-12.7	-21.4	**-23.2**	**-23.2**	-18.6	-11.0	-9.6	-4.1	-1.2	3.6	6.5	8.0	9.3	**15.4**	13.5	12.3	11.1	397.6
O.	7.8	7.7	6.2	8.3	8.3	7.3	4.4	-0.5	-7.3	**-14.0**	-11.6	-11.3	-9.8	-9.0	-7.3	-9.9	-5.0	-5.0	0.6	5.7	**9.9**	5.6	8.8	9.2	396.4
N.	2.0	3.0	0.5	3.8	6.9	**10.4**	9.0	4.4	-1.8	-7.5	-7.9	-8.1	-6.0	-6.2	**-8.7**	-7.3	-5.4	-1.4	2.2	5.7	3.7	3.3	3.6	1.6	403.6
D.	-0.3	-0.3	-1.4	0.9	4.4	6.6	**7.0**	5.4	3.5	-0.8	0.9	3.0	1.5	-2.8	-8.3	**-9.4**	-7.4	-6.7	-3.4	0.9	1.9	1.7	1.9	1.9	404.6
S. S.	1.5	2.0	1.0	2.6	5.1	8.3	**8.8**	5.3	-0.1	-5.2	-6.0	-6.2	-5.1	-5.6	**-7.9**	-7.4	-6.8	-3.6	-0.8	4.0	3.6	4.3	5.0	3.2	394.5
Äqu.	9.5	7.9	6.5	5.7	6.4	5.9	0.2	-6.6	-13.9	-18.9	**-19.9**	-16.8	-12.0	-9.6	-6.6	-5.2	-1.0	3.3	6.2	9.1	**13.3**	11.8	11.9	12.8	392.4
N. S.	10.6	8.6	7.3	6.5	4.2	-0.6	-6.3	-15.3	-21.2	**-23.0**	-20.4	-17.7	-14.3	-9.8	-4.0	1.4	5.8	9.2	14.3	**14.8**	14.5	13.0	12.1	9.8	404.3
W.	3.2	3.6	2.7	3.8	6.0	**8.0**	7.2	3.2	-2.9	-8.4	**-9.4**	-8.7	-7.1	-6.9	-7.8	-7.7	-6.4	-2.8	0.6	5.0	5.9	6.0	6.7	6.3	393.4
S.	11.1	8.8	7.2	6.0	4.5	1.1	-5.4	-14.3	-20.6	**-22.9**	-21.5	-18.4	-13.8	-9.8	-4.5	0.2	5.1	8.8	12.5	13.6	**15.1**	13.4	12.6	10.9	400.8
J.	7.2	6.2	4.9	4.9	5.2	4.5	0.9	-5.5	-11.7	**-15.7**	-15.4	-13.6	-10.5	-8.3	-6.1	-3.8	-0.6	3.0	6.6	9.3	**10.5**	9.7	9.6	8.6	397.1

ΔY — Ostkomponente

	0h–1h	1h–2h	2h–3h	3h–4h	4h–5h	5h–6h	6h–7h	7h–8h	8h–9h	9h–10h	10h–11h	11h–12h	12h–13h	13h–14h	14h–15h	15h–16h	16h–17h	17h–18h	18h–19h	19h–20h	20h–21h	21h–22h	22h–23h	23h–24h	T.-M.
	γ	γ	γ	γ	γ	γ	γ	γ	γ	γ	γ	γ	γ	γ	γ	γ	γ	γ	γ	γ	γ	γ	γ	γ	γ
J.	5.3	2.6	0.0	-3.0	-3.3	-4.0	-2.0	1.8	1.1	-3.1	-9.7	-16.1	**-18.8**	-16.6	-5.6	-7.1	-2.4	10.1	5.8	11.3	**16.8**	14.8	11.9	11.3	-863.7
F.	7.0	2.6	4.6	3.1	1.3	-1.2	-0.1	-0.8	-2.0	-7.9	-15.5	**-20.8**	-19.9	-18.2	-12.5	-2.2	2.4	3.4	6.1	13.0	**18.1**	13.0	12.4	12.9	858.7
M.	6.2	8.7	7.1	2.7	0.9	-1.2	6.0	9.3	4.8	-3.9	-15.3	-25.3	**-29.3**	-26.8	-20.9	-7.3	-0.5	6.9	12.6	12.4	**16.1**	12.6	10.0	13.9	856.7
A.	7.9	8.6	10.9	10.3	9.2	10.5	14.1	**16.2**	10.9	3.5	-10.3	-26.5	**-36.6**	-35.2	-30.0	-21.3	-8.7	4.4	13.7	11.8	10.0	11.9	8.9	4.9	854.7
M.	7.7	11.0	9.7	14.4	17.1	20.6	**23.2**	19.4	10.3	-1.6	-17.4	-31.0	**-35.0**	-30.0	-23.1	-15.2	-8.6	-2.2	0.8	2.3	4.5	8.9	8.0	6.9	853.6
J.	5.9	8.9	13.2	14.7	17.4	22.8	**25.9**	25.6	17.8	4.4	-10.7	-23.2	-28.9	**-31.7**	-25.1	-19.2	-14.4	-9.1	-6.0	-3.2	-0.4	3.2	6.6	4.4	851.5
J.	7.8	8.4	9.6	12.3	15.5	20.3	22.4	**22.6**	16.5	6.2	-6.3	-17.2	-26.0	**-27.4**	-27.2	-18.6	-13.4	-7.9	-5.7	-4.8	-1.8	1.5	4.7	7.6	849.1
A.	8.4	5.4	9.5	11.6	14.4	18.1	22.4	**22.6**	15.5	2.2	-14.4	-28.8	**-32.7**	-29.8	-24.6	-17.3	-8.1	-3.0	-0.5	2.6	3.8	6.2	8.8	8.0	847.1
S.	11.7	12.2	8.5	6.8	5.8	5.8	10.2	**12.6**	8.8	-1.2	-13.6	-25.6	**-30.8**	-26.0	-17.6	-8.5	-0.9	-2.8	2.1	4.3	9.3	12.1	9.1	8.1	841.1
O.	6.7	5.5	0.6	2.2	-2.3	-3.5	1.0	8.5	9.0	0.3	-14.2	-21.6	**-25.3**	-21.7	-14.9	-7.6	0.0	3.3	8.5	13.9	**19.0**	12.6	10.4	8.7	837.1
N.	0.7	2.0	0.1	-0.4	-0.9	-0.8	-0.8	0.3	0.3	-5.7	-12.6	**-16.2**	-14.2	-10.4	-5.7	-1.7	2.4	1.8	8.2	**13.6**	11.3	10.0	11.2	6.8	835.7
D.	7.4	4.5	3.5	0.5	-0.1	-4.3	-4.6	-4.2	-6.7	-9.0	**-12.3**	-11.7	-9.9	-6.8	-3.9	-3.6	-1.2	2.4	8.4	**12.4**	11.2	9.6	9.1	9.6	833.0
S. S.	5.1	2.9	2.0	0.0	-0.8	-2.6	-1.9	-0.7	-1.8	-6.4	-12.5	**-16.2**	-15.7	-13.0	-6.9	-3.6	0.3	4.4	7.1	12.6	**14.4**	11.8	11.2	10.2	847.8
Äqu.	8.1	8.8	6.8	5.5	3.4	2.9	7.8	11.6	8.4	-0.3	-13.4	-24.8	**-30.5**	-27.4	-20.8	-11.2	-2.5	3.0	9.2	10.6	**13.6**	12.3	9.6	8.9	847.4
N. S.	7.4	8.4	10.5	13.2	16.1	20.4	**23.5**	22.6	15.0	2.9	-12.2	-25.0	**-30.6**	-29.7	-25.0	-17.6	-11.1	-5.6	-2.8	-0.8	1.5	5.0	7.0	6.7	850.3
W.	5.6	4.3	2.6	0.8	-0.7	-2.5	-0.1	2.5	1.1	-4.9	-13.3	-18.6	**-19.6**	-16.8	-10.6	-4.9	0.1	4.6	8.3	12.8	**15.4**	12.1	10.8	10.5	847.5
S.	8.2	9.1	10.2	11.7	13.2	16.4	19.7	**19.8**	13.3	2.2	-12.1	-25.4	**-31.7**	-30.0	-24.6	-16.7	-9.0	-3.4	0.7	2.2	4.2	7.3	7.7	6.6	849.5
J.	6.9	6.7	6.4	6.3	6.2	6.9	9.8	**11.2**	7.2	-1.3	-12.7	-22.0	**-25.6**	-23.4	-17.6	-10.8	-4.4	0.6	4.5	7.5	9.8	9.7	9.3	8.6	848.5

ΔZ — Vertikalkomponente

	0h–1h	1h–2h	2h–3h	3h–4h	4h–5h	5h–6h	6h–7h	7h–8h	8h–9h	9h–10h	10h–11h	11h–12h	12h–13h	13h–14h	14h–15h	15h–16h	16h–17h	17h–18h	18h–19h	19h–20h	20h–21h	21h–22h	22h–23h	23h–24h	T.-M.
	γ	γ	γ	γ	γ	γ	γ	γ	γ	γ	γ	γ	γ	γ	γ	γ	γ	γ	γ	γ	γ	γ	γ	γ	γ
J.	-3.4	-4.1	-4.3	-5.4	-5.7	**-6.1**	-5.3	-5.2	-4.6	-3.5	-3.4	-4.2	-1.5	3.9	8.6	8.4	9.6	**10.3**	8.8	7.2	3.8	0.7	-2.1	-3.4	43822.1
F.	-6.9	**-7.7**	-7.4	-7.0	-5.6	-4.7	-3.5	-2.5	-2.8	-3.6	-2.9	-1.5	1.1	5.3	8.0	9.5	10.7	**11.1**	9.8	5.8	3.6	0.3	-3.3	-5.0	818.3
M.	-11.1	**-12.4**	-11.8	-9.2	-8.8	-6.2	-2.5	-1.3	-3.3	-6.5	-7.7	-5.8	-0.6	4.5	11.3	18.3	**19.0**	16.8	14.0	10.5	7.0	1.9	-5.0	-10.3	817.4
A.	-8.0	-8.7	-8.3	-7.0	-6.5	-3.9	-1.6	-1.7	-4.8	-9.0	-12.2	**-12.6**	-8.0	1.6	10.1	14.4	19.7	**20.5**	17.6	12.2	4.9	1.6	-2.5	-7.4	819.9
M.	-11.3	-12.0	-10.2	-5.8	-2.0	-0.5	0.3	-0.7	-4.6	-9.4	**-13.7**	-12.7	-5.6	2.8	8.8	12.9	**17.0**	16.8	14.1	10.6	7.0	3.4	-0.4	-4.2	823.5
J.	-2.3	-2.8	-3.3	-3.2	-4.3	-4.6	-3.4	-3.8	-6.4	-9.6	**-11.3**	-9.9	-6.1	0.6	7.2	10.0	11.1	**11.8**	10.4	8.6	5.7	3.8	1.3	-0.4	828.5
J.	-1.9	-1.9	-1.3	-0.5	-0.6	-1.2	-1.1	-1.5	-4.8	-7.8	-10.7	**-11.6**	-8.7	-2.8	4.2	8.4	10.6	**10.9**	9.1	7.7	4.2	2.4	0.7	-1.4	834.5
A.	-0.4	-2.8	-3.8	-2.0	-0.8	-0.4	0.7	0.0	-3.2	-8.4	**-11.8**	-11.5	-7.4	-1.7	2.8	7.5	**9.2**	8.7	7.6	6.8	4.9	4.0	1.9	0.8	829.6
S.	**-9.4**	-8.4	-8.0	-6.5	-4.9	-2.7	0.7	1.2	-0.6	-4.5	-6.7	-5.9	-2.1	2.8	7.0	11.0	**11.5**	9.4	9.0	8.5	4.5	1.5	-1.6	-6.2	832.5
O.	-5.4	-5.6	-6.4	-6.4	-4.8	-3.1	-0.7	0.0	-2.9	-7.1	**-8.0**	-5.6	-2.8	1.0	6.1	10.7	11.2	**11.6**	10.5	7.6	3.8	1.8	-1.7	-3.4	836.7
N.	-3.5	-3.5	-2.3	-2.5	-2.3	-2.5	-2.5	-2.0	-2.5	-4.3	**-4.6**	-2.4	0.3	3.6	5.1	5.9	**6.3**	5.5	4.7	3.0	2.6	1.0	-0.6	-1.9	838.0
D.	-2.7	-3.0	-2.9	-3.1	-3.6	-3.5	-3.7	-4.6	**-5.1**	-3.9	-2.5	-1.7	0.5	2.8	5.4	**6.6**	6.5	**6.6**	5.9	4.7	3.1	1.2	0.4	2.1	843.9
S. S.	-4.1	**-4.6**	-4.2	-4.5	-4.3	-4.2	-3.8	-3.6	-3.8	-3.8	-3.4	-2.4	0.1	3.9	6.8	7.6	8.3	**8.4**	7.3	5.2	3.3	0.8	-1.6	-3.1	830.6
Äqu.	-8.5	**-8.8**	-8.6	-7.3	-6.2	-4.0	-1.0	-0.4	-2.9	-6.8	-8.6	-7.5	-3.4	2.5	8.6	13.6	**15.4**	14.6	12.8	9.7	5.0	1.7	-2.7	-6.8	826.6
N. S.	-4.0	-4.9	-4.6	-2.9	-1.9	-1.7	-0.9	-1.5	-4.8	-8.8	**-11.9**	-11.4	-7.0	-0.3	5.8	9.7	**12.0**	**12.0**	10.3	8.4	5.4	3.4	0.9	-1.3	829.0
W.	-5.5	**-6.0**	-5.8	-5.6	-5.1	-4.4	-3.0	-2.6	-3.5	-4.8	-4.8	-3.5	-0.5	3.5	7.4	9.9	**10.6**	10.3	9.0	6.5	4.0	1.2	-2.2	-4.4	829.4
S.	-5.6	-6.1	-5.8	-4.2	-3.2	-2.2	-0.7	-1.1	-4.1	-8.1	**-11.1**	-10.7	-6.3	0.6	6.7	10.7	**13.2**	13.0	11.3	9.1	5.2	2.8	-0.1	-3.1	828.1
J.	-5.5	-6.1	-5.8	-4.9	-4.2	-3.3	-1.9	-1.8	-3.8	-6.5	**-8.0**	-7.1	-3.4	2.0	7.0	10.3	**11.9**	11.7	10.1	7.8	4.6	2.0	-1.1	-3.7	828.7

Mittlere tägliche Gänge an Tagen weitgehend gleichen Störungscharakters

Niemegk Weltzeit Abweichung vom Tagesmittel **1952**

ΔX Nordkomponente Gruppe I

	n	0h	1h	2h	3h	4h	5h	6h	7h	8h	9h	10h	11h	12h	13h	14h	15h	16h	17h	18h	19h	20h	21h	22h	23h	24h	ΔSFR
		γ	γ	γ	γ	γ	γ	γ	γ	γ	γ	γ	γ	γ	γ	γ	γ	γ	γ	γ	γ	γ	γ	γ	γ	γ	
J.	—	—	—	—	—	—	—	—	—	—	—	—	—	—	—	—	—	—	—	—	—	—	—	—	—	—	—
F.	1	-6	-7	-6	-4	-2	6	9	6	-3	-8	-9	-11	-4	-9	-3	2	4	6	6.	7	8	8	4	6	10.4	27
M.	—	—	—	—	—	—	—	—	—	—	—	—	—	—	—	—	—	—	—	—	—	—	—	—	—	—	—
A.	—	—	—	—	—	—	—	—	—	—	—	—	—	—	—	—	—	—	—	—	—	—	—	—	—	—	—
M.	—	—	—	—	—	—	—	—	—	—	—	—	—	—	—	—	—	—	—	—	—	—	—	—	—	—	—
J.	—	—	—	—	—	—	—	—	—	—	—	—	—	—	—	—	—	—	—	—	—	—	—	—	—	—	—
J.	—	—	—	—	—	—	—	—	—	—	—	—	—	—	—	—	—	—	—	—	—	—	—	—	—	—	—
A.	—	—	—	—	—	—	—	—	—	—	—	—	—	—	—	—	—	—	—	—	—	—	—	—	—	—	—
S.	—	—	—	—	—	—	—	—	—	—	—	—	—	—	—	—	—	—	—	—	—	—	—	—	—	—	—
O.	1	4	4	0	2	4	4	5	0	-10	-17	-18	-14	-10	-4	1	2	4	5	6	9	9	8	6	6	11.3	33
N.	2	-4	-2	-2	0	2	2	2	0	-6	-12	-12	-10	-4	2	3	2	4	1	3	6	8	7	6	4	11.3	22
D.	1	-5	-5	-1	4	8	9	8	4	1	-1	0	4	0	-4	-6	-7	-7	-4	0	4	4	0	0	0	11.4	50

ΔY Ostkomponente Gruppe I

	n	0h	1h	2h	3h	4h	5h	6h	7h	8h	9h	10h	11h	12h	13h	14h	15h	16h	17h	18h	19h	20h	21h	22h	23h	24h	ΔSFR
		γ	γ	γ	γ	γ	γ	γ	γ	γ	γ	γ	γ	γ	γ	γ	γ	γ	γ	γ	γ	γ	γ	γ	γ	γ	
J.	—	—	—	—	—	—	—	—	—	—	—	—	—	—	—	—	—	—	—	—	—	—	—	—	—	—	—
F.	1	5	3	3	2	2	4	8	14	14	6	-2	-6	-13	-15	-10	-6	-5	-3	-2	0	2	2	2	0	1.8	27
M.	—	—	—	—	—	—	—	—	—	—	—	—	—	—	—	—	—	—	—	—	—	—	—	—	—	—	—
A.	—	—	—	—	—	—	—	—	—	—	—	—	—	—	—	—	—	—	—	—	—	—	—	—	—	—	—
M.	—	—	—	—	—	—	—	—	—	—	—	—	—	—	—	—	—	—	—	—	—	—	—	—	—	—	—
J.	—	—	—	—	—	—	—	—	—	—	—	—	—	—	—	—	—	—	—	—	—	—	—	—	—	—	—
J.	—	—	—	—	—	—	—	—	—	—	—	—	—	—	—	—	—	—	—	—	—	—	—	—	—	—	—
A.	—	—	—	—	—	—	—	—	—	—	—	—	—	—	—	—	—	—	—	—	—	—	—	—	—	—	—
S.	—	—	—	—	—	—	—	—	—	—	—	—	—	—	—	—	—	—	—	—	—	—	—	—	—	—	—
O.	1	8	9	7	5	5	5	8	15	14	1	-12	-17	-19	-17	-8	-5	-5	-5	-5	-3	1	5	9	9	7.6	33
N.	2	3	1	2	2	3	4	5	7	7	1	-7	-13	-13	-9	-5	-5	-3	0	1	1	1	1	3	1	2.2	22
D.	1	3	1	-1	-1	-1	0	0	2	0	-1	-1	-3	-4	-2	-1	-2	-1	0	0	3	4	5	5	3	0.4	50

ΔZ Vertikalkomponente Gruppe I

	n	0h	1h	2h	3h	4h	5h	6h	7h	8h	9h	10h	11h	12h	13h	14h	15h	16h	17h	18h	19h	20h	21h	22h	23h	24h	ΔSFR
		γ	γ	γ	γ	γ	γ	γ	γ	γ	γ	γ	γ	γ	γ	γ	γ	γ	γ	γ	γ	γ	γ	γ	γ	γ	
J.	—	—	—	—	—	—	—	—	—	—	—	—	—	—	—	—	—	—	—	—	—	—	—	—	—	—	—
F.	1	5	3	3	3	2	1	2	0	-3	-4	-5	-5	-4	0	1	0	0	1	1	1	0	0	1	0	1.9	27
M.	—	—	—	—	—	—	—	—	—	—	—	—	—	—	—	—	—	—	—	—	—	—	—	—	—	—	—
A.	—	—	—	—	—	—	—	—	—	—	—	—	—	—	—	—	—	—	—	—	—	—	—	—	—	—	—
M.	—	—	—	—	—	—	—	—	—	—	—	—	—	—	—	—	—	—	—	—	—	—	—	—	—	—	—
J.	—	—	—	—	—	—	—	—	—	—	—	—	—	—	—	—	—	—	—	—	—	—	—	—	—	—	—
J.	—	—	—	—	—	—	—	—	—	—	—	—	—	—	—	—	—	—	—	—	—	—	—	—	—	—	—
A.	—	—	—	—	—	—	—	—	—	—	—	—	—	—	—	—	—	—	—	—	—	—	—	—	—	—	—
S.	—	—	—	—	—	—	—	—	—	—	—	—	—	—	—	—	—	—	—	—	—	—	—	—	—	—	—
O.	1	2	3	3	3	3	3	4	3	-1	-8	-9	-6	-6	-3	0	-1	-1	-1	1	2	1	0	1	1	1.9	33
N.	2	1	0	-1	0	-1	0	0	0	0	-2	-2	-1	-1	1	-1	0	1	1	1	0	0	0	-1	-1	0.0	22
D.	1	1	1	0	-1	-2	-2	-3	-3	-2	1	2	1	1	1	1	2	3	2	1	1	0	0	0	-1	0.0	50

Über die Gruppeneinteilung und die Daten der Tage für jede einzelne Gruppe vgl. Tab. 25 und Tab. 26

Mittlere tägliche Gänge an Tagen weitgehend gleichen Störungscharakters

Niemegk Weltzeit Abweichung vom Tagesmittel **1952**

ΔX Nordkomponente — Gruppe II

	n	0h–1h	1h–2h	2h–3h	3h–4h	4h–5h	5h–6h	6h–7h	7h–8h	8h–9h	9h–10h	10h–11h	11h–12h	12h–13h	13h–14h	14h–15h	15h–16h	16h–17h	17h–18h	18h–19h	19h–20h	20h–21h	21h–22h	22h–23h	23h–24h	Δ	SFR
		γ	γ	γ	γ	γ	γ	γ	γ	γ	γ	γ	γ	γ	γ	γ	γ	γ	γ	γ	γ	γ	γ	γ	γ	γ	
J.	1	-7	-7	-6	-5	1	5	6	4	-3	-10	-10	-6	-3	0	2	1	2	1	4	7	3	6	4	1	-1.1	53
F.	2	-1	1	0	3	5	8	9	6	-1	-3	-3	-4	-8	-9	-1	2	1	-3	-5	-5	3	5	2	3	1.7	22
M.	3	1	-3	-1	-1	-2	4	5	-1	-7	-11	-12	-13	-9	-5	-1	1	1	4	7	8	8	6	7	7	3.1	20
A.	—	—	—	—	—	—	—	—	—	—	—	—	—	—	—	—	—	—	—	—	—	—	—	—	—	—	—
M.	3	4	3	3	2	2	-3	-9	-12	-14	-11	-11	-8	-5	0	1	3	5	5	7	7	6	7	8	7	5.5	19
J.	2	2	3	2	2	4	0	0	-3	-13	-14	-13	-16	-26	-18	-8	-2	9	10	13	16	13	14	15	12	7.6	54
J.	3	5	6	5	4	4	0	-6	-13	-18	-17	-18	-15	-12	-7	1	6	7	9	13	13	13	10	9	9	6.8	28
A.	4	6	6	6	6	6	4	-4	-11	-16	-20	-20	-18	-10	-5	0	3	6	8	10	11	10	10	9	9	7.4	65
S.	3	1	2	5	6	7	5	2	-5	-14	-19	-21	-19	-11	-8	-2	-1	2	9	12	12	11	11	11	10	6.5	23
O.	4	6	3	5	3	5	6	6	1	-7	-20	-15	-11	-9	-5	-5	-7	-5	1	9	10	10	9	8	7	6.2	22
N.	3	-4	-7	-7	-2	2	7	9	7	2	-7	-8	-6	-2	1	1	1	2	4	4	5	3	2	-1	-2	-3.4	17
D.	4	-4	-5	-3	-3	-1	1	1	0	-1	-2	0	4	6	5	0	-1	1	1	1	0	-1	1	1	1	-2.0	39

ΔY Ostkomponente — Gruppe II

	n	0h–1h	1h–2h	2h–3h	3h–4h	4h–5h	5h–6h	6h–7h	7h–8h	8h–9h	9h–10h	10h–11h	11h–12h	12h–13h	13h–14h	14h–15h	15h–16h	16h–17h	17h–18h	18h–19h	19h–20h	20h–21h	21h–22h	22h–23h	23h–24h	Δ	SFR
		γ	γ	γ	γ	γ	γ	γ	γ	γ	γ	γ	γ	γ	γ	γ	γ	γ	γ	γ	γ	γ	γ	γ	γ	γ	
J.	1	8	9	4	2	5	4	2	5	6	5	-1	-10	-15	-14	-6	-6	-6	-7	-2	0	0	2	3	2	5.1	53
F.	2	3	1	0	0	1	3	7	11	9	3	-5	-12	-17	-16	-9	-5	-1	-4	1	3	5	7	3	5	3.4	22
M.	3	3	5	5	5	4	6	15	18	15	6	-6	-16	-18	-16	-12	-6	-3	-5	-4	-3	0	3	4	4	3.8	20
A.	—	—	—	—	—	—	—	—	—	—	—	—	—	—	—	—	—	—	—	—	—	—	—	—	—	—	—
M.	3	4	4	9	15	22	25	25	22	11	-5	-20	-29	-29	-23	-15	-9	-4	-3	-1	0	1	-1	4	5	3.9	19
J.	2	8	7	10	16	24	27	30	32	22	11	-10	-26	-34	-41	-38	-30	-28	-6	-4	-4	3	10	10	23	1.5	54
J.	3	9	12	15	16	20	21	23	22	15	5	-5	-18	-25	-26	-24	-21	-17	-14	-11	-8	-5	0	1	5	7.4	28
A.	4	1	2	6	12	13	17	22	25	18	4	-13	-26	-29	-24	-17	-10	-4	-2	-1	-1	-2	-1	0	-1	1.7	65
S.	3	8	8	7	10	10	14	18	16	17	5	-12	-24	-29	-24	-19	-14	-8	-3	-2	0	2	5	9	8	7.6	23
O.	4	6	4	3	3	4	5	11	16	15	3	-12	-21	-23	-19	-13	-10	-9	-4	-1	2	4	9	11	8	7.2	22
N.	3	9	8	5	2	3	3	3	3	3	0	-10	-17	-15	-9	-5	-3	-2	-1	1	3	5	6	7	4	6.5	17
D.	4	8	7	5	3	2	1	0	1	-2	-1	-9	-10	-7	-6	-5	-2	-3	-1	1	4	6	7	6	6	6.3	39

ΔZ Vertikalkomponente — Gruppe II

	n	0h–1h	1h–2h	2h–3h	3h–4h	4h–5h	5h–6h	6h–7h	7h–8h	8h–9h	9h–10h	10h–11h	11h–12h	12h–13h	13h–14h	14h–15h	15h–16h	16h–17h	17h–18h	18h–19h	19h–20h	20h–21h	21h–22h	22h–23h	23h–24h	Δ	SFR
		γ	γ	γ	γ	γ	γ	γ	γ	γ	γ	γ	γ	γ	γ	γ	γ	γ	γ	γ	γ	γ	γ	γ	γ	γ	
J.	1	2	1	2	0	-1	-1	-1	0	-2	0	-3	-6	-3	-1	0	0	0	2	1	1	2	-1	-1	-2	0.7	53
F.	2	2	1	0	0	-2	-2	0	1	0	-2	-2	-3	-2	0	-1	0	0	2	3	3	2	1	0	0	5.8	22
M.	3	2	3	3	3	3	3	5	3	1	-4	-7	-8	-5	-4	-1	1	1	1	2	1	1	1	1	1	1.4	20
A.	—	—	—	—	—	—	—	—	—	—	—	—	—	—	—	—	—	—	—	—	—	—	—	—	—	—	—
M.	3	4	3	4	5	5	5	4	0	-6	-13	-18	-17	-12	-3	1	3	5	6	5	4	4	3	2	2	3.0	19
J.	2	5	5	6	8	7	4	2	2	-3	-13	-17	-15	-10	-6	0	0	5	4	4	5	5	5	2	2	3.8	54
J.	3	2	1	1	3	3	3	3	1	-1	-4	-9	-11	-7	-5	-3	0	1	1	2	3	4	3	3	3	2.5	28
A.	4	2	1	1	2	3	3	3	1	-4	-11	-13	-12	-9	-2	1	4	3	4	4	5	4	3	3	2	2.0	65
S.	3	2	2	2	1	2	2	4	3	-1	-7	-12	-10	-6	-2	2	4	3	2	2	2	3	2	1	2	1.7	23
O.	4	2	1	0	1	1	1	2	2	-3	-8	-10	-8	-6	-2	2	4	4	4	4	5	2	1	2	1	1.3	22
N.	3	0	1	0	0	0	-1	-2	-2	-3	-4	-4	-3	0	1	0	0	1	0	0	0	1	1	1	1	1.4	17
D.	4	1	1	0	-1	-1	-1	-1	-1	-2	-2	-3	-3	-2	-1	1	1	1	1	1	2	2	1	0	-1	0.4	39

Über die Gruppeneinteilung und die Daten der Tage für jede einzelne Gruppe vgl. Tab. 25 und Tab. 26

Mittlere tägliche Gänge an Tagen weitgehend gleichen Störungscharakters

Niemegk Weltzeit Abweichung vom Tagesmittel **1952**

ΔX **Nordkomponente** Gruppe III

	n	0h–1h	1h–2h	2h–3h	3h–4h	4h–5h	5h–6h	6h–7h	7h–8h	8h–9h	9h–10h	10h–11h	11h–12h	12h–13h	13h–14h	14h–15h	15h–16h	16h–17h	17h–18h	18h–19h	19h–20h	20h–21h	21h–22h	22h–23h	23h–24h	SFR
		γ	γ	γ	γ	γ	γ	γ	γ	γ	γ	γ	γ	γ	γ	γ	γ	γ	γ	γ	γ	γ	γ	γ	γ	
J.	2	-11	-3	-12	-4	-7	4	7	2	-3	-5	-13	-13	-8	-4	2	-1	1	2	3	13	12	9	13	9	46
F.	4	-6	-5	1	2	6	4	8	4	-5	-10	-12	-14	-12	-8	-4	-6	2	2	5	4	8	11	11	15	24
M.	6	6	5	3	4	3	9	3	-1	-10	-18	-18	-13	-10	-11	-10	-5	-8	2	7	5	9	17	15	10	24
A.	5	7	6	1	6	6	11	5	3	-6	-14	-19	-20	-19	-14	-11	-7	1	2	9	12	15	14	10	9	22
M.	4	21	13	8	7	8	-2	-12	-21	-21	-20	-12	-4	-16	-18	-12	-5	3	5	13	12	16	14	10	10	24
J.	7	8	9	7	7	6	3	-8	-15	-18	-23	-23	-20	-18	-15	-3	-2	3	15	15	16	14	15	13	11	31
J.	8	12	10	9	7	7	7	2	-9	-21	-24	-21	-17	-21	-16	-12	-3	0	9	14	14	17	15	12	10	43
A.	11	7	6	4	5	0	-4	-8	-15	-18	-19	-17	-14	-9	-7	-2	3	4	7	11	16	13	12	16	13	50
S.	8	11	5	5	1	4	2	-7	-13	-22	-22	-17	-14	-8	-10	-4	-2	2	6	13	10	12	15	13	10	21
O.	6	11	5	5	5	6	9	5	-4	-13	-17	-17	-14	-7	-8	-7	-5	-2	-1	5	9	12	12	7	14	22
N.	3	7	2	-1	-2	4	16	14	2	-2	-3	-5	-11	-9	-6	-13	-10	-9	-9	-5	7	15	5	3	3	11
D.	4	-3	-4	-3	-1	1	1	12	8	5	4	3	1	-3	-6	-6	-6	-7	-5	-3	-5	-1	9	3	0	36

ΔY **Ostkomponente** Gruppe III

	n	0h–1h	1h–2h	2h–3h	3h–4h	4h–5h	5h–6h	6h–7h	7h–8h	8h–9h	9h–10h	10h–11h	11h–12h	12h–13h	13h–14h	14h–15h	15h–16h	16h–17h	17h–18h	18h–19h	19h–20h	20h–21h	21h–22h	22h–23h	23h–24h	SFR
		γ	γ	γ	γ	γ	γ	γ	γ	γ	γ	γ	γ	γ	γ	γ	γ	γ	γ	γ	γ	γ	γ	γ	γ	
J.	2	11	16	4	4	2	-2	0	-1	-2	-3	-8	-12	-18	-13	-14	-8	-6	-7	4	10	11	8	10	13	46
F.	4	4	-7	-3	-1	2	1	4	6	7	1	-7	-18	-12	-17	-5	3	10	2	3	3	6	5	9	5	24
M.	6	1	6	7	5	2	2	5	10	5	1	-13	-24	-24	-23	-15	-2	4	7	13	13	9	7	3	1	24
A.	5	7	7	-1	2	3	5	11	17	16	10	-5	-18	-28	-22	-20	-16	-5	-1	7	10	4	5	5	5	22
M.	4	10	1	8	15	20	18	24	15	7	-2	-14	-26	-30	-23	-19	-13	-6	-1	1	0	6	3	4	8	24
J.	7	7	10	12	10	11	20	22	26	20	7	-6	-18	-25	-23	-23	-18	-12	-8	-8	-5	-2	2	3	5	31
J.	8	5	9	8	8	13	20	28	29	17	5	-6	-21	-29	-34	-30	-22	-12	-7	-5	-2	1	6	7	7	43
A.	11	9	5	8	12	16	17	19	20	13	2	-11	-23	-28	-27	-24	-17	-9	-5	-1	0	2	2	6	4	50
S.	8	3	9	8	10	10	10	13	16	10	-1	-13	-25	-32	-24	-15	-7	-2	1	4	5	6	13	7	8	21
O.	6	9	7	1	-1	-3	3	7	12	13	2	-11	-20	-24	-20	-15	-5	1	0	5	9	20	13	6	0	22
N.	3	2	1	-1	0	-7	0	0	2	3	-1	-10	-14	-17	-13	-1	4	4	1	9	12	13	10	5	5	11
D.	4	5	2	2	0	1	-10	-8	-7	-8	-9	-10	-8	-9	-9	-7	-8	2	-1	7	10	8	21	15	15	36

ΔZ **Vertikalkomponente** Gruppe III

	n	0h–1h	1h–2h	2h–3h	3h–4h	4h–5h	5h–6h	6h–7h	7h–8h	8h–9h	9h–10h	10h–11h	11h–12h	12h–13h	13h–14h	14h–15h	15h–16h	16h–17h	17h–18h	18h–19h	19h–20h	20h–21h	21h–22h	22h–23h	23h–24h	SFR
		γ	γ	γ	γ	γ	γ	γ	γ	γ	γ	γ	γ	γ	γ	γ	γ	γ	γ	γ	γ	γ	γ	γ	γ	
J.	2	6	3	2	-4	-2	-5	-6	-4	-3	-2	-1	-4	-2	2	4	4	4	4	4	2	0	-2	-2	-4	46
F.	4	-5	-5	-6	-5	-4	-2	-2	1	0	-2	-2	-2	-1	3	6	5	6	5	4	4	2	0	-2	-4	24
M.	6	-6	-6	-5	-5	-3	-2	1	1	-1	-6	-9	-8	-3	3	8	12	12	10	7	6	4	0	-3	-3	24
A.	5	1	1	2	-2	-4	-2	0	-1	-3	-8	-12	-13	-8	1	5	7	10	10	7	7	3	2	2	2	22
M.	4	-2	-3	-2	2	2	2	0	-4	-10	-15	-19	-15	-5	1	4	8	11	13	11	10	8	7	6	2	24
J.	7	-2	-2	-1	-1	-4	-4	-2	-2	-5	-9	-12	-11	-8	-2	3	7	8	10	10	8	6	5	2	0	31
J.	8	-2	-2	0	1	-1	-2	0	0	-3	-7	-10	-9	-8	-4	1	6	9	10	8	8	5	3	2	-1	43
A.	11	-1	-3	-6	-5	-3	-2	0	0	-3	-7	-10	-9	-5	-2	1	5	8	9	8	7	4	5	2	0	50
S.	8	-8	-5	-4	-4	-3	-1	2	1	-1	-5	-8	-8	-4	1	5	9	9	7	6	7	5	2	0	-1	21
O.	6	-4	-5	-5	-4	-4	-3	2	3	1	-6	-7	-6	-4	0	4	5	7	8	6	3	3	2	0	-2	22
N.	3	-10	-5	-3	-2	-3	-4	-3	-1	-3	-4	-4	-2	-1	2	6	7	7	8	8	4	0	1	1	0	11
D.	4	-2	-2	-1	-2	-2	-3	-6	-6	-6	-4	-5	0	2	4	4	4	5	4	4	5	4	0	0	-1	36

Über die Gruppeneinteilung und die Daten der Tage für jede einzelne Gruppe vgl. Tab. 25 und Tab. 26

Mittlere tägliche Gänge an Tagen weitgehend gleichen Störungscharakters

Niemegk Weltzeit Abweichung vom Tagesmittel **1952**

ΔX Nordkomponente — Gruppe IV

	n	0^h	1^h	2^h	3^h	4^h	5^h	6^h	7^h	8^h	9^h	10^h	11^h	12^h	13^h	14^h	15^h	16^h	17^h	18^h	19^h	20^h	21^h	22^h	23^h	24^h SFR
		γ	γ	γ	γ	γ	γ	γ	γ	γ	γ	γ	γ	γ	γ	γ	γ	γ	γ	γ	γ	γ	γ	γ	γ	
J.	8	6	5	5	6	10	8	9	4	-4	-12	-12	-14	-8	-11	-19	-15	-20	8	-1	-3	13	15	14	7	50
F.	9	2	1	-1	-2	1	8	9	1	-8	-7	-12	-23	-12	-6	-10	-9	-3	1	3	23	13	18	8	11	16
M.	4	10	16	-2	3	27	20	7	-3	-18	-23	-38	-38	-20	-10	-11	-15	-12	8	5	23	20	24	6	21	10
A.	6	22	13	4	-1	1	-5	-10	-20	-24	-21	-24	-26	-19	-14	-10	2	8	14	16	17	22	20	17	21	33
M.	8	14	11	2	4	-3	0	-13	-29	-38	-40	-28	-22	-19	-7	1	8	11	25	25	31	18	13	16	14	34
J.	1	2	12	53	38	22	-5	-26	-24	-29	-41	-27	-23	-20	6	24	21	-3	-10	-6	9	13	7	2	6	58
J.	2	18	20	18	13	10	-8	1	-22	-22	-24	-13	-42	2	-14	-12	16	8	10	11	-2	18	3	-7	9	26
A.	2	8	-2	14	4	4	7	12	2	-2	0	-4	-18	-23	-14	-18	-8	-4	-3	-2	14	14	0	18	-6	46
S.	4	19	8	14	18	21	9	-7	-28	-40	-40	-38	-32	-15	-15	-3	0	8	3	10	20	22	14	22	22	45
O.	1	23	46	23	35	35	14	24	13	3	3	5	-12	-37	-38	-53	-49	-49	-35	-6	0	15	3	3	33	40
N.	2	2	0	-2	6	8	18	7	-4	-2	-4	-8	-14	-28	-25	-21	-12	-9	-4	17	27	20	8	8	2	11
D.	3	6	-8	-3	2	4	8	7	8	11	3	12	9	8	1	-19	-33	-30	-19	-11	9	16	-4	13	7	9

ΔY Ostkomponente — Gruppe IV

	n	0^h	1^h	2^h	3^h	4^h	5^h	6^h	7^h	8^h	9^h	10^h	11^h	12^h	13^h	14^h	15^h	16^h	17^h	18^h	19^h	20^h	21^h	22^h	23^h	24^h SFR
		γ	γ	γ	γ	γ	γ	γ	γ	γ	γ	γ	γ	γ	γ	γ	γ	γ	γ	γ	γ	γ	γ	γ	γ	
J.	8	12	1	0	-11	-11	-14	-11	-1	-1	-7	-13	-20	-21	-18	7	-10	4	32	11	14	15	14	13	11	50
F.	9	16	3	1	-3	-9	-8	-3	-6	-8	-13	-21	-20	-18	-16	-12	13	13	1	10	19	16	16	8	11	16
M.	4	2	18	1	-8	-12	-8	0	6	2	-10	-14	-24	-22	-24	-20	-2	8	27	13	22	14	18	13	13	10
A.	6	13	14	16	8	5	8	15	14	12	4	-11	-28	-39	-38	-24	-22	-8	10	24	9	12	6	8	0	33
M.	8	5	17	-1	11	5	18	24	19	10	2	-18	-32	-37	-30	-25	-13	-8	6	1	13	7	8	8	-3	34
J.	1	4	-4	29	14	44	48	41	29	23	9	-23	-36	-47	-44	-29	-18	-5	-9	1	-2	-8	-1	-6	-22	58
J.	2	8	16	12	12	-10	4	-2	8	4	4	-6	-17	-34	-18	-30	-6	-16	4	15	10	8	16	15	8	26
A.	2	10	2	14	8	0	10	25	24	18	-5	-22	-42	-36	-39	-30	-20	-16	1	-5	26	19	16	24	10	46
S.	4	24	5	-5	-9	-3	4	11	9	8	-1	-10	-19	-25	-19	-2	9	17	-6	-2	8	15	9	-5	-9	45
O.	1	10	-1	-27	26	-6	2	-1	6	7	3	-11	-24	-32	-50	-9	-7	-4	20	7	16	43	22	12	1	40
N.	2	-10	0	-8	-10	-8	-14	-22	-14	-16	-18	-20	-14	8	8	-12	5	35	19	38	30	21	16	8	-10	11
D.	3	9	5	-5	3	1	-3	-10	-2	-14	-15	-19	-15	-13	-13	4	-2	14	12	17	26	19	8	-5	-2	9

ΔZ Vertikalkomponente — Gruppe IV

	n	0^h	1^h	2^h	3^h	4^h	5^h	6^h	7^h	8^h	9^h	10^h	11^h	12^h	13^h	14^h	15^h	16^h	17^h	18^h	19^h	20^h	21^h	22^h	23^h	24^h SFR
		γ	γ	γ	γ	γ	γ	γ	γ	γ	γ	γ	γ	γ	γ	γ	γ	γ	γ	γ	γ	γ	γ	γ	γ	
J.	8	-10	-9	-10	-11	-12	-11	-8	-6	-4	-2	-2	-2	-1	8	17	16	18	14	12	10	3	-4	-6	-8	50
F.	9	-11	-10	-8	-7	-7	-7	-5	-3	-4	-5	-2	1	5	9	16	18	17	14	12	4	2	-3	-7	-8	16
M.	4	-13	-11	-10	-11	-21	-17	-10	-7	-8	-9	-5	0	5	9	19	29	29	22	17	9	2	-4	-8	-15	10
A.	6	-20	-19	-15	-10	-9	-6	-3	-4	-6	-9	-10	-7	-3	6	16	19	25	27	23	15	8	1	-1	-8	33
M.	8	-17	-15	-18	-17	-12	-10	-5	-4	-7	-10	-13	-11	-2	8	18	25	29	25	20	12	6	3	-3	-9	34
J.	1	-6	-21	-48	-47	-35	-18	-10	-11	-13	-11	-12	-13	2	26	47	53	45	32	25	15	3	2	3	-3	58
J.	2	-18	-19	-18	-17	-20	-18	-17	-12	-10	-8	-10	-10	-1	21	36	42	38	31	20	14	-4	-8	-8	-14	26
A.	2	-2	-3	-4	-3	-4	-7	-5	-7	-9	-13	-15	-10	-7	-3	4	11	17	21	15	9	5	3	-1	0	46
S.	4	-17	-9	-15	-17	-19	-11	-5	-1	0	0	-3	-2	3	9	20	27	24	14	10	7	4	1	-7	-17	45
O.	1	-20	-32	-50	-42	-25	-16	-12	-9	-13	-14	-14	-4	5	19	41	52	45	41	26	16	9	5	-1	-15	40
N.	2	-17	-10	-6	-8	-6	-6	-4	-3	-4	-4	-1	4	16	23	17	14	14	12	6	-2	-5	-5	-6	-9	11
D.	3	-9	-6	-5	-7	-4	-4	-4	-7	-8	-6	-5	-6	-2	3	13	19	19	17	15	7	-1	-1	-7	-10	9

Über die Gruppeneinteilung und die Daten der Tage für jede einzelne Gruppe vgl. Tab. 25 und Tab. 26

Mittlere tägliche Gänge an Tagen weitgehend gleichen Störungscharakters

Niemegk Weltzeit Abweichung vom Tagesmittel 1952

ΔX — Nordkomponente — Gruppe V

	n	0h–1h	1h–2h	2h–3h	3h–4h	4h–5h	5h–6h	6h–7h	7h–8h	8h–9h	9h–10h	10h–11h	11h–12h	12h–13h	13h–14h	14h–15h	15h–16h	16h–17h	17h–18h	18h–19h	19h–20h	20h–21h	21h–22h	22h–23h	23h–24h	SFR
		γ	γ	γ	γ	γ	γ	γ	γ	γ	γ	γ	γ	γ	γ	γ	γ	γ	γ	γ	γ	γ	γ	γ	γ	
J.	—	—	—	—	—	—	—	—	—	—	—	—	—	—	—	—	—	—	—	—	—	—	—	—	—	—
F.	2	51	48	44	30	5	10	19	-10	-18	-32	-36	-19	-20	-30	-23	-17	-5	-17	-11	17	-4	-2	11	9	30
M.	4	3	5	18	4	1	-6	4	-5	-18	-28	-32	-16	-10	1	3	-4	-1	-3	0	26	30	8	7	24	21
A.	4	20	27	4	4	3	0	-2	-20	-23	-43	-42	-28	-22	-17	-9	-9	22	17	2	21	32	11	15	25	28
M.	1	48	16	-10	-2	-20	-18	-26	-62	-51	-46	-35	-19	-9	-9	10	-6	6	54	30	49	30	31	29	0	30
J.	—	—	—	—	—	—	—	—	—	—	—	—	—	—	—	—	—	—	—	—	—	—	—	—	—	—
J.	—	—	—	—	—	—	—	—	—	—	—	—	—	—	—	—	—	—	—	—	—	—	—	—	—	—
A.	—	—	—	—	—	—	—	—	—	—	—	—	—	—	—	—	—	—	—	—	—	—	—	—	—	—
S.	1	9	1	12	23	-3	-15	-21	-15	-39	-40	-16	-17	-11	-18	-8	10	25	14	-5	13	37	34	13	23	14
O.	2	9	6	2	29	18	15	-9	-18	-10	-10	-12	-28	-37	-26	-14	-16	16	-10	-11	32	16	14	20	14	28
N.	—	—	—	—	—	—	—	—	—	—	—	—	—	—	—	—	—	—	—	—	—	—	—	—	—	—
D.	—	—	—	—	—	—	—	—	—	—	—	—	—	—	—	—	—	—	—	—	—	—	—	—	—	—

ΔY — Ostkomponente — Gruppe V

	n	0h–1h	1h–2h	2h–3h	3h–4h	4h–5h	5h–6h	6h–7h	7h–8h	8h–9h	9h–10h	10h–11h	11h–12h	12h–13h	13h–14h	14h–15h	15h–16h	16h–17h	17h–18h	18h–19h	19h–20h	20h–21h	21h–22h	22h–23h	23h–24h	SFR
		γ	γ	γ	γ	γ	γ	γ	γ	γ	γ	γ	γ	γ	γ	γ	γ	γ	γ	γ	γ	γ	γ	γ	γ	
J.	—	—	—	—	—	—	—	—	—	—	—	—	—	—	—	—	—	—	—	—	—	—	—	—	—	—
F.	2	7	34	46	58	36	-4	-16	-20	-16	-24	-36	-47	-46	-32	-26	-14	8	11	6	0	30	20	13	12	30
M.	4	36	24	27	-2	-3	-29	-11	-2	-13	-21	-20	-33	-31	-27	-32	-9	7	10	3	24	19	23	17	41	21
A.	4	20	18	24	26	17	6	5	8	-3	0	-18	-34	-42	-47	-43	-27	3	12	13	15	16	9	28	-2	28
M.	1	5	29	-15	36	19	21	19	26	15	-2	-24	-38	-32	-45	-17	-15	-6	15	-2	32	-4	-1	14	-33	30
J.	—	—	—	—	—	—	—	—	—	—	—	—	—	—	—	—	—	—	—	—	—	—	—	—	—	—
J.	—	—	—	—	—	—	—	—	—	—	—	—	—	—	—	—	—	—	—	—	—	—	—	—	—	—
A.	—	—	—	—	—	—	—	—	—	—	—	—	—	—	—	—	—	—	—	—	—	—	—	—	—	—
S.	1	23	-8	-35	18	6	-22	-7	18	8	1	-18	-32	-36	-27	-25	31	45	40	11	12	-16	25	7	-23	14
O.	2	14	0	-19	-2	-13	-42	-34	-16	-10	-8	-21	-19	-16	-12	2	18	80	16	19	28	16	12	6	5	28
N.	—	—	—	—	—	—	—	—	—	—	—	—	—	—	—	—	—	—	—	—	—	—	—	—	—	—
D.	—	—	—	—	—	—	—	—	—	—	—	—	—	—	—	—	—	—	—	—	—	—	—	—	—	—

ΔZ — Vertikalkomponente — Gruppe V

	n	0h–1h	1h–2h	2h–3h	3h–4h	4h–5h	5h–6h	6h–7h	7h–8h	8h–9h	9h–10h	10h–11h	11h–12h	12h–13h	13h–14h	14h–15h	15h–16h	16h–17h	17h–18h	18h–19h	19h–20h	20h–21h	21h–22h	22h–23h	23h–24h	SFR
		γ	γ	γ	γ	γ	γ	γ	γ	γ	γ	γ	γ	γ	γ	γ	γ	γ	γ	γ	γ	γ	γ	γ	γ	
J.	—	—	—	—	—	—	—	—	—	—	—	—	—	—	—	—	—	—	—	—	—	—	—	—	—	—
F.	2	-22	-32	-41	-44	-30	-20	-14	-9	-7	-4	-5	-2	12	29	30	32	32	30	30	16	13	10	4	-2	30
M.	4	-31	-45	-47	-38	-32	-24	-20	-9	-7	-2	0	2	11	14	23	46	51	44	35	23	13	11	-6	-21	21
A.	4	-14	-22	-21	-16	-16	-14	-12	-8	-8	-7	-6	-4	2	10	18	26	38	44	36	21	0	-1	-8	-29	28
M.	1	-41	-42	-44	-30	-13	-6	1	6	5	-3	-7	5	17	18	26	29	28	22	23	15	9	-3	-2	-8	30
J.	—	—	—	—	—	—	—	—	—	—	—	—	—	—	—	—	—	—	—	—	—	—	—	—	—	—
J.	—	—	—	—	—	—	—	—	—	—	—	—	—	—	—	—	—	—	—	—	—	—	—	—	—	—
A.	—	—	—	—	—	—	—	—	—	—	—	—	—	—	—	—	—	—	—	—	—	—	—	—	—	—
S.	1	-17	-11	-26	-19	-9	-10	-8	-2	1	-4	-7	-7	1	12	12	28	31	27	22	14	-8	-8	-2	-13	14
O.	2	-24	-16	-16	-22	-14	-14	-8	-6	-7	-3	0	11	16	19	24	27	27	21	14	-4	-1	-2	-8	-10	28
N.	—	—	—	—	—	—	—	—	—	—	—	—	—	—	—	—	—	—	—	—	—	—	—	—	—	—
D.	—	—	—	—	—	—	—	—	—	—	—	—	—	—	—	—	—	—	—	—	—	—	—	—	—	—

Über die Gruppeneinteilung und die Daten der Tage für jede einzelne Gruppe vgl. Tab. 25 und Tab. 26

VII. Zeichnerische Darstellung

a) Typische Variationen 1952

Sonneneruptionseffekte (sfe):

September 21, 10^h-15^h (Beginn $12^h\ 18^m$ MGZ)

Plötzliche Sturmausbrüche (ssc):

Juli	1,	18^h-23^h	(Beginn $20^h\ 32^m$ MGZ)
Oktober	21,	8^h-13^h	(„ $10^h\ 10^m$ MGZ)
Dezember	14,	19^h-24^h	(„ $21^h\ 40^m$ MGZ)

Baystörungen (psc):

Februar	25,	10^h-15^h
März	27,	14^h-19^h
Mai	19,	2^h-7^h
August	7,	21^h bis August 8, 2^h
November	15,	17^h-22^h
„	26,	18^h-23^h
Dezember	5,	17^h-22^h

Plötzliche geomagnetische Änderungen oder Impulse (si):

Mai	8,	10^h-15^h ($12^h\ 36^m$)
„	17,	22^h bis Mai 18, 3^h ($23^h\ 58^m$)
Juni	9,	12^h-17^h ($14^h\ 07^m$)
Oktober	8,	21^h bis Oktober 9, 2^h ($23^h\ 06^m$)

b) Störungskurven 1952

Zur Darstellung gelangten folgende Tage:

Januar	29,	12^h bis Januar 30, 6^h
Februar	23,	18^h bis Februar 25, 6^h
März	3,	10^h bis März 6, 12^h
„	30,	10^h bis „ 31, 14^h
April	21,	8^h bis April 22, 12^h
Juni	29,	16^h bis Juni 30, 18^h
September	25,	14^h bis September 26, 10^h
Oktober	4,	14^h bis Oktober 5, 22^h
Dezember	27,	16^h bis Dezember 28, 6^h

c) Tagesmittel der Komponenten in Abweichungen vom Normalwert

Sonneneruptionseffekte (sfe)

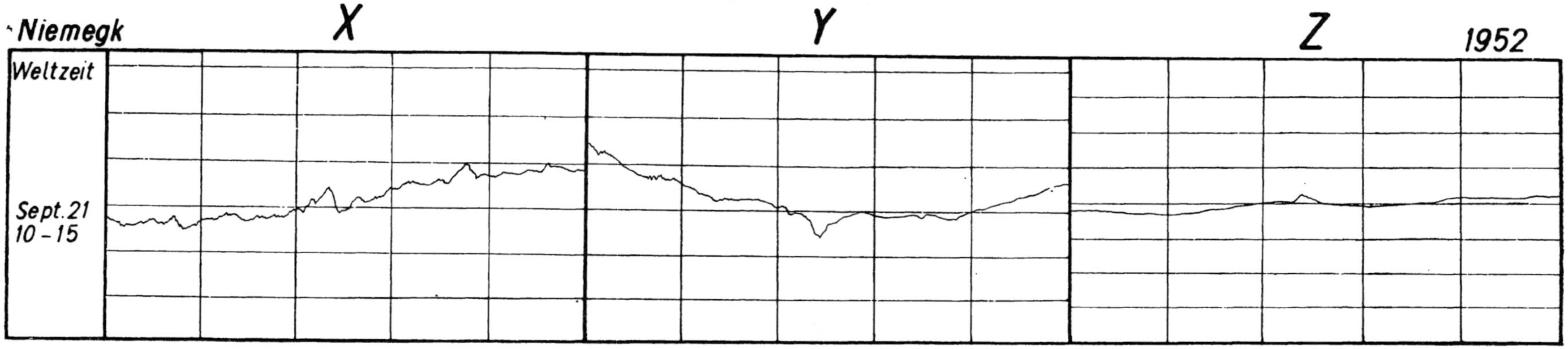

Plötzliche Stromausbrüche (ssc)

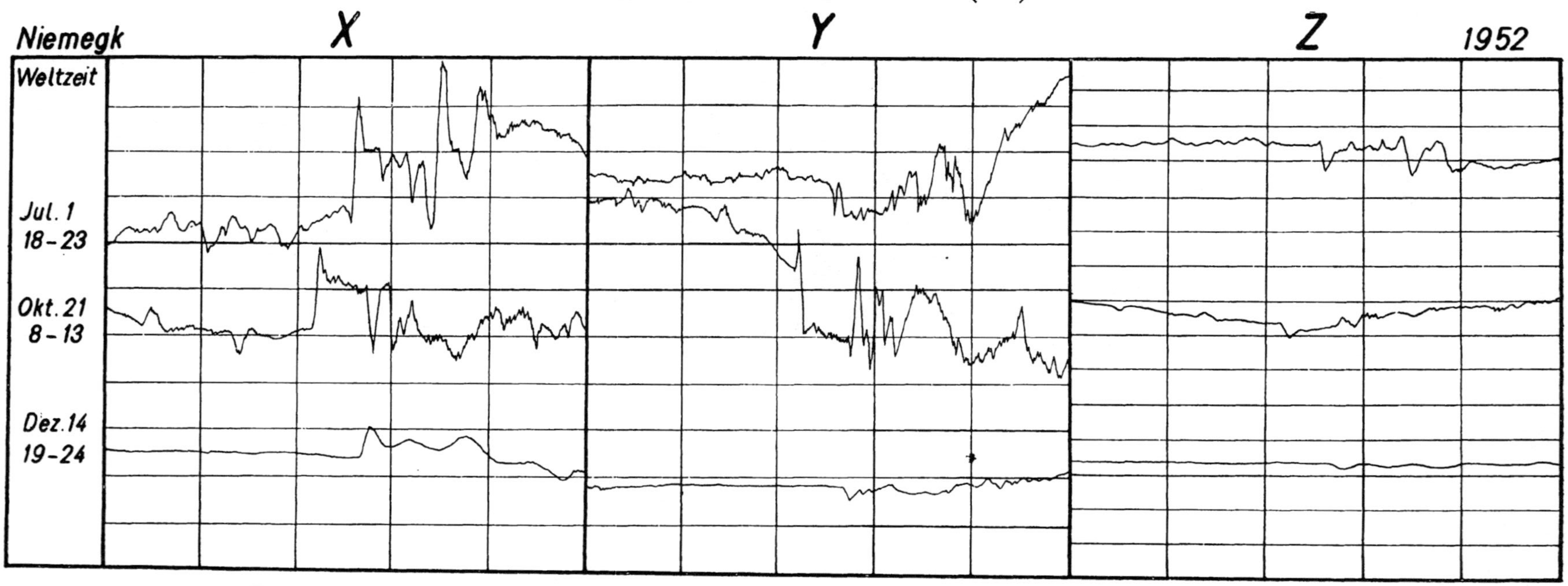

Einheit der Ordinaten 20γ. Die Ungleichheit der Teilung ist durch die Verschiedenheit des Skalenwertes bedingt.

Baystörungen (psc)

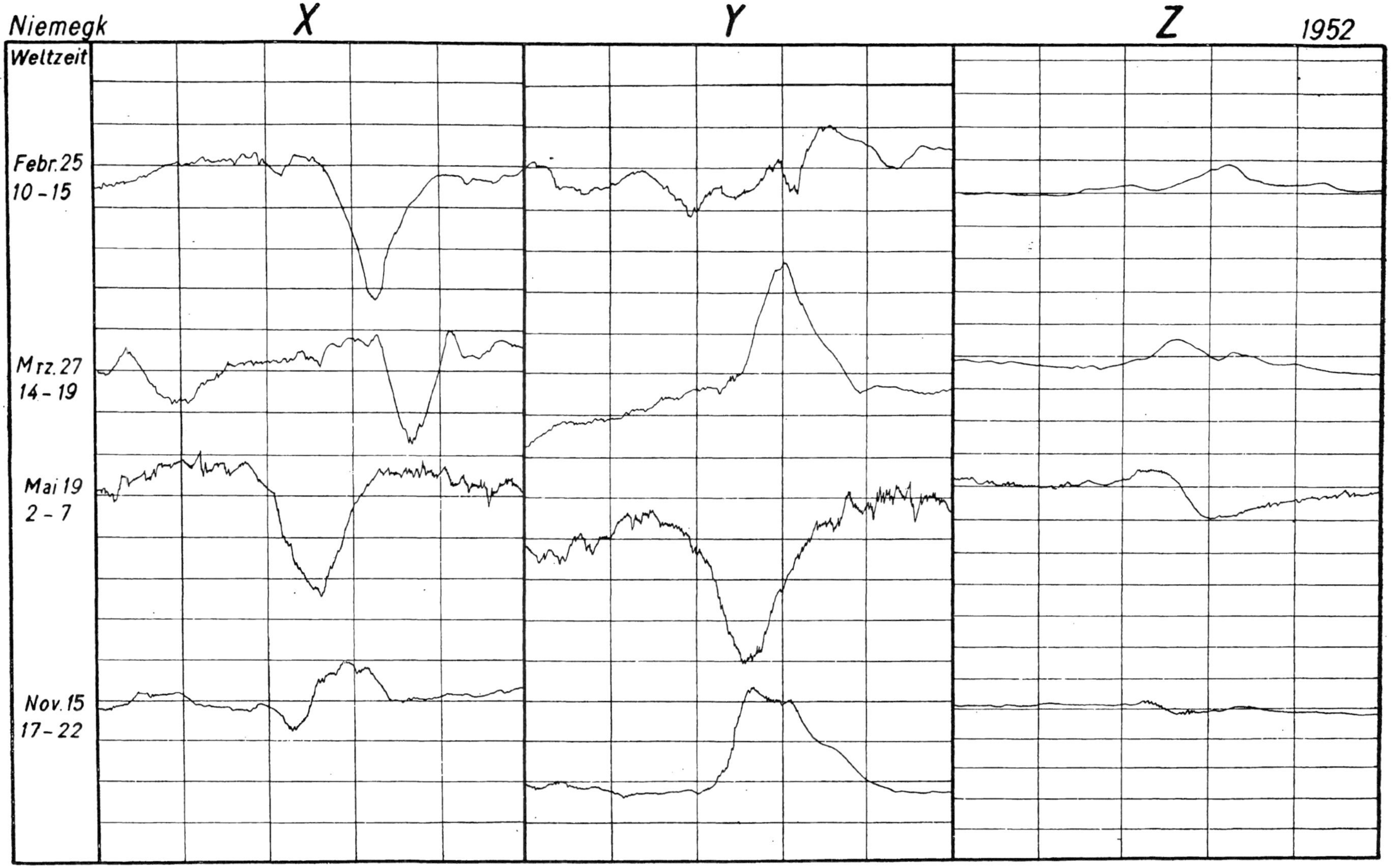

Einheit der Ordinaten 20γ. Die Ungleichheit der Teilung ist durch die Verschiedenheit der Skalenwerte bedingt.

Baystörungen (psc)

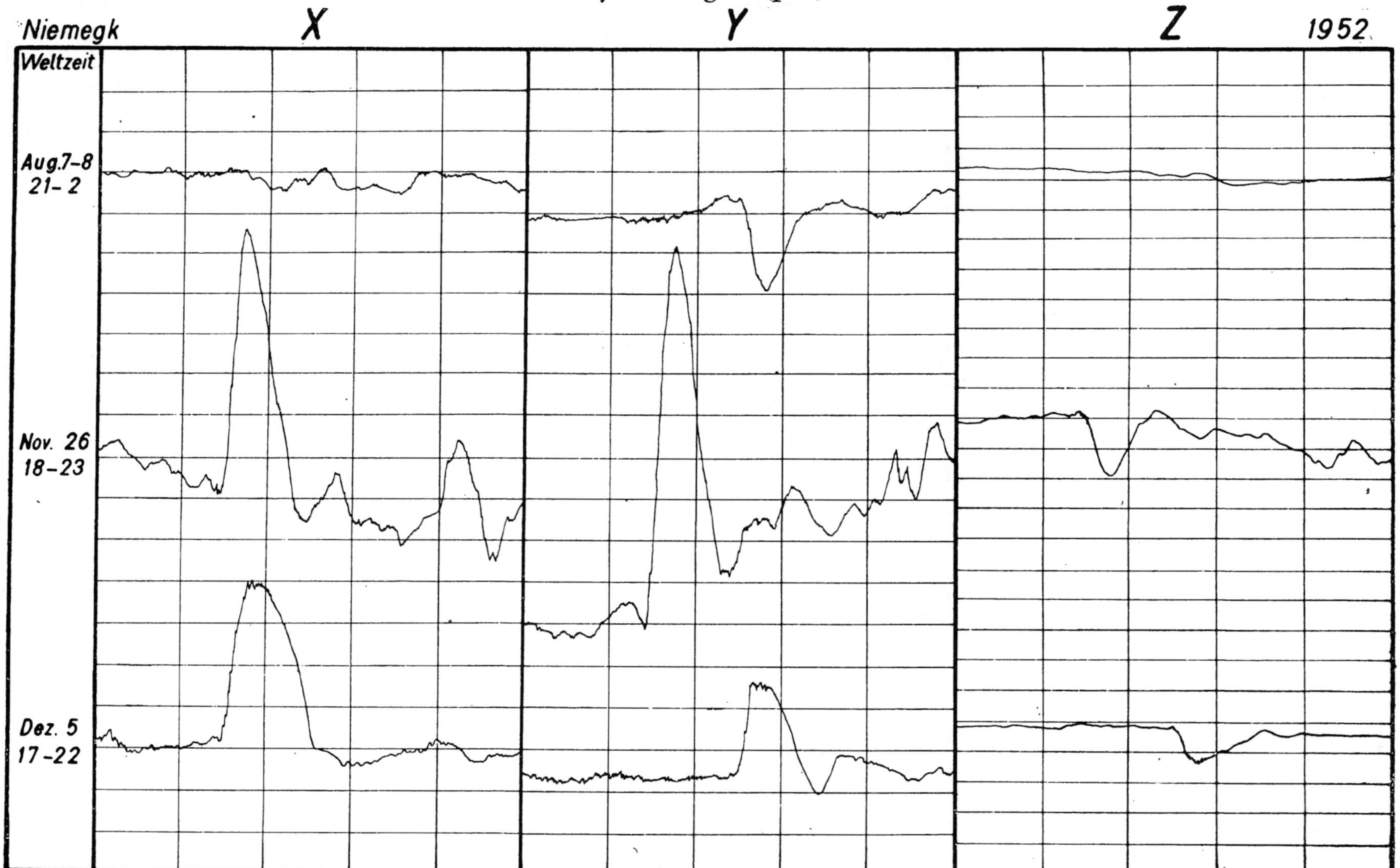

Einheit der Ordinaten 20γ. Die Ungleichheit der Teilung ist durch die Verschiedenheit der Skalenwerte bedingt.

Plötzliche geomagnetische Änderungen oder Impulse (si)

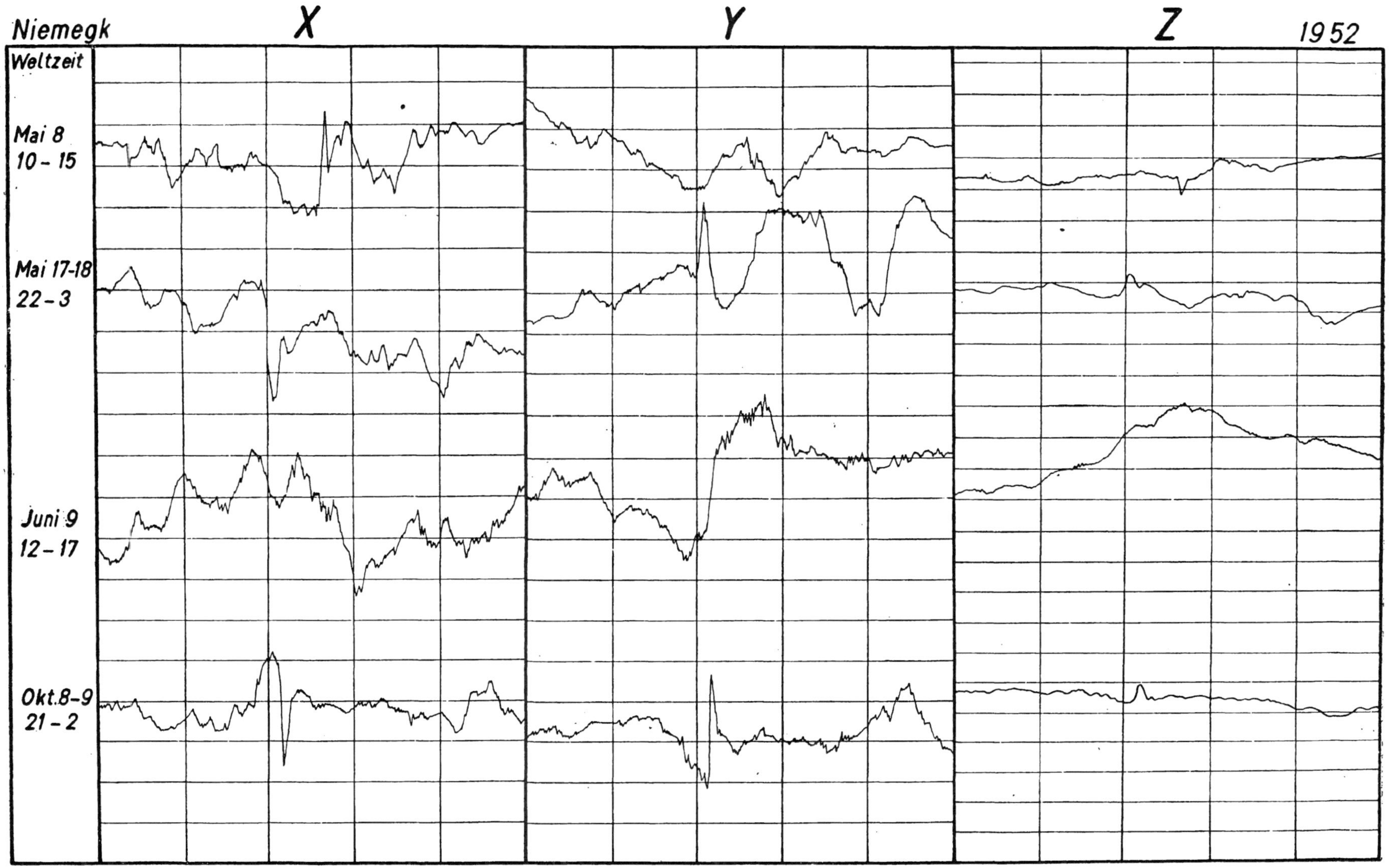

Einheit der Ordinaten 20γ. Die Ungleichheit der Teilung ist durch die Verschiedenheit der Skalenwerte bedingt.

Störungskurven

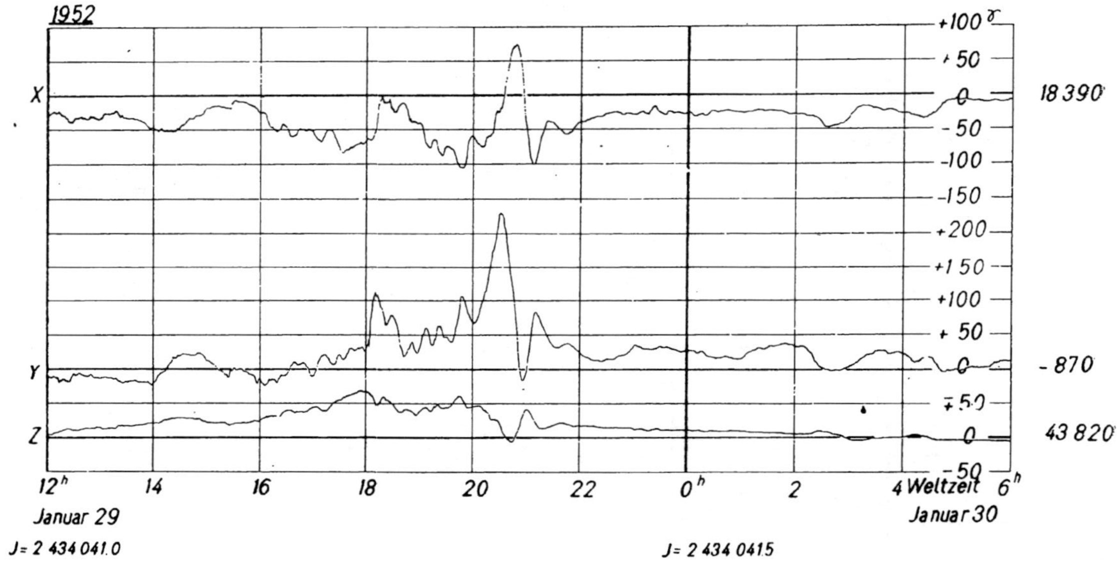

Die Nullinien entsprechen dem Durchschnitt der 10 Tage von Januar 19. bis 28.

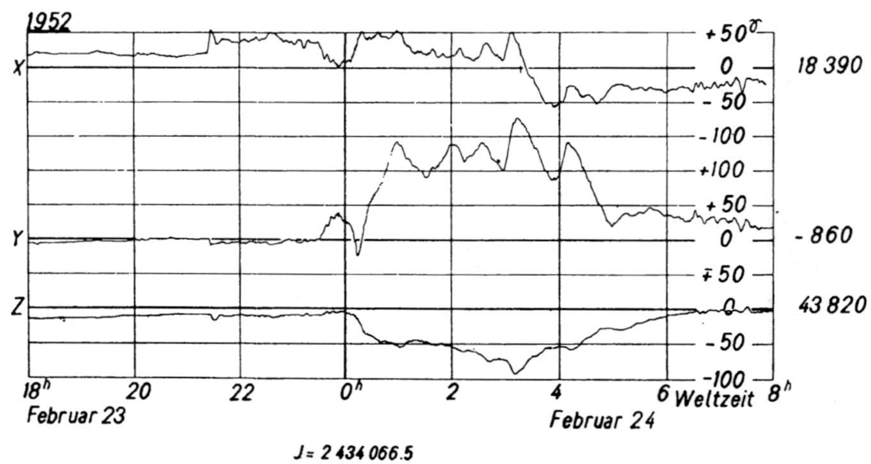

Die Nullinien entsprechen dem Durchschnitt der 10 Tage von Februar 13. bis 22.

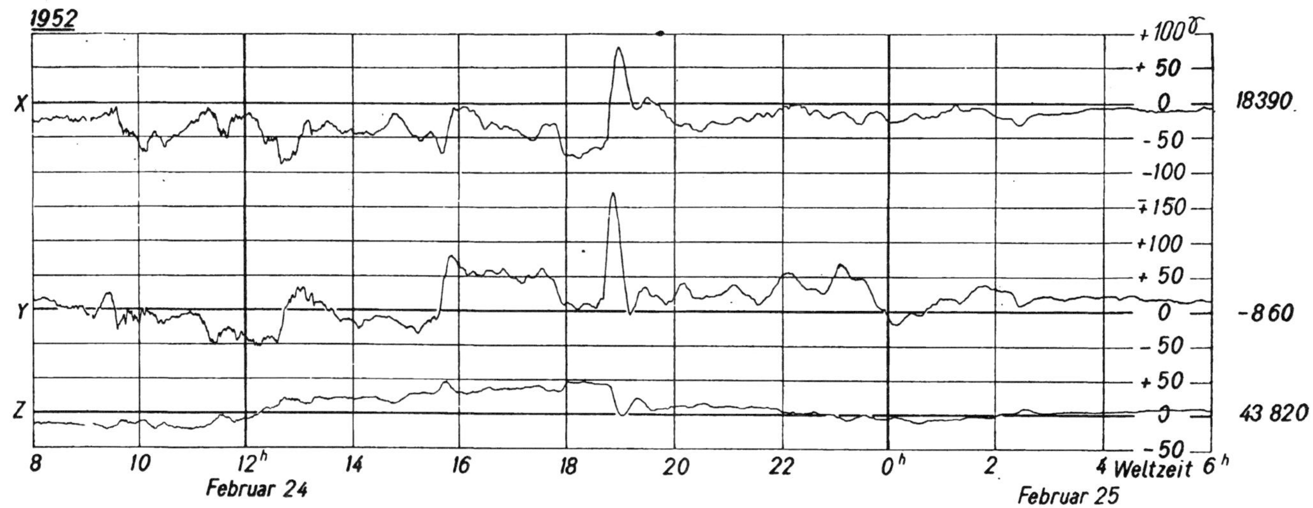

J= 2 434 067 0 J= 2 434 067 5

Die Nullinien entsprechen dem Durchschnitt der 10 Tage von Februar 13. bis 22.

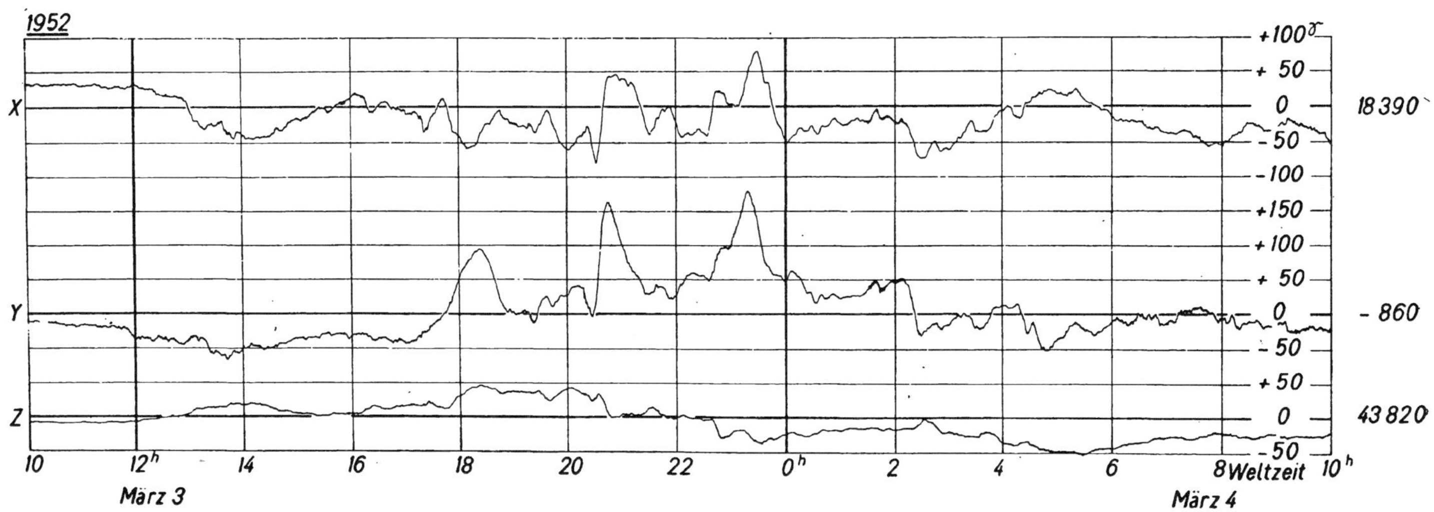

J= 2 434 075.0 J= 2 434 075.5

Die Nullinien entsprechen dem Durchschnitt der 10 Tage von Februar 13. bis 22.

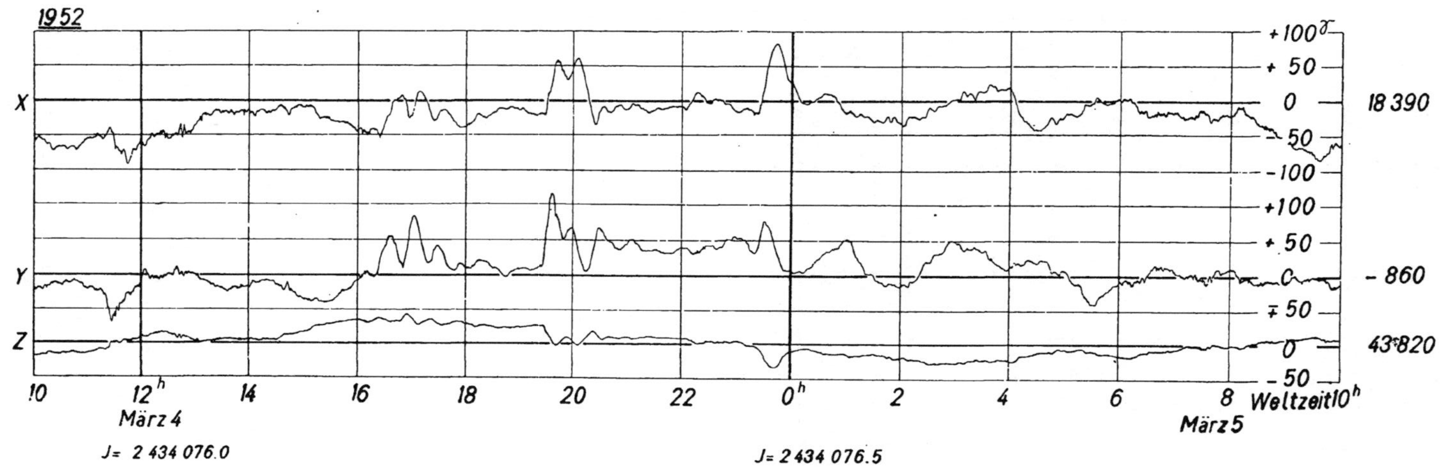

Die Nullinien entsprechen dem Durchschnitt der 10 Tage von Februar 13. bis 22.

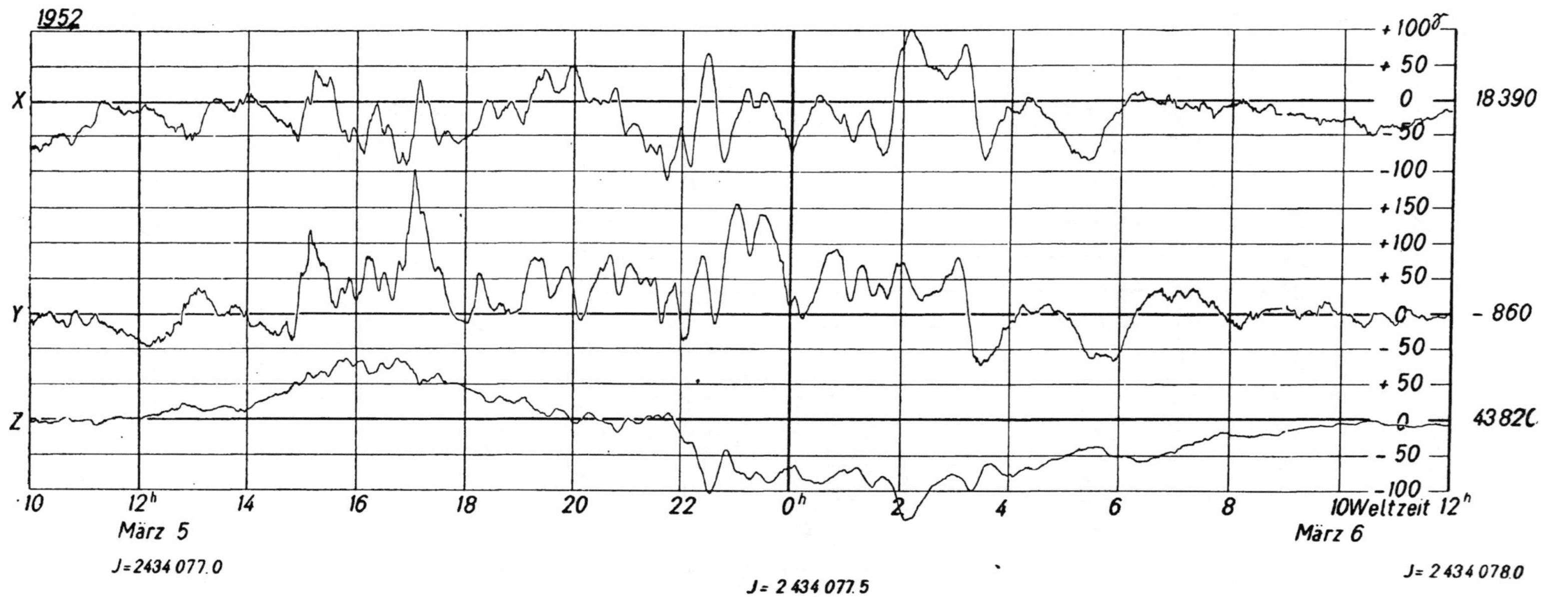

Die Nullinien entsprechen dem Durchschnitt der 10 Tage von Februar 13. bis 22.

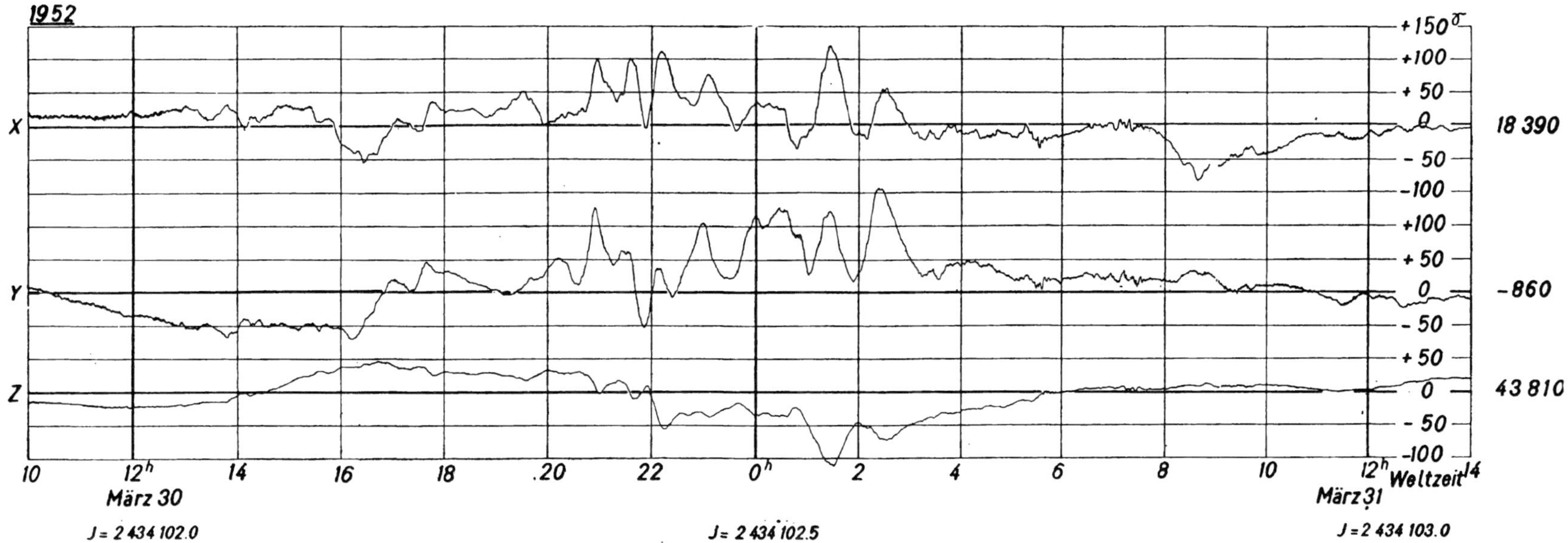

Die Nullinien entsprechen dem Durchschnitt der 10 Tage von März 20. bis 29.

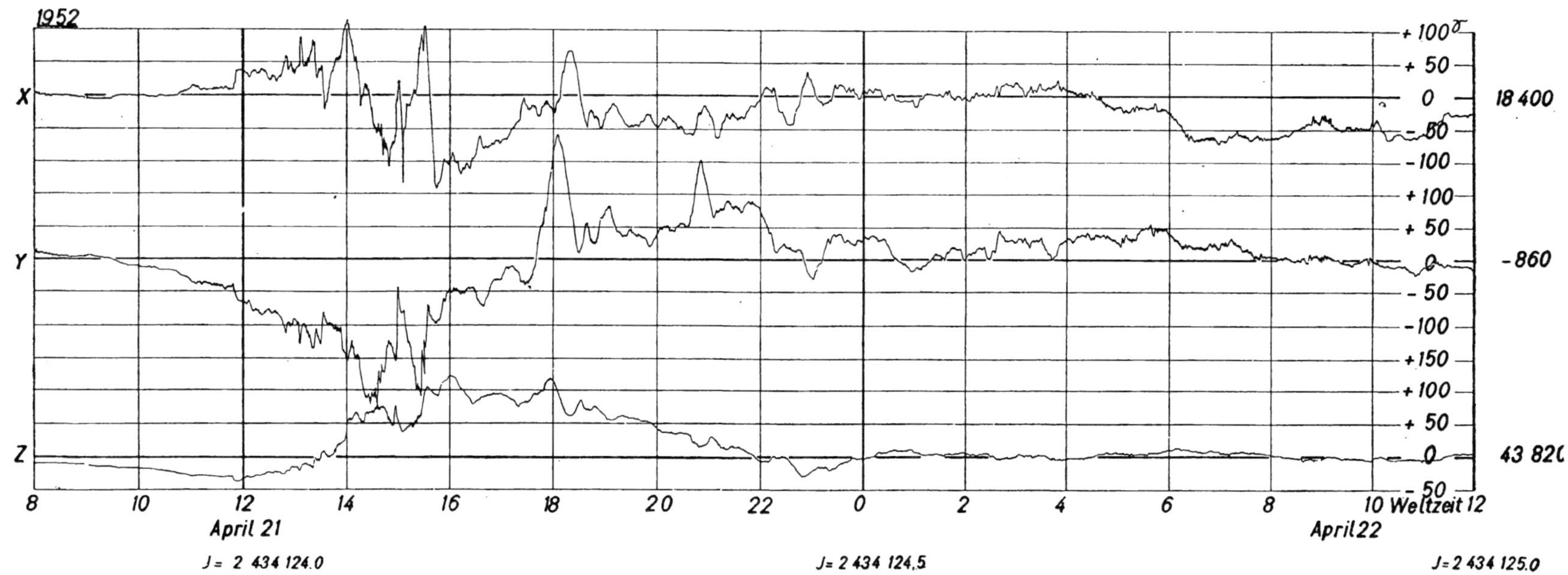

Die Nullinien entsprechen dem Durchschnitt der 10 Tage von April 11. bis 20.

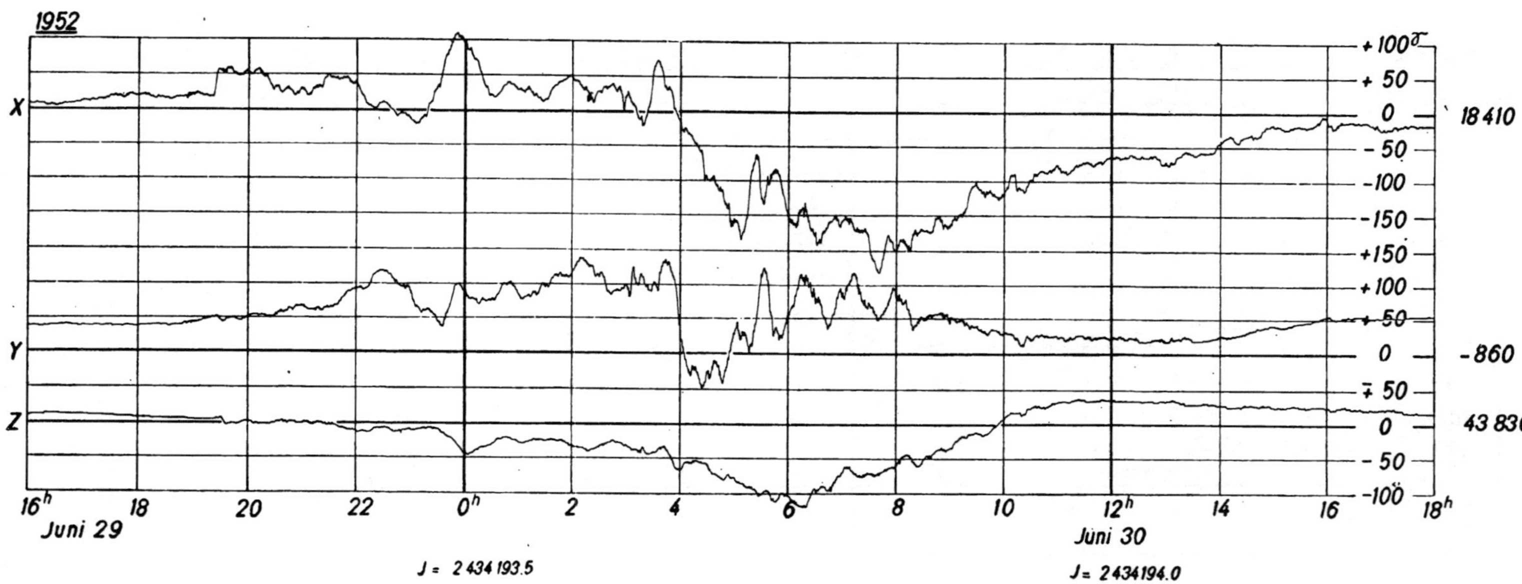

Die Nullinien entsprechen dem Durchschnitt der 10 Tage von Juni 19. bis 28.

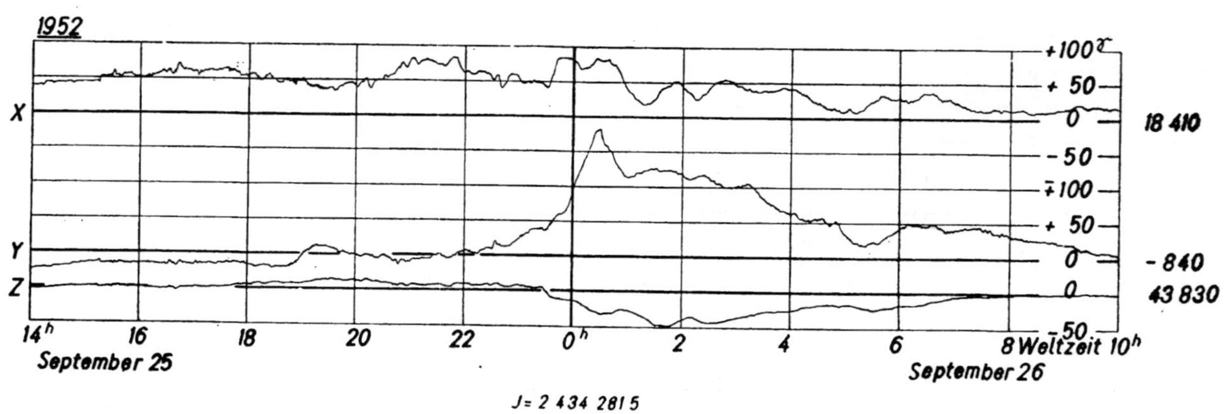

Die Nullinien entsprechen dem Durchschnitt der 10 Tage von September 15. bis 24.

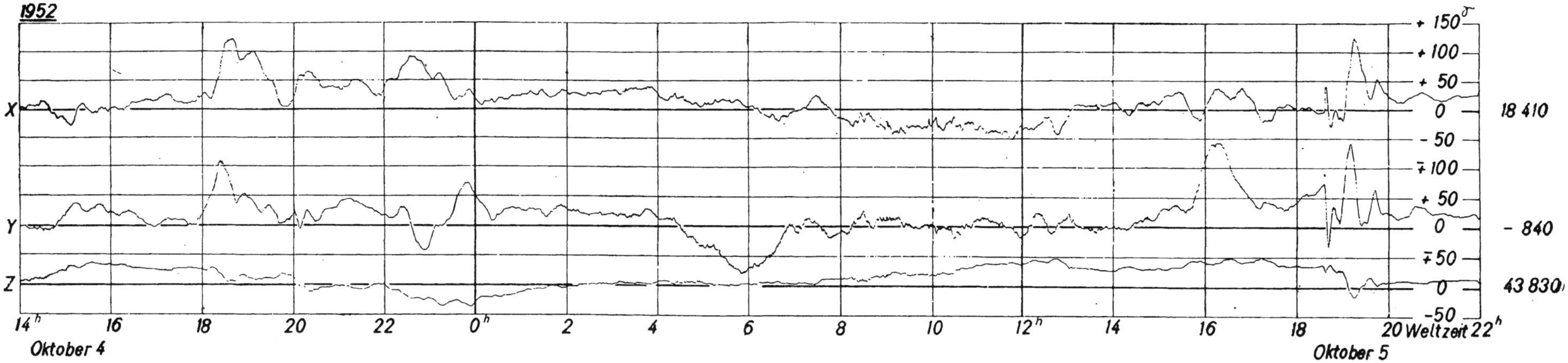

J= 2 434 290.5 J= 2 434 291.0

Die Nullinien entsprechen dem Durchschnitt der 10 Tage von September 15. bis 24.

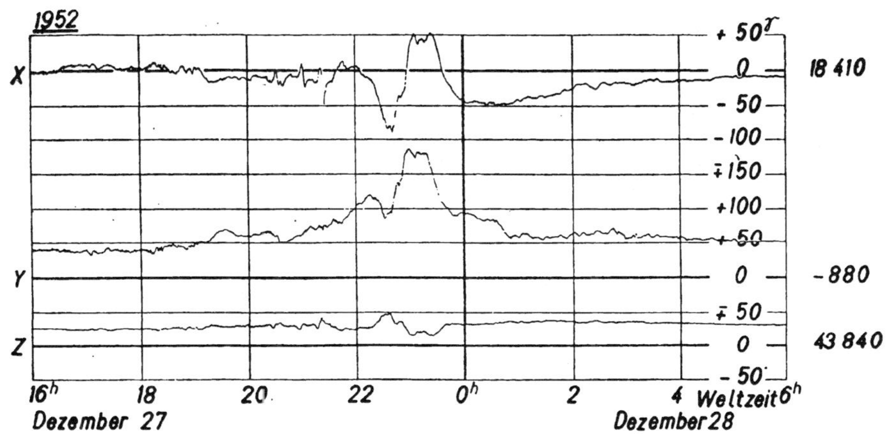

J= 2 434 374.5

Die Nullinien entsprechen dem Durchschnitt der 10 Tage von Dezember 17. bis 26.

Tagesmittel der Komponenten in Abweichungen vom Normalwert

Niemegk **1952**

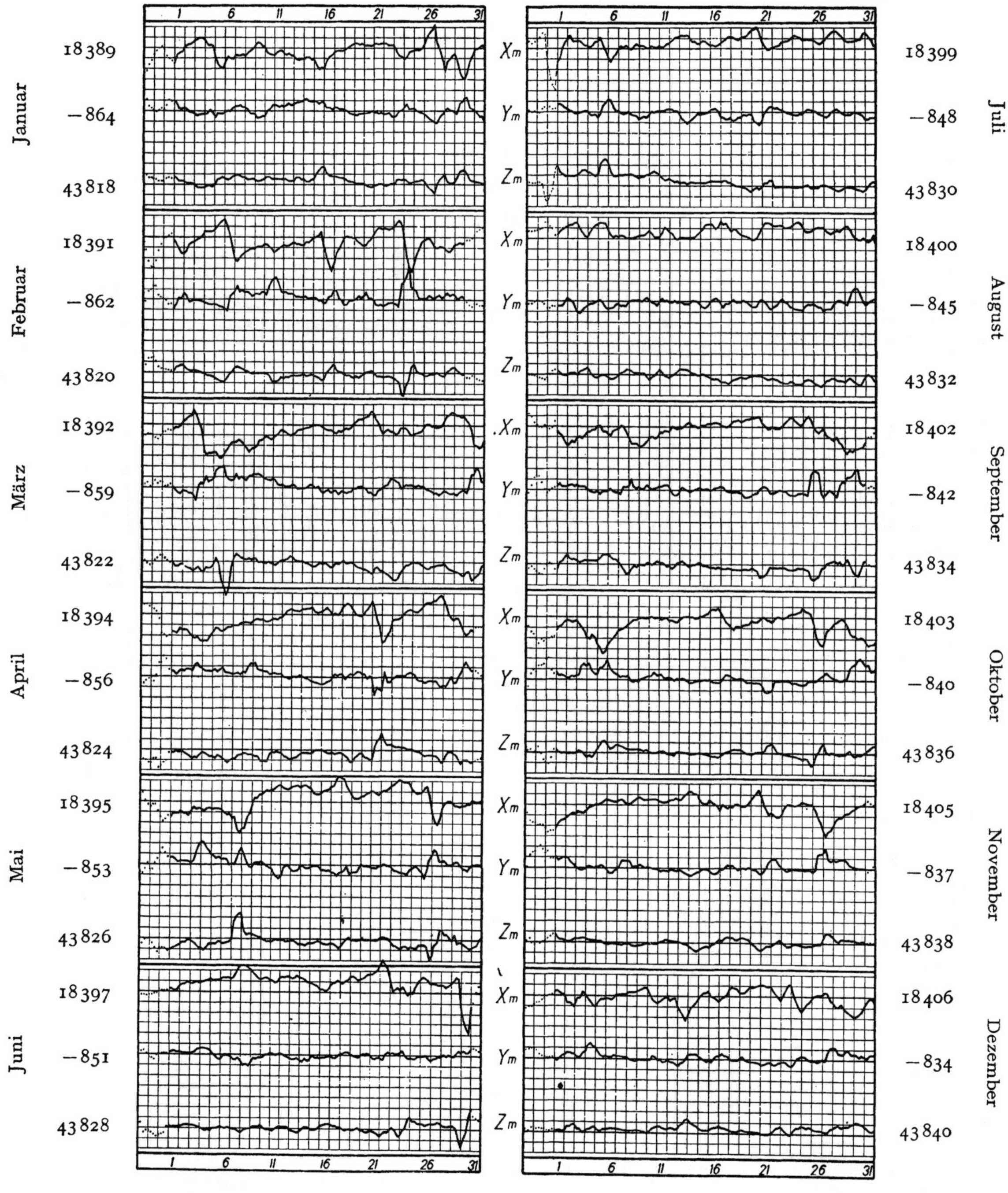

Die lotrechten Linien bezeichnen den Augenblick 0^h nach Weltzeit. Die absoluten Werte am Rande gelten für die Mitte des Monats. — Einheit der Zahlen: γ; Einheit der Ordinaten: 10γ.

Erfahrungen bei der Verwendung des Sonnenspiegels zur Bestimmung des Azimutes

Von H. Bolz und O. Lucke

Um bei geomagnetischen Vermessungsarbeiten das Azimut zu bestimmen, wird seit langem ein auf den Theodoliten aufsetzbarer Sonnenspiegel benutzt. Man stellt den Seitenwinkel fest, bei dem der Mittelpunkt der Sonne im Fadenkreuz des Fernrohres erscheint, welches dem Spiegel gegenüber angebracht ist. Das dazugehörige Azimut wird aus der gleichzeitig mit dem Durchgang der Sonne abgelesenen Uhrzeit berechnet ([1], S. 15).

Ist τ der Stundenwinkel der wahren Ortszeit, der von der oberen Kulmination aus gerechnet wird, δ die Deklination der Sonne in dem bestimmten Zeitpunkt, so gilt, wenn auch das Azimut vom Südpunkt aus gezählt wird:

$$\operatorname{tg} \alpha = \frac{\sin \tau}{\cos \tau \sin \varphi - \cos \varphi \operatorname{tg} \delta}. \tag{1}$$

Die Genauigkeiten, mit denen das Azimut bestimmt werden kann, ergeben sich aus den in [1] mitgeteilten Zahlenangaben. Danach entspricht für $\delta = 20°$, $\varphi = 50°$ einem Fehler von 1 Sekunde in der Zeitbestimmung

ein Fehler von $0{,}19' \approx 11''$, wenn die Sonne im Osten steht } im Azimut.
„ „ „ $0{,}47' \approx 28''$, „ „ „ „ Süden „ }

Wenn $\delta = 0$, ist der Stand der Sonne ohne Einfluß auf diesen Fehler.

Wir waren bemüht, die Zeitbestimmungen genauer als 1 Sekunde durchzuführen und können annehmen, daß das gelungen ist. Trotzdem kommen größere Abweichungen vor. Sie lassen sich in 2 Gruppen einteilen. Die erste kann man als unregelmäßige Schwankung bezeichnen. Sie entsteht nicht nur durch Ungenauigkeiten in der Zeitablesung, sondern auch durch Fehler beim Ablesen überhaupt, Ungenauigkeiten im Teilkreis und noch anderes mehr. Die andere Gruppe zeigt wesentlich größere Abweichungen, die mit wachsendem Höhenwinkel monoton zunehmen.

Um diese Gruppen genau zu bestimmen, wurden mehrfach Vergleichsmessungen durchgeführt, bei denen das bekannte Azimut einer Mire mit Hilfe des Sonnenspiegels wiederholt neu festgestellt wurde. Eine solche Vergleichsmeßreihe begann am 3. 8. 1954 in Niemegk etwa um 5 Uhr morgens und endete um 12 Uhr mittags. 84mal wurde in dieser Zeit das an sich bekannte Azimut des Wasserturms von Niemegk festgestellt.

Man kann den Durchgang des Sonnenmittelpunktes durch das Fadenkreuz bei weitem nicht so genau bestimmen wie den der Sonnenränder. Bei den Beobachtungen werden daher die Durchgänge des rechten und des linken Sonnenrandes nacheinander festgestellt. Ihre Azimute wurden berechnet und mit Hilfe der Formel:

$$\pm \sin \Delta r' = \frac{\pm \sin \Delta r}{\cos h}$$

auf die Sonnenmitte reduziert. Δr ist der wahre Radius der Sonne im Winkelmaß, h ihre Höhe und $\Delta r'$ die entsprechende Azimutkorrektur. Die Differenzen der Azimute für den rechten und linken Sonnenrand einer langen Serie wie die oben genannte geben dann ein gutes Bild für die Genauigkeit der Zeitbestimmung und den Einfluß der übrigen Fehler. Den zahlenmäßigen Zusammenhang zwischen den Fehlern des Stundenwinkels und des Azimutes gewinnt man durch Variation der Formel (1)

$$\operatorname{tg} (\alpha + \Delta\alpha) = \frac{\sin (\tau + \Delta\tau)}{\cos (\tau + \Delta\tau) \sin \varphi - \cos \varphi \operatorname{tg} \delta}.$$

Für den Beobachtungsstand des Observatoriums Niemegk gilt

$$\varphi = 52° \, 04' \, 18'',$$
$$\lambda = 12° \, 40' \, 32''.$$

Bei den Rechnungen ist δ ebenfalls auf die Winkelsekunde genau bestimmt worden. Ihre Variation kann also gleich Null angenommen werden. Wenn man die Fälle $\operatorname{tg}(\alpha) = \infty$ und $\operatorname{tg}(\alpha + \Delta\alpha) = \infty$ ausschließt, gilt:

$$\operatorname{tg} (\alpha + \Delta\alpha) = \Delta\alpha \, (1 + \operatorname{tg}^2(\alpha)) + \operatorname{tg}(\alpha).$$

Außerdem werden benutzt

$$\sin(\tau + \Delta\tau) = \sin\tau + \Delta\tau\cos\tau, \quad \cos(\tau + \Delta\tau) = \cos\tau - \Delta\tau\sin\tau.$$

Setzt man diese Näherungsgleichungen ein, so erhält man:

$$\operatorname{tg}\alpha\left(1 + \Delta\alpha\frac{\operatorname{tg}^2\alpha + 1}{\operatorname{tg}\alpha}\right) = \frac{\sin\tau + \cos\tau\cdot\Delta\alpha}{\cos\tau\sin\varphi - \cos\varphi\operatorname{tg}\delta + \Delta\tau\sin\tau\sin\varphi}$$

$$= \frac{\sin\tau}{\cos\tau\sin\varphi - \cos\varphi\operatorname{tg}\delta}\left(1 + \Delta\tau\left(\operatorname{ctg}\tau - \frac{\sin\tau\sin\varphi}{\cos\tau\sin\varphi - \cos\varphi\operatorname{tg}\delta}\right)\right).$$

Mit Hilfe von (1) erhält man:

$$\Delta\alpha = \frac{\operatorname{tg}\alpha}{(1 + \operatorname{tg}^2\alpha)}(\operatorname{ctg}\tau - \operatorname{tg}\alpha\sin\varphi)\,\Delta\tau. \tag{2}$$

Wenn die Sonne im Ostpunkt steht, wächst $\operatorname{tg}\alpha$ über alle Grenzen. In seiner Umgebung ergibt sich mit genügender Annäherung $\Delta\alpha = -\sin\varphi\,\Delta\tau$, in Zahlenwerten $\Delta\alpha \approx -0{,}8\tau$. Bei abnehmendem $\operatorname{tg}\alpha$ und damit zunehmendem $\operatorname{ctg}\tau$ wird der Punkt erreicht, wo $\Delta\alpha = 0$ für jedes $\Delta\tau$. Wenn man sich dem Kulminationspunkt nähert, ergibt sich für sehr kleine Winkel α und τ nach (1)

$$\Delta\alpha = \frac{\alpha}{\tau}\Delta\tau = \frac{1}{\sin\varphi - \cos\varphi\operatorname{tg}\delta}\Delta\tau$$

oder in Zahlenwerten

$$\Delta\alpha = 1{,}6\tau.$$

Wenn man dabei als größten vorkommenden Fehler von τ, $\Delta\tau = 15''$, zuläßt, erhält man für $\Delta\alpha$ Werte von der von Prof. BOCK in [1] angegebenen Größenordnung. Wenn man damit die Fehler vergleicht, die aus den jeweiligen Rechts- und Linksbestimmungen des Azimutes sich ergeben, so ist der größte vorkommende Wert $1'\,11''$. Man schließt daraus, daß der maximale Fehler von τ größer als $30''$ sein müßte, wenn er alleine die Ursache der Streuung der Azimutwerte sein sollte. Es sind also sicher noch andere Fehlerquellen vorhanden, deren Bedeutung die der Ungenauigkeit der Zeitbestimmung übertreffen muß.

Daß die Abweichung von $\pm 1'$ für α eine obere Grenze darstellen muß, wird noch durch andere Überlegungen bestätigt. Man betrachtet die Berechnung von h, der Höhe der Sonne im Winkelmaß

$$\cos h = \frac{\cos\delta\sin\tau}{\sin\alpha}. \tag{3}$$

In der Nähe der oberen Kulmination werden sowohl τ als auch α sehr kleine Winkel, so daß man schreiben kann

$$\cos h = \frac{\tau\cos\delta}{\alpha}. \tag{4}$$

Wenn τ und α mit Fehlern behaftet sind, kann man den entsprechenden Fehler von h wie folgt berechnen.

$$-\operatorname{tg}h\,\Delta h = \frac{\Delta\tau}{\tau} - \frac{\Delta\alpha}{\alpha}. \tag{5}$$

Wenn die relativen Fehler $\frac{\Delta\tau}{\tau}$ und $\frac{\Delta\alpha}{\alpha}$ bedeutend sind, erhält Δh verhältnismäßig große Werte. In der oberen Kulmination selbst versagt die Formel (4). Man kann h in diesem Punkte aber leicht aus der Beziehung $90 + \delta = h + \varphi$ mit der Genauigkeit von einigen Winkelsekunden angeben:

$$h_m = 55°\,31'\,01''.$$

Dieser Wert muß für alle nach (4) berechneten Werte für einen Tag eine obere Grenze sein. Es spricht für die Güte der Zeit- und Azimutbestimmungen am 3. 8. 1954, daß nur ein einziger diese obere Grenze übertrifft, nämlich der Wert:

$$h = 55°\,31'\,59'' \text{ für } \delta = 17°\,35'\,18'', \quad \tau = 359°\,51'\,14'', \quad \alpha = 359°\,45'\,14''.$$

Er ist um $58''$ größer als h_m.

Einen guten Überblick erhält man, wenn man alle Azimutfehler, die sich bei der Bestimmung eines an sich bekannten Azimutes einer Mire ergeben haben, als Funktion des Höhenwinkels h abträgt. Siehe Abb. 1. Wir haben die eingetragenen Punkte graphisch ausgeglichen, wobei auf die Bedeutung der einzelnen Messungen Rücksicht genommen worden ist. Es ergibt sich klar, daß die Schwankungsbreite der Messungen, bei denen die Sonne nahezu kulminiert, größer ist, als bei den übrigen Höhen, wie es der Formel (5) entspricht. Es treten Abweichungen bei der ausgeglichenen Kurve bis zu $2{,}5'$ auf. Wie bereits dargetan, können sie nicht auf Fehlern in der Zeitbestimmung beruhen. Ihre Ursachen sollen noch genauer untersucht und beseitigt werden.

In diesem Bericht soll vor allen Dingen der Gang der Abweichung $\Delta\alpha$ als Funktion des Höhenwinkels h betrachtet werden, wie er etwa durch die ausgeglichene Kurve der Abb. 1 dargestellt wird. Wir sind der Meinung, daß eine numerische Ausgleichung nicht die graphische ersetzt und nur unter einem großen Aufwand mit der gewünschten Genauigkeit gewonnen werden kann. Es ist vielleicht aber nützlich, einen analytischen Ausdruck für sie herzustellen. Wir wollen die Interpolation mit Hilfe der LORENZschen Orthogonalpolynome vornehmen. Dazu ist folgendes zu bemerken.

In der Abb. 2 ist die Kurve nicht nur als Funktion des Höhenwinkels h, sondern auch als Funktion von cos h/2, cos h, sin h dargestellt. Es ergibt sich, daß $\Delta\alpha$, die Änderung des Azimutes als Funktion $\Delta\alpha$ (cos h/2) die gestreckteste Kurve hat. Über den physikalischen Grund dieser Erscheinung wird

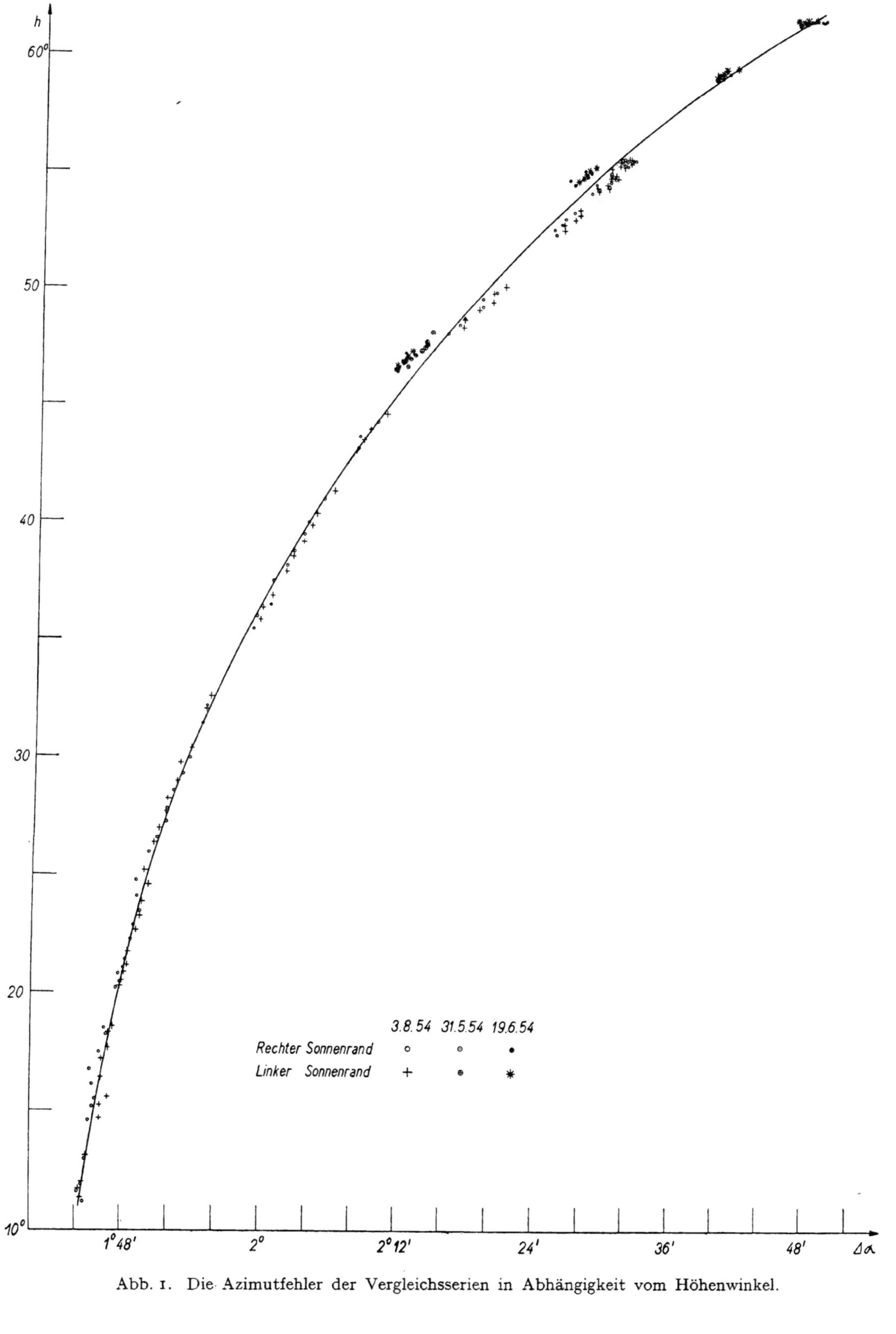

Abb. 1. Die Azimutfehler der Vergleichsserien in Abhängigkeit vom Höhenwinkel.

noch etwas zu sagen sein. Die ausgeglichene Kurve ist für Winkel zwischen etwa h = 11° und h = 61° vorhanden. Weil die LORENZschen Polynome nur bis X_5, als Polynome 5. Ordnung in [2] bequem zugänglich sind, werden für dieses Intervall 6 Werte ausgewählt, durch die das Interpolationspolynom hindurchgehen soll. Die cos h/2-Werte liegen etwa zwischen 0,860 und 0,995. Dieses Intervall wird in 5 Teile geteilt und die dazugehörigen Winkel berechnet.

Tabelle 1

x_i	$\cos h_i/2$	h_i	$\Delta\alpha\,(\cos h_i/2)$	$\Delta\alpha\,(\cos h_i/2)$
−5	0,860	61° 22′ 00″	2° 48,3′	168,3′
−3	0,887	55° 00′ 10″	2° 29,4′	149,4′
−1	0,914	47° 52′ 18″	2° 15,3′	135,3′
1	0,941	39° 33′ 34″	2° 3,3′	123,3′
3	0,968	29° 4′ 04″	1° 52,8′	112,8′
5	0,995	11° 27′ 50″	1° 44,5′	104,5′

Die LORENZschen Polynome sind arithmetische Funktionen, die für bestimmte Systeme von ganzen Zahlen erklärt sind. Ist die Anzahl ihrer Punkte eine ganze Zahl N, so werden, falls N eine ungerade Zahl ist, die Funktionen erklärt für

$$x_i : -\frac{N-1}{2}, -\frac{N-3}{2}, \ldots, -1, 0, +1, \ldots, \frac{N-1}{2}$$

und, falls N eine gerade Zahl ist, für

$$x_i : -(N-1), -(N-3), \ldots, -1, +1, \ldots, +(N+1).$$

Die Gestalt der LORENZschen Orthogonalpolynome ändert sich also auch mit N. Man gewinnt die ersten zweckmäßig aus dem Prozeß der Normierung und Orthogonalisierung der Funktionen $1, x_i, x_i^2, x_i^3, \ldots$ für die vorgegebenen Punkte mit der Belegfunktion 1/N. Man hat also sukzessive folgende Gleichungen zu erfüllen:

$$\frac{1}{N}\sum_{i=1}^{N} X_m(x_i)\cdot X_n(x_i) = \begin{cases} 0 & m \neq n \\ 1 & m = n \end{cases}. \qquad (6)$$

Über dieses Verfahren wird an anderer Stelle berichtet werden. Es wird bei Polynomen von der Ordnung >6 schon sehr unübersichtlich. P. LORENZ und H. GEBELEIN haben andere Methoden zu ihrer Darstellung angegeben (Lit. siehe [2]). Wir setzen demgemäß an

$$\Delta\alpha(x_i) = A_0 + A_1 X_1 + A_2 X_2 + A_3 X_3 + A_4 X_4 + A_5 X_5. \qquad (7)$$

Da wir N = 6 haben, hat sie folgenden Wertevorrat −5, −3, −1, +1, +3, +5, wie in Tab. 1 eingetragen. Die Umrechnung erfolgt durch die folgenden Formeln:

$$x_i = \frac{\cos h_i/2 - 0{,}9275}{0{,}0135} \qquad (a)$$

$$\cos h_i/2 = 0{,}9275 - 0{,}0135\, x_i. \qquad (b) \qquad (8)$$

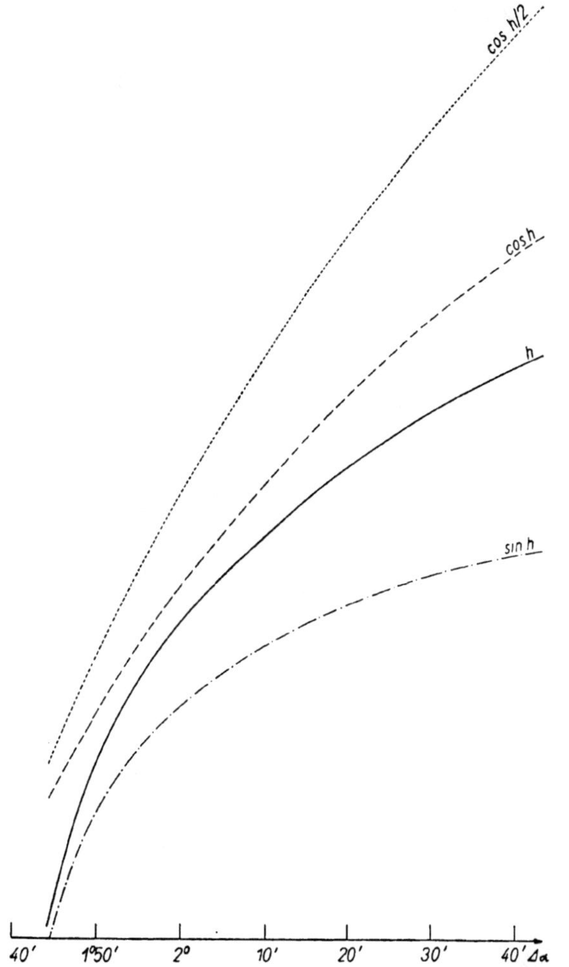

Abb. 2. Die Azimutfehler als Funktion der Variablen h, cos h, cos h/2, sin h.

Nach [2] haben die Polynome folgende Ausdrücke:

$$X_1 = 0{,}292770\, x_i$$
$$X_2 = -1{,}16927 + 1{,}00223\, x_i^2$$
$$X_3 = -0{,}768333\, x_i - 3{,}80363\cdot 10^{-2}\, x_i^3$$
$$X_4 = 1{,}36703 - 4{,}58088\cdot 10^{-1}\, x_i^2 - 1{,}68769\cdot 10^{-2}\, x_i^4$$
$$X_5 = 1{,}85920\, x_i - 3{,}26287\cdot 10^{-1}\, x_i^3 + 1{,}01262\cdot 10^{-2}\, x_i^5.$$

Die Berechnung der Koeffizienten erfolgt nach dem Schema von TSCHETWERIKOFF.

Man erhält $\Delta\alpha_i = 132{,}27 - 55{,}9386\, X_1 + 3{,}000\, X_2 - 135{,}173\, X_3 + 0{,}2633\, X_4 - 230{,}778\, X_5$.

$$\Delta\alpha_i = 129{,}12 - 341{,}581\, x_i + 2{,}88607\, x_i^2 + 70{,}1584\, x_i^3 - 0{,}004445\, x_i^4 - 2{,}3369\, x_i^5.$$

Die Umrechnung der x_i auf die $\cos h_i/2$ wurde nicht mehr vorgenommen. Es kam mehr darauf an, auf die Methode der LORENZschen Orthogonalpolynome hinzuweisen. Sie entfalten ihre Bedeutung erst, wenn $N - 1$ größer als der Grad der Funktion ist. Dann ersetzen sie die Ausgleichung nach der Methode der kleinsten Quadrate, weil es von vornherein eine Eigenschaft der orthogonalen Funktionensysteme ist, eine vorgegebene Funktion im Sinne der Methode der kleinsten Quadrate zu approximieren. Das mittlere Abweichungsquadrat erhält man dann durch die BESSELsche Ungleichung.

Zur Theorie des Sonnenspiegels hat O. VENSKE [3] angenommen, daß die Achse des Theodolitfernrohres horizontal liege und daß die Spiegelebene des Sonnenspiegels parallel zur Kippachse desselben ist. Die erste Voraussetzung trifft bei dem verwendeten Instrument nicht zu. Ob man die zweite Voraussetzung bei dem vorliegenden Instrument machen kann, soll jetzt untersucht werden.

Die Abb. 3 soll die Verhältnisse klarmachen.

A sei die richtig justierte Drehachse des Spiegels. Sie steht senkrecht zur optischen Achse des Fernrohres. Die Spiegelnormale läuft in der Vertikalebene durch die Sonne S und den Zenit Z. Sie schneidet auf dem Horizontalkreis H aus.

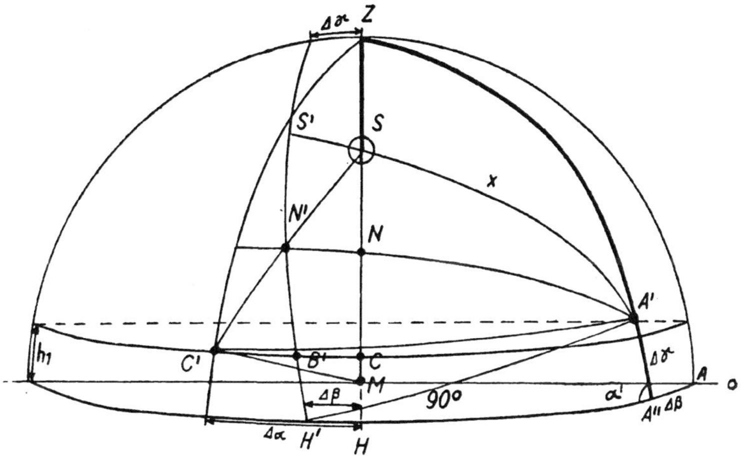

Abb. 3. Schema für die Entstehung des Azimutfehlers $\Delta\alpha$ durch die Fehler $\Delta\beta$ und $\Delta\gamma$ in der Lage der Kippachse.

Wenn M der Punkt ist, in dem die optische Achse des Fernrohres den Spiegel trifft, so ist N so einzurichten, daß $\sphericalangle SMN = \sphericalangle NMC$. Der Winkel $\sphericalangle CMH$ stellt den Winkel dar, unter dem die Fernrohrachse gegen die Horizontalebene geneigt ist. Dann erscheint das Bild der Sonne im Fadenkreuz des Fernrohres. Jeder der beiden Winkel $\sphericalangle SMN$ und $\sphericalangle NMC$ ist gleich $\frac{1}{2}(h - \sphericalangle CMH)$, wenn h der Höhenwinkel der Sonne ist. Nun habe die nicht richtig justierte Achse A' gegenüber A den Horizontalfehler $\Delta\beta$ und den Vertikalfehler $\Delta\gamma$, beide seien kleine Winkel. A'' sei die Projektion des Punktes A' von Z aus auf den Horizontalkreis. Um A' als Pol ziehe man den Äquator der Kugel, so daß $\sphericalangle H'MA' = 90°$ ist. H' liege auf dem Horizontalkreis. Man kann leicht zeigen, daß der Winkel $\sphericalangle H'MA'' = 90°$. Der Winkel α'' bei A'' ist nämlich 90°, so daß der Cosinussatz für sphärische Dreiecke für $\sphericalangle H'MA'$ lautet

$$\underbrace{\cos 90°}_{0} = \cos(\sphericalangle H'MA'')\cos\Delta\gamma + \sin(\sphericalangle H'MA'')\sin\Delta\gamma \underbrace{\cos 90°}_{0}.$$

Weil $\cos\Delta\gamma \neq 0$, folgt $\sphericalangle H'MA'' = 90°$.

Daraus folgt weiter

$$\sphericalangle H'MH = \Delta\beta = 90° - \sphericalangle HMA''. \tag{9}$$

Die Spiegelnormale N' des Spiegels in dem Punkte des Spiegels, in dem die optische Achse des Fernrohres die Ebene des Spiegels trifft, läuft in dem soeben gezogenen Äquator. Weil der Höhenwinkel der optischen Achse $h_1 = \sphericalangle CMH$ gegeben ist, stellt man die Spiegelnormale so ein, daß $\sphericalangle SMN' = \sphericalangle N'MC'$ ist. Dann fällt nach dem Reflektionssatz der reflektierte Strahl in das Fernrohr. Außerdem muß gelten:

$$\sphericalangle SMS' = \sphericalangle C'MB'. \tag{10}$$

Man kann $\sphericalangle SMS'$ ausrechnen. $\sphericalangle SMS' = 90° - x$, wenn $x = \sphericalangle SMA'$ ist. Nach dem Cosinussatz gilt im sphärischen Dreieck ZSA': $\cos x = \sin(\sphericalangle SMS') = \cos(90° - h)\cos(90° - \Delta\gamma) + \sin(90° - h)\cdot$ $\cdot \sin(90° - \Delta\gamma)\cos(90° - \Delta\beta)$

$$\sphericalangle SMS' = \sin h\,\Delta\gamma + \cos h\,\Delta\beta \tag{11}$$

in erster Näherung. In dem Kugeldreieck Z C′ A′ sind nun alle 3 Seiten bekannt. $\sphericalangle C' M Z = 90^\circ - h_1$, $\sphericalangle Z M A' = 90^\circ - \Delta\gamma$, $\sphericalangle A' M C' = 90^\circ + \sphericalangle S M S'$. Zur Berechnung des Winkels $\sphericalangle C' Z A' = 90^\circ + \Delta\alpha - \Delta\beta$ wird wieder der Cosinussatz angewandt.

$$\cos(90^\circ + \sphericalangle S M S') = \cos(90^\circ - \Delta\gamma)\cos(90^\circ - h_1) + \sin(90^\circ - \Delta\gamma)\sin(90^\circ - h_1)\cos(90^\circ - \Delta\beta + \Delta\alpha)$$

$$-\sin(\sphericalangle S' M S) = \sin\Delta\gamma \cdot \sin h_i - \underbrace{\cos\Delta\gamma}_{\approx 1}\cos h_1 \sin(\Delta\alpha - \Delta\beta).$$

In erster Näherung gilt:

$$\Delta\alpha = \Delta\beta\left[1 + \frac{\cos h}{\cos h_1}\right] + \Delta\gamma\left[+\operatorname{tg} h_1 + \frac{\sin h}{\cos h_1}\right]. \qquad (12)$$

Mit welchen Genauigkeiten lassen sich die Winkel h_1, $\Delta\beta$, $\Delta\gamma$ bestimmen?

Die Spiegeldrehachse ist auf dem Theodoliten niedriger als die Drehachse des Fernrohres montiert. Wenn die optische Achse des Fernrohres immer auf den Mittelpunkt des Spiegels gerichtet wäre, erhielte man für h_1 einen konstanten positiven Wert. Einfache Messungen ergaben einen Wert für den Höhenunterschied der Kippachsen von $7{,}05 \pm 0{,}1$ mm.

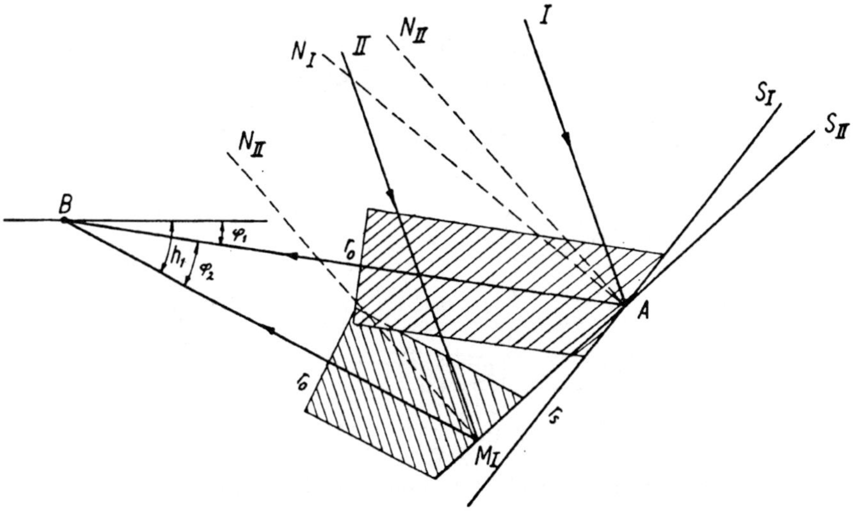

Abb. 4. Verschiedene Lagen des Auftreffpunktes der optischen Achse auf den Spiegel und ihr Einfluß auf den Azimutfehler.

Die mittlere Entfernung der beiden Achsen ist $\frac{161{,}1 + 159{,}6}{2} = 160{,}4$ mm. Man erhält die Neigung des Fernrohres $\varphi_1 = 2{,}44^\circ = 2^\circ\, 26'\, 24''$. Eine mit der Einstellung wechselnde Neigung kommt hinzu, weil die optische Achse des Fernrohres nicht auf den Mittelpunkt des Spiegels gerichtet zu sein braucht. Man kann ihren maximalen Wert dadurch abschätzen, daß man die Sonne nur beobachtet, wenn sie in ihrer vollen Lichtstärke im Fernrohr erscheint. Um das zu erreichen, darf sich der Durchstoßpunkt der optischen Achse nicht mehr als die Differenz der Radien des Spiegels und des Objektivs vom Fernrohr des Spiegels entfernen. Beim Anblick der Sonne ist das Fernrohr auf unendliche Entfernung eingestellt, und die Fassung des Objektivs ist Apperturblende. Die Verhältnisse sind in Abb. 4 dargestellt.

Um den Winkel φ_2 zu berechnen, benutzen wir das Dreieck B A M_I. Die Strecke $\overline{BA}$ ist gegeben, die Strecke $\overline{M_I A}$ läßt sich leicht berechnen. Der Winkel $\sphericalangle$ II M_I B ist gleich $h - \varphi_1 - \varphi_2$, so daß die Spiegelnormale N_{II} den Winkel $\alpha = \frac{h - \varphi_1 - \varphi_2}{2}$ mit der Richtung $\overrightarrow{M_I B}$ bildet.

Die Strecke $\overline{M_I A}$ ist $r_s - \frac{r_0}{\cos\alpha}$. Nach dem Sinussatz für ebene Trigonometrie erhält man dann:

$$\frac{\sin\varphi_2}{\sin(90 + \alpha)} = \frac{1}{\overline{BA}}\left(r_s - \frac{r_0}{\cos\alpha}\right), \text{ also } \sin\varphi_2 = \frac{1}{\overline{BA}}(+r_s\cos\alpha - r_0).$$

Nun gelten:

$$\sin\varphi_2 = 2\sin\frac{\varphi_2}{2}\cos\frac{\varphi_2}{2}, \quad \cos\alpha = \cos\frac{h - \varphi_1 - \varphi_2}{2} = \cos\frac{h - \varphi_1}{2}\cos\frac{\varphi_2}{2} + \sin\frac{h - \varphi_1}{2}\sin\frac{\varphi_2}{2}.$$

Man erhält schließlich:

$$\sin\frac{\varphi_2}{2}\cos\frac{\varphi_2}{2} = \frac{1}{2\overline{AB}}\left[r_s\left(\cos\frac{h - \varphi_1}{2}\cos\frac{\varphi_2}{2} + \sin\frac{h - \varphi_1}{2}\sin\frac{\varphi_2}{2}\right) - r_0\right].$$

Nun ist $\frac{\varphi_2}{2}$ sicher ein kleiner Winkel, so daß man erhält

$$\varphi_2\left(\overline{A\,B} - \frac{r_2}{2}\sin\frac{h-\varphi_1}{2}\right) = \left(r_s\cos\frac{h-\varphi_1}{2} - r_0\right).$$

Man erkennt daraus, daß φ_2 größer wird, wenn $h - \varphi_1$ möglichst klein gehalten wird, also bei niedrigem Sonnenstand. Man erhält dann:

$$\varphi_2\,(\overline{A\,B}) = r_s - r_0,$$

weil man $\frac{r_s}{4}(h - \varphi_1)$ neben $\overline{A\,B}$ vernachlässigen kann.

$$\varphi_2 = \frac{r_s - r_0}{\overline{A\,B}} \tag{13}$$

stellt also aus 2 Gründen die obere Grenze aller möglichen Werte dar.

1. In Abb. 4 ist die extrem mögliche Größe von φ_2 geometrisch dargestellt. φ_2 kann alle möglichen kleineren Werte annehmen.
2. Bei der Berechnung von φ_2 wurde der ungünstigste Fall kleiner Sonnenhöhe angenommen und einige Vernachlässigungen gemacht, die seinen Wert verkleinern würden.

$$r_s - r_0 = 5{,}5\ \text{mm}, \quad \overline{A\,B} = 165{,}4\ \text{mm}, \quad \varphi_2 \leqq 1{,}91^\circ \approx 1^\circ\,55'.$$

Der Höhenwinkel h_1 kann also zwischen den folgenden Werten liegen

$$h_1 = +\,2{,}44^\circ \pm 1{,}91^\circ = \begin{matrix} +\,0{,}53^\circ \\ +\,4{,}35^\circ \end{matrix}$$

Es gilt: $\operatorname{tg} 4{,}35^\circ = 0{,}0761$
$\cos 4{,}35^\circ = 0{,}997 = 1 - 0{,}003.$

Aus Formel (5) gewinnt man einen Ausdruck für den maximalen Fehler von $\Delta\alpha$

$$m \cdot F\,\Delta\alpha = \Delta\beta \cos h \cdot 0{,}003 + \Delta\gamma\,(\operatorname{tg} h_{1_{max}} + \sin h \cdot 0{,}003).$$

Man schreibt für $\Delta\alpha$ einen maximalen Fehler von $0{,}5'$ vor. Um den Einfluß der 3 Summanden auf $m \cdot F \cdot \Delta\alpha$ zu überschlagen, brauchen wir ungefähre Werte von $\Delta\beta$ und $\Delta\gamma$.

Nach den einfachen Vermessungen beträgt

$$\operatorname{tg}\Delta\gamma = \frac{0{,}3}{71{,}6} \qquad \Delta\gamma = 0{,}24^\circ = 14'$$

$$\operatorname{tg}\Delta\beta = \frac{1{,}5}{71{,}6} \qquad \Delta\beta = 1{,}20^\circ = 1^\circ\,12' = 72'.$$

$\cos h$ und $\sin h$ können sich merklich dem Wert 1 nähern. Wenn man verlangt, daß $m\,F\,\Delta\alpha \leqq 0{,}5'$ gelten soll, so kann man die Summanden mit den Faktoren 0,003 vernachlässigen, weil ihr Einfluß erheblich darunter liegen muß. Den Summanden mit dem Faktor kann man nicht ohne weiteres vernachlässigen. Mit $\Delta\gamma = 14{,}4'$ und $\operatorname{tg} h_1 = +\,0{,}076$ erhält man für ihn $1{,}1'$. Wenn man den mittleren Wert für $h_1 = 2{,}44^\circ$ einsetzt, erhält man mit $\operatorname{tg} 2{,}44^\circ = 0{,}0426$ $\underline{0{,}61'}$, für $h_1 = 0{,}53^\circ$ $\operatorname{tg} 0{,}53^\circ = 0{,}0093$ $\underline{0{,}12'}$.

Wenn man berücksichtigt, daß $\varphi_2 = 1{,}91^\circ$ einen sehr extremen Wert darstellt, der nur in seltenen Fällen vorkommen dürfte, ist die Abweichung von dem mittleren Fehler $0{,}61'$ fast stets kleiner als $0{,}5'$. Man kann den maximalen Fehler, wie er in (4) dargestellt ist, fast immer kleiner als $0{,}5'$ halten, wenn man für die Formel (3) setzt

$$\Delta\alpha = \Delta\beta\,[1 + \cos h] + \Delta\gamma\,[+\,0{,}0426 + \sin h]. \tag{14}$$

In einzelnen Fällen wurden die Azimutbestimmungen nacheinander bei allen möglichen Spiegelstellungen durchgeführt und keine wesentlichen Unterschiede bemerkt. Man muß indessen, weil die oben erwähnten Messungen mit den einfachsten Hilfsmitteln ausgeführt wurden, mit den folgenden relativen und absoluten maximalen Fehlern rechnen:

$$\begin{matrix} \text{r. F. } \Delta\beta \approx 7\% & \text{r. F. } \Delta\gamma \approx 30\% \\ \text{a. m. F. } \Delta\beta \approx 5' & \text{a. m. F. } \Delta\gamma \approx 4'. \end{matrix}$$

Daher sollte versucht werden, die Größen von $\Delta\beta$ und $\Delta\gamma$ aus den oben erwähnten Vergleichsmessungen zu gewinnen. Die Ausführungen über die Fehler im Azimut α und im Stundenwinkel τ ergaben, daß $\Delta\alpha$ mit einem Fehler behaftet sein kann. Wir stellen uns vor, daß $\Delta\beta$ und $\Delta\gamma$ nicht so bestimmt werden, daß alle unregelmäßigen Schwankungen mit erfaßt werden, sondern daß mittlere konstante Werte bestimmt werden, die einen geglätteten Gang von $\overline{\Delta\alpha}$ als Funktion von h ergeben. Mit den Bezeichnungen

$$f_i = [1 + \cos h_i], \quad g_i = [+\,0{,}0426 + \sin h_i] \tag{15}$$

liefert die Formel (14)

$$\overline{\Delta\alpha_i} = \Delta\beta\,f_i + \Delta\gamma\,g_i.$$

Wir fordern nun im Sinn der Ausgleichsrechnung, daß

$$\sum_{i=1}^{n} (\Delta\alpha_i - \overline{\Delta\alpha_i})^2 = \text{Min}$$

oder

$$\sum_{i=1}^{n} [\Delta\alpha_i - \Delta\beta\, f_i - \Delta\gamma\, g_i]^2 = \text{Min}.$$

n ist die Anzahl der Beobachtungen.

Die notwendigen Bedingungen für das Eintreten des Minimums sind die, daß die partiellen Ableitungen nach $\Delta\beta$ und $\Delta\gamma$ verschwinden.

Wir erhalten also das folgende lineare Gleichungssystem für die Unbekannten:

$$\begin{aligned} \Delta\beta \sum_{i=1}^{n} f_i^2 + \Delta\gamma \sum_{i=1}^{n} f_i\, g_i &= \sum_{i=1}^{n} \Delta\alpha_i\, f_i \\ \Delta\beta \sum_{i=1}^{n} f_i\, g_i + \Delta\gamma \sum_{i=1}^{n} g_i^2 &= \sum_{i=1}^{n} \Delta\alpha_i\, g_i\,. \end{aligned} \tag{16}$$

Die Auflösung nach den Cramerschen Regeln ergibt:

$$\begin{aligned} \Delta\beta &= \frac{\sum_{i=1}^{n} \Delta\alpha_i\, g_i \sum_{i=1}^{n} g_i^2 - \sum_{i=1}^{n} f_i\, g_i \sum_{i=1}^{n} \Delta\alpha_i\, g_i}{\sum_{i=1}^{n} f_i^2 \sum_{i=1}^{n} g_i^2 - \left(\sum_{i=1}^{n} f_i\, g_i\right)^2} \\ \Delta\gamma &= \frac{\sum_{i=1}^{n} f_i^2 \sum_{i=1}^{n} \Delta\alpha_i\, g_i - \sum_{i=1}^{n} f_i\, g_i \sum_{i=1}^{n} \Delta\alpha_i\, f_i}{\sum_{i=1}^{n} f_i^2 \sum_{i=1}^{n} g_i^2 - \left(\sum_{i=1}^{n} f_i\, g_i\right)^2}\,. \end{aligned} \tag{17}$$

Man erhält für den linken Sonnenrand aus den Messungen am 3. 8. 1954

$$\Delta\beta = 37{,}43' \qquad \Delta\gamma = 111{,}84'$$

für den rechten

$$\Delta\beta = 33{,}16' \qquad \Delta\gamma = 108{,}49',$$

Werte, die auch nicht annähernd mit den durch Messungen erhaltenen übereinstimmen. Man ist versucht anzunehmen, daß für tg h_1 nicht der richtige Wert angesetzt wurde. Deshalb soll noch eine andere Art der Ausgleichung versucht werden.

Wir setzen an:

$$\overline{\Delta\alpha_i} = \Delta\beta\, f_i + \Delta\gamma\, (k_i - \chi),$$

wobei gelten sollen

$$k_i = \sin h_i, \qquad \chi = \operatorname{tg} h_1.$$

χ wird also unbestimmt gelassen. Die Forderung

$$\sum_{i=1}^{n} (\Delta\alpha_i - \overline{\Delta\alpha_i})^2 = \sum_{i=1}^{n} (\Delta\alpha_i - \Delta\beta\, f_i - \Delta\gamma\, (k_i - \chi))^2 = \text{Min}$$

führt auf ein nicht-lineares Gleichungssystem für $\Delta\beta$, $\Delta\gamma$, χ. Man erhält:

$$\begin{aligned} &\sum_{i=1}^{n} \Delta\alpha_i\, f_i = \Delta\beta \sum_{i=1}^{n} f_i^2 + \Delta\gamma \sum_{i=1}^{n} f_i\, k_i + \Delta\gamma \cdot \chi \cdot \sum_{i=1}^{n} f_i \\ &\sum_{i=1}^{n} \Delta\alpha_i\, k_i + \chi \sum_{i=1}^{n} \Delta\alpha_i = \Delta\beta \sum_{i=1}^{n} f_i\, k_i + \Delta\beta\, \chi \sum_{i=1}^{n} f_i + \Delta\gamma \sum_{i=1}^{n} k_i^2 + 2\Delta\gamma\, \chi \sum_{i=1}^{n} k_i + \Delta\gamma\, \chi^2 \cdot n \\ &\Delta\gamma \sum_{i=1}^{n} \Delta\alpha_i = \Delta\beta \cdot \Delta\gamma \sum_{i=1}^{n} f_i + \Delta\gamma^2 \sum_{i=1}^{n} k_i + \Delta\gamma^2\, \chi \cdot n\,. \end{aligned} \tag{18}$$

Man verfährt in einer Näherungsmethode nun so, daß man die aus (9) gewonnenen Größen $\Delta\beta$ und $\Delta\gamma$ als erste Näherungen $\Delta\beta^{(1)}$, $\Delta\gamma^{(1)}$ auffaßt und sie mit Hilfe der Gl. (10) zu verbessern sucht. Die erste der Gl. (10) liefert:

$$\chi = \frac{\sum_{i=1}^{n} \Delta\alpha_i\, f_i - \Delta\beta^{(1)} \sum_{i=1}^{n} f_i^2 - \Delta\gamma^{(1)} \sum_{i=1}^{n} f_i\, k_i}{\Delta\gamma^{(1)} \sum_{i=1}^{n} f_i} \tag{19}$$

und die letzte:

$$\chi = \frac{\sum_{i=1}^{n} \Delta\alpha_i - \Delta\beta^{(1)} \sum_{i=1}^{n} f_i - \Delta\gamma^{(1)} \sum_{i=1}^{n} k_i}{\Delta\gamma^{(1)} \cdot n}\,. \tag{20}$$

Die zweite der Gl. (18) liefert auch eine neue Gleichung zur Bestimmung von χ. Wenn man schreibt:

$$\sum_{i=1}^{n} \Delta\alpha_i k_i - \Delta\beta^{(1)} \sum_{i=1}^{n} f_i k_i - \Delta\gamma^{(1)} \sum_{i=1}^{n} k_i^2 = \chi \left(\Delta\beta^{(1)} \sum_{i=1}^{n} f_i + 2\Delta\gamma^{(1)} \sum_{i=1}^{n} k_i - \sum_{i=1}^{n} \alpha_i \right) + \Delta\gamma^{(1)} \cdot n \cdot \chi^2, \qquad (21)$$

so sieht man, daß man eine quadratische Gleichung für χ erhält, von deren Wurzeln allerdings nur die eine Bedeutung für die Aufgabe haben wird. Den Durchschnitt der 3 erhaltenen Werte χ betrachtet man als Verbesserung des Wertes $\chi = 0{,}0426$ und rechnet mit diesem Wert die Gl. (18) erneut aus. Sie liefert verbesserte Werte $\Delta\beta^{(2)}$ und $\Delta\gamma^{(2)}$. Man kann diese wieder zu einer Verbesserung von χ benutzen, aber der Iteration sind wahrscheinlich bald Grenzen gesetzt. Man wird sich mit der ersten Verbesserung begnügen.

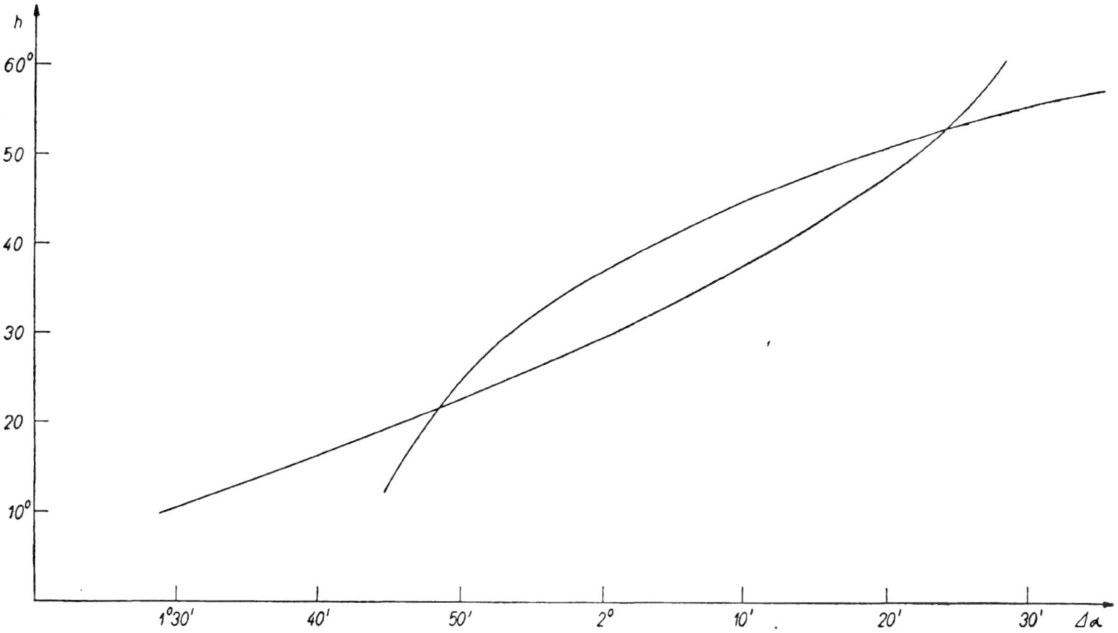

Abb. 5. Vergleich der empirischen Kurve $\Delta\alpha$ (h) und der durch Ausgleichung gewonnenen, wenn nur $\Delta\beta$ und $\Delta\gamma$ als Fehlerquellen zugelassen werden.

Die erste Näherung ist für

den linken Sonnenrand,	für den rechten
$\chi^{(1)} = 0{,}0426$	$\chi^{(1)} = 0{,}0426$
$\chi^{(3)} = 0{,}0418$	$\chi^{(3)} = 0{,}0418$
$\chi^{(2)} = 0{,}0386$	$\chi^{(2)} = 0{,}0426$

Man muß daraus schließen, daß die Annahme über $\operatorname{tg} h_1$ nicht die Ursache des Unterschiedes zwischen den gemessenen Werten von $\Delta\beta$ und $\Delta\gamma$ und den durch Ausgleichung gewonnenen sein kann. Wodurch der Unterschied zustande kommt, wird aus Abb. 5 klar. Sie enthält die ausgeglichene Kurve der Abb. 1 und die Funkion $\Delta\alpha = \Delta\beta\,(1 + \cos h) + (\operatorname{tg} h_1 + \sin h)\,\Delta\gamma$.

Man erkennt folgendes: Der Charakter der Funktion ist ein vollständig anderer als der der Kurve, die sie darstellen soll. Die Minimumbedingung hat den Werten $\Delta\beta$ und $\Delta\gamma$ ihre Werte aufgezwungen. Die physikalischen Ursachen der Abweichungen $\Delta\alpha$ in Abhängigkeit von h sind durch den Ansatz von O. Venske nicht erfaßt.

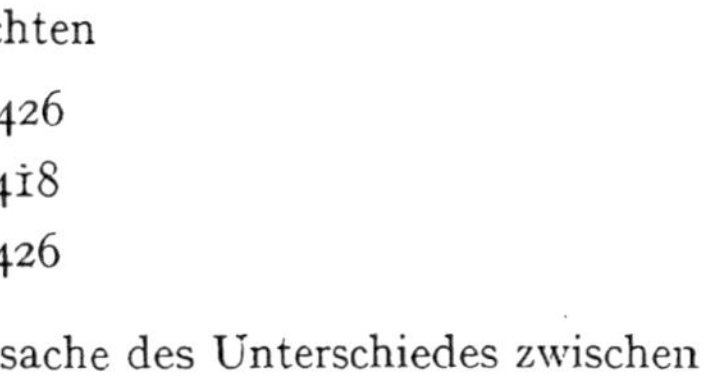

Abb. 6. Die Lage des Spiegels zu seiner Kippachse.

Die großen Unterschiede in den $\Delta\beta$- und $\Delta\gamma$-Werten sind möglicherweise auf die Tatsache zurückzuführen, daß der Spiegel zu seiner Kippachse nicht richtig justiert ist, sondern einen Winkel mit ihr einschließt. Siehe Abb. 6. Wenn man den Spiegel um seine Kippachse dreht, sind seine Normalen nicht immer derselben Ebene parallel, sondern die in einem bestimmten Punkte seiner Oberfläche beschreiben einen Kegelmantel.

Die Verhältnisse sollen in Abb. 7 veranschaulicht werden.

A′ bezeichnet die Kippachse. Wenn der Spiegel um sie gedreht wird, so läuft die Normale eines bestimmten Spiegelpunktes auf dem Breitenkreis H°, C°, N″. Dieser ist um den Winkel $\Delta\varepsilon$ gegenüber dem Äquator N′ C′ H′ verschoben. N′ C′ H′ gehört zum Pol A′. Der Lichtstrahl fällt dann unter h_1 ins Fernrohr, wenn der Punkt N″ so liegt, daß die Punkte C″ N″ S einen Großkreis bilden und ∢ C″ M N″ = ∢ N″ M S.

Man kann zeigen, daß $\sphericalangle\, \alpha_2''$ und α_1'' bei A'' einander gleich sind. Wenn man nämlich auf die Dreiecke S A'' N'' und N'' A'' C'' die Sätze der sphärischen Trigonometrie anwendet, erhält man (siehe Abb. 7)

$$\frac{\sin\beta''}{\sin\alpha_1''} = \frac{\sin x_1}{\sin a''} \qquad \frac{\sin\beta''}{\sin\alpha_2''} = \frac{\sin y_1}{\sin a''}. \qquad \text{Daraus:}\ \frac{\sin\alpha_1''}{\sin\alpha_2''} = \frac{\sin y_1}{\sin x_1} \tag{22}$$

$$\cos a'' = \cos x_1 \cos b'' + \sin x_1 \sin b'' \cos\alpha_1''.$$

$$\cos a'' = \cos y_1 \cos b'' + \sin y_1 \sin b'' \cos\alpha_2''$$

Nun gilt $b'' = 90°$, so daß folgt:

$$\frac{\sin y_1}{\sin x_1} = \frac{\cos\alpha_1''}{\cos\alpha_2''}. \tag{23}$$

Aus den beiden Gl. (22) und (23) folgt

$$\sin\alpha_1''\cos\alpha_2'' = \cos\alpha_1''\sin\alpha_2'', \quad \sin(\alpha_1'' - \alpha_2'') = 0, \quad \alpha_1'' = \alpha_2''.$$

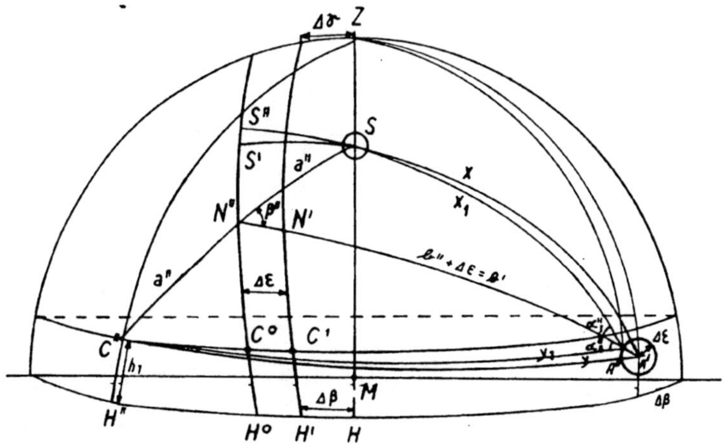

Abb. 7. Schema für die Entstehung des Azimutfehlers durch die Fehler $\Delta\beta$, $\Delta\gamma$, $\Delta\varepsilon$ bei der Justierung des Spiegels.

Die Gl. (22) und (23) sagen dann aus, daß

$$\sin y_1 = \sin x_1 \quad \text{ist.} \tag{24}$$

Diese Gleichung gilt ohne Vernachlässigungen. Aus dem Reflektionsgesetz folgt, daß, wenn x_1 ein Winkel $< 90°$ ist, $y_1 > 90°$ gilt. Auch das Umgekehrte gilt. Man kann daher auch auf folgendes schließen:

$$\cos y_1 = -\cos x_1, \tag{25}$$

was Gl. (10) entspricht. Diese Gleichung wird benutzt, um den Winkel H M H'' $= \Delta\alpha$ zu bestimmen. Man stellt zunächst Beziehungen her zwischen den Winkeln x und x_1 bzw. y und y_1. Es gelten:

$$\cos x_1 = \cos x \cos\Delta\varepsilon + \sin x \sin\Delta\varepsilon \cos\alpha_1',$$

$$\cos y_1 = \cos y \cos\Delta\varepsilon + \sin y \sin\Delta\varepsilon \cos\alpha_2'.$$

Die bei A' liegenden Winkel wurden mit α_1' bzw. α_2' bezeichnet. Bis auf Größen, die von der zweiten Ordnung klein sind, gelten:

$$\cos\Delta\varepsilon = 1, \quad \sin x = \sin y = 1, \quad \sin\Delta\varepsilon = \Delta\varepsilon, \quad \cos x_1 = \cos x + \Delta\varepsilon\cos\alpha_1' \tag{25a}$$

also

$$\cos y_1 = \cos y + \Delta\varepsilon \cos\alpha_2'$$

und wegen

$$\cos y = -(\Delta\varepsilon\cos\alpha_2' + \cos x + \Delta\varepsilon\cos\alpha_1'). \tag{25}$$

In gleichem Maße gelten:

$$\cos y = -\cos x - 2\Delta\varepsilon\cos\alpha_1' = -\cos x - 2\Delta\varepsilon\cos\frac{h - h_1}{2} \approx -\cos x - 2\Delta\varepsilon\cos\frac{h}{2}.$$

Im Dreieck A' C'' Z gilt:

$$\begin{aligned}\cos y &= \cos(90° - h_1)\cos(90° - \Delta\gamma) + \sin(90° - h_1)\sin(90° - \Delta\gamma)\cos(90° + \Delta\alpha - \Delta\beta)\\ &= \sin h_1 \underbrace{\sin\Delta\gamma}_{\Delta\gamma} - \cos h_1 \underbrace{\cos\Delta\gamma}_{1} \sin\underbrace{(\Delta\alpha - \Delta\beta)}_{\Delta\alpha - \Delta\beta} = \underline{\Delta\gamma\sin h_1 - \cos h_1(\Delta\alpha - \Delta\beta)}.\end{aligned} \tag{26}$$

Im Dreieck A′ Z S gilt:

$$\cos x = \cos(90^\circ - \Delta\gamma)\cos(90^\circ - h) + \underbrace{\sin(90^\circ - \Delta\gamma)}_{1}\sin(90^\circ - h)\cos(90^\circ - \Delta\beta)$$

$$= \underline{\Delta\gamma \sin h + \Delta\beta \cos h.} \qquad (27)$$

$$-\cos h_1(\Delta\alpha - \Delta\beta) + \sin h_1 \Delta\gamma = -\Delta\gamma \sin h - \Delta\beta \cos h - 2\Delta\varepsilon \cos\frac{h}{2} \qquad (28)$$

$$\Delta\alpha = \Delta\beta + \frac{1}{\cos h_1}\left[\sin h_1 \Delta\gamma + \Delta\gamma \sin h + \Delta\beta \cos h + 2\Delta\varepsilon \cos\frac{h}{2}\right]$$

$$= \Delta\beta(\cos h + 1) + \Delta\gamma(\operatorname{tg} h_1 + \sin h) + \Delta\varepsilon\left(2\cos\frac{h}{2}\right). \qquad (29)$$

Wir bestimmen jetzt 3 Parameter $\Delta\beta$, $\Delta\gamma$ und $\Delta\varepsilon$ mit Hilfe der Ausgleichsrechnung.

Mit $f_i = (\cos h_i + 1)$, $g_i = (\operatorname{tg} h_i + \sin h_i)$, $k_i = 2\cos\frac{h_i}{2}$ erhält man

$$\overline{\Delta\alpha} = \Delta\beta \cdot f_i + \Delta\gamma \cdot g_i + \Delta\varepsilon\, k_i \sum_{i=1}^{n} (\Delta\alpha_i - \overline{\Delta\alpha_i})^2 = \text{Min}. \qquad (30)$$

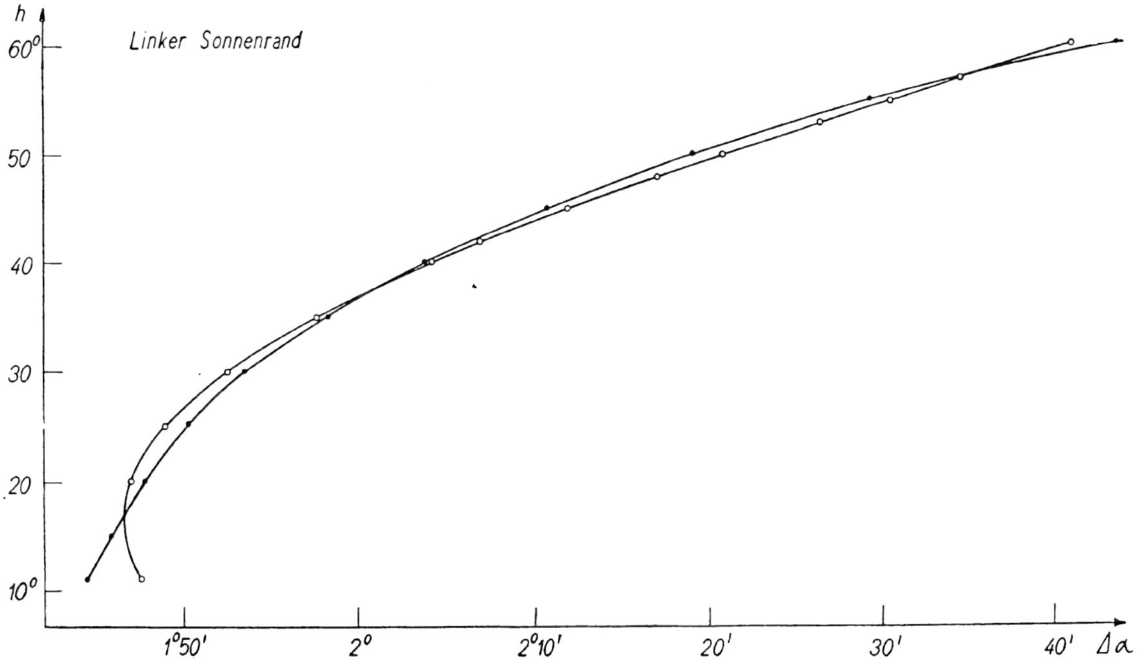

Abb. 8. Vergleich der empirischen Kurve $\Delta\alpha$ (h) und der durch Ausgleichung gewonnenen, wenn $\Delta\beta$, $\Delta\gamma$, $\Delta\varepsilon$ als Fehlerquelle zugelassen werden. Beobachtungen des linken Sonnenrandes.

Notwendige Bedingungen:

$$\frac{\partial \cdots}{\partial \Delta\beta}: \Delta\beta \sum_{i=1}^{n} f_i^2 + \Delta\gamma \sum_{i=1}^{n} f_i g_i + \Delta\varepsilon \sum_{i=1}^{n} f_i k_i = \sum_{i=1}^{n} \Delta\alpha_i f_i$$

$$\frac{\partial \cdots}{\partial \Delta\gamma}: \Delta\beta \sum_{i=1}^{n} f_i g_i + \Delta\gamma \sum_{i=1}^{n} g_i^2 + \Delta\varepsilon \sum_{i=1}^{n} g_i k_i = \sum_{i=1}^{n} \Delta\alpha_i g_i$$

$$\frac{\partial \cdots}{\partial \chi}: \Delta\beta \sum_{i=1}^{n} f_i k_i + \Delta\gamma \sum_{i=1}^{n} g_i k_i + \Delta\varepsilon \sum_{i=1}^{n} k_i^2 = \Delta\alpha_i k_i.$$

Wir schreiben:

$$\Delta\beta \cdot a_{11} + \Delta\gamma \cdot a_{12} + \Delta\varepsilon \cdot a_{13} = b_1$$
$$\Delta\beta \cdot a_{21} + \Delta\gamma \cdot a_{22} + \Delta\varepsilon \cdot a_{23} = b_2$$
$$\Delta\beta \cdot a_{31} + \Delta\gamma \cdot a_{32} + \Delta\varepsilon \cdot a_{33} = b_3.$$

Nach den CRAMERschen Regeln gelten:

$$\Delta\beta = \frac{b_1 a_{22} a_{33} + b_2 a_{32} a_{13} + a_{12} a_{23} b_3 - b_3 a_{22} a_{13} - b_2 a_{12} a_{33} - a_{23} a_{32} b_1}{a_{11} a_{22} a_{33} + a_{12} a_{23} a_{31} + a_{21} a_{32} a_{13} - a_{31} a_{22} a_{13} - a_{32} a_{23} a_{11} - a_{12} a_{21} a_{33}}$$

$$\Delta\gamma = \frac{a_{11} b_2 a_{33} + b_1 a_{23} a_{31} + a_{21} b_3 a_{13} - a_{31} b_2 a_{13} - b_1 a_{21} a_{33} - b_2 a_{23} a_{11}}{a_{11} a_{22} a_{33} + a_{12} a_{23} a_{31} + a_{21} a_{32} a_{13} - a_{31} a_{22} a_{13} - a_{32} a_{23} a_{11} - a_{12} a_{21} a_{33}}$$

$$\Delta\varepsilon = \frac{a_{11} a_{22} b_3 + a_{12} b_2 a_{31} + a_{21} a_{32} b_1 - b_1 a_{22} a_{13} - a_{12} a_{21} b_3 - a_{32} b_2 a_{11}}{a_{11} a_{22} a_{33} + a_{12} a_{23} a_{31} + a_{21} a_{32} a_{13} - a_{31} a_{22} a_{13} - a_{32} a_{23} a_{11} - a_{21} a_{12} a_{33}}$$

Man erhält aus den Messungen am 3. 8. 1954 in Niemegk:

für den linken Sonnenrand:	für den rechten Sonnenrand:
$\varDelta\beta = -505{,}09'$	$\varDelta\beta = -615{,}04'$
$\varDelta\gamma = -65{,}05'$	$\varDelta\gamma = -99{,}83'$
$\varDelta\varepsilon = +564{,}41'$	$\varDelta\varepsilon = +697{,}66'$

Diese Werte stimmen unter sich und mit den gemessenen Werten nicht überein. Sie haben eine geradezu unwahrscheinliche Größe, aber die mit ihrer Hilfe dargestellten Funktionen geben, wie in den Abb. 8 und 9 ersichtlich, den Charakter der Kurve $\varDelta\alpha$(h) in brauchbarer Form wieder. Maximale Abweichungen von einigen Minuten kommen vor, besonders bei den kleinen Höhenwinkeln. Das ist merkwürdig. Offenbar

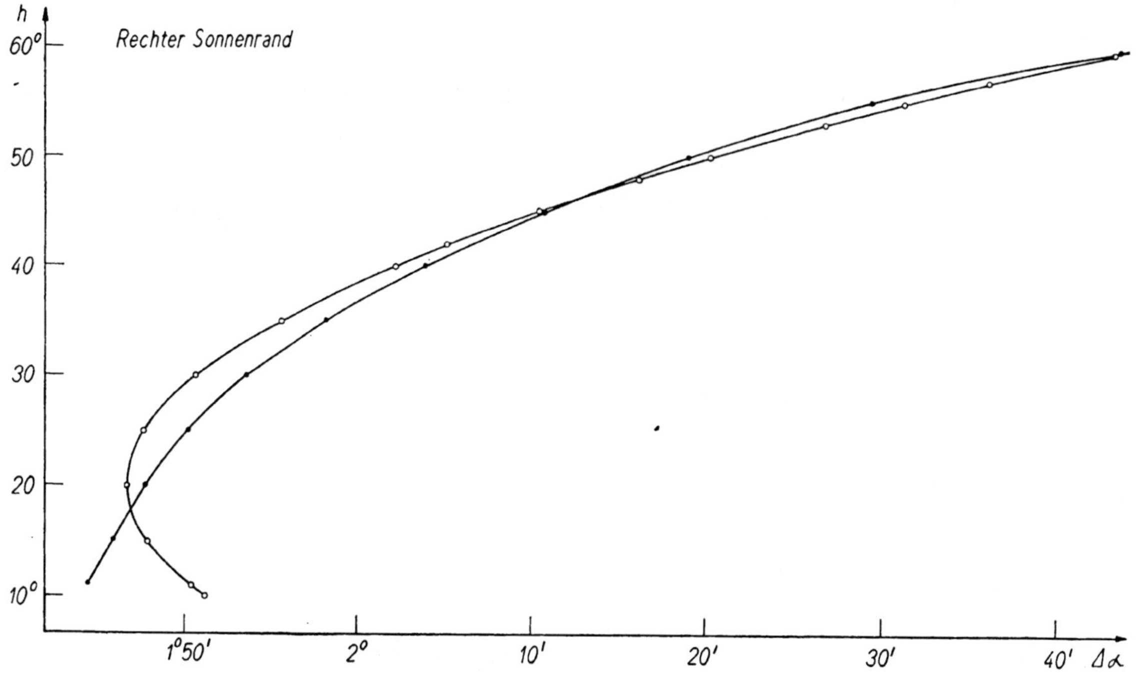

Abb. 9. Vergleich der empirischen Kurve $\varDelta\alpha$ (h) und der durch Ausgleichung gewonnenen, wenn $\varDelta\beta$, $\varDelta\gamma$, $\varDelta\varepsilon$ als Fehlerquelle zugelassen werden. Beobachtungen des rechten Sonnenrandes.

bewegt sich die Spiegelnormale bei diesen Winkeln nicht auf einem Kegel, sondern auf einer allgemeinen Fläche. Man wird vielleicht den Ansatz machen müssen

$$\varDelta\varepsilon = \varDelta\varepsilon_0 + \sum_{\nu=1}^{n}\left(a_\nu \cos\left(\nu\frac{h}{2}\right) + b_\nu \sin\left(\nu\frac{h}{2}\right)\right). \qquad (31)$$

Vielleicht genügt es schon bei $\nu = 4$ abzubrechen, wodurch erfaßt werden würde, daß die Lagerungen nicht nur exzentrisch, sondern auch nicht rund sein könnten. Man hätte dann auf jeden Fall genügend viele Parameter zur Verfügung, um die Kurven $\varDelta\alpha$(h) genügend genau zu approximieren. Es erscheint jedoch zweckmäßiger, experimentelle Prüfungen des Theodoliten vorzunehmen, wie sie auch von anderen Instituten durchgeführt werden [4].

Es muß jedenfalls geschlossen werden, daß die Ausführungen von O. Venske [3] über die Theorie des Sonnenspiegels der Ergänzung bedürfen. Es sei in diesem Zusammenhange noch auf folgendes hingewiesen. Wenn man nach [3] $h_1 = 0$ setzt, erhält man:

$$\varDelta\alpha = \varDelta\beta\,(1 + \cos h) + \varDelta\gamma\,(\sin h),$$

während nach [3] gelten soll

$$\varDelta\alpha = \varDelta\beta\left(1 + \frac{1}{\cos h}\right) + \varDelta\gamma\left(1 + \frac{1}{\cos h}\right)\operatorname{tg}\frac{h}{2}.$$

Für den Fall $h = 0$ ergeben sich die gleichen Werte, die auch physikalisch richtig sind. Nicht dagegen stimmen sie für $h = 90°$ überein. Nehmen wir $\varDelta\beta \neq 0$, $\varDelta\gamma = 0$ an, so ergibt die erste Formel:

$$\varDelta\alpha = \varDelta\beta,$$

während nach der zweiten $\varDelta\alpha$ über alle Grenzen wächst.

Abb. 10 zeigt, daß der erste Wert richtig ist. Die Spiegelnormale läuft im Großkreis Z N′ H′, die Reflektion erfolgt in derselben Ebene. Es ergibt sich $\Delta\alpha = \Delta\beta$. Nehmen wir $\Delta\beta = 0$, $\Delta\gamma \neq 0$ an, so ergibt die erste Formel $\Delta\alpha = \Delta\gamma$, während nach der zweiten $\Delta\alpha$ ebenfalls über die Grenzen wächst.

Abb. 11 zeigt, daß der erste Wert richtig ist. Die Spiegelnormale bewegt sich in der Ebene H N′ Z′. Wie man leicht sieht, ist der Bogen H′ H gleich dem Bogen Z′ Z, so daß $\Delta\alpha = \Delta\gamma$ ist. Die Formel aus [3] ergibt physikalisch nicht mögliche Werte.

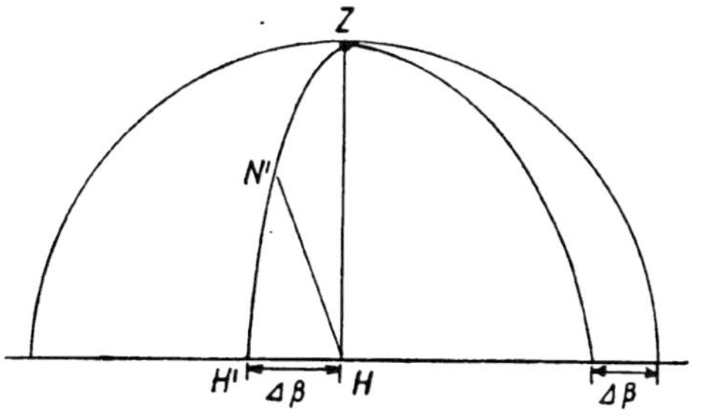

Abb. 10. Schema für den einfachen Fall nach O. VENSKE für $\Delta\beta \neq 0$ allein. $\Delta\alpha = \Delta\beta$, wenn $h = 90°$.

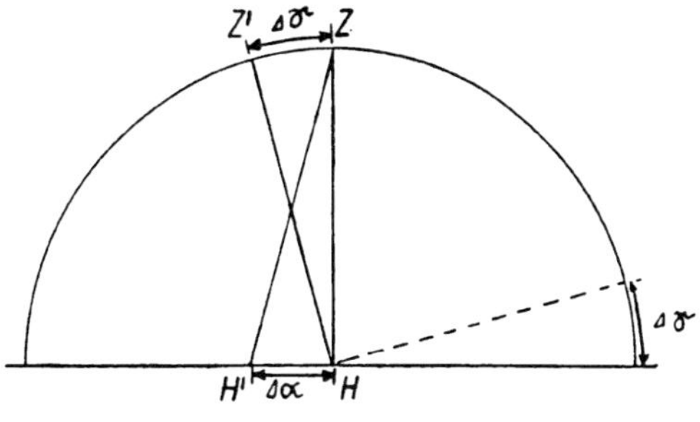

Abb. 11. Schema für den einfachen Fall nach O. VENSKE für $\Delta\gamma \neq 0$ allein. $\Delta\alpha = \Delta\gamma$, wenn $h = 90°$.

Zusammenfassung und Schluß

Die Frage, wie sich kleine Fehler bei der Justierung des Sonnenspiegels auf die Fehler in der Bestimmung des Azimuts auswirken, wird aus der praktischen geomagnetischen Vermessung heraus und vom theoretischen Standpunkt aus erneut aufgegriffen. Praktisch erscheint die erreichbare Genauigkeit mit dem Sonnenspiegel noch nicht ganz befriedigend. Außerdem erweist sich die Theorie von O. VENSKE als unzureichend. Die Frage wird weiter verfolgt.

Bei den Vermessungsarbeiten hat uns Koll. H. WOLTER, bei den umfangreichen Ausgleichsrechnungen Koll. Frl. B. WEIDLICH in vorbildlicher Weise unterstützt. Ihnen sei an dieser Stelle herzlich gedankt.

Literatur

[1] R. BOCK, Praxis der magnetischen Messungen. Berlin 1942.
[2] H. GEBELEIN, Zahl und Wirklichkeit. Heidelberg 1949.
[3] O. VENSKE, Die Bestimmung des Azimutes mit dem Sonnenspiegel. Ber. Tätigkeit Preuß. Met. Inst. 1929.
[4] J. VELDTKAMP, The geomagnetic field of the Netherland red. to 1945. Akadem. Met. Inst. Nr. 134.

Über Mehrfachreflexionen bei geomagnetischen Variometern

Von

G. Fanselau und O. Mating

Mit 1 Abbildung

Die Anforderungen, die an die Registrierung des geomagnetischen Variationsfeldes gestellt werden, sind im Laufe der Zeit erheblich gestiegen. Besonders unter Berücksichtigung der Tatsache, daß es heute darauf ankommt, feinste Unterschiede im Variationsverlauf der geomagnetischen Elemente aufzuzeichnen, um mit ihrer Hilfe Aussagen über die im Erdinnern induzierten Ströme zu machen, ist es notwendig, aus den Instrumenten die größtmögliche Empfindlichkeit herauszuholen.

Die effektive Empfindlichkeit eines Variometers setzt sich multiplikativ zusammen aus der inneren Empfindlichkeit des Gerätes, der rein magnetischen, und der äußeren, rein optischen:

$$e = e_m \cdot e_0,$$

wo e_m den inneren magnetischen Skalenwert bedeutet (z. B. Γ/Bogeneinheit oder $\gamma/'$) und e_0 den äußere optischen (z. B. Bogeneinheit/pars der benutzten Skala oder '/mm). Erhöht man nun die optische Emp-

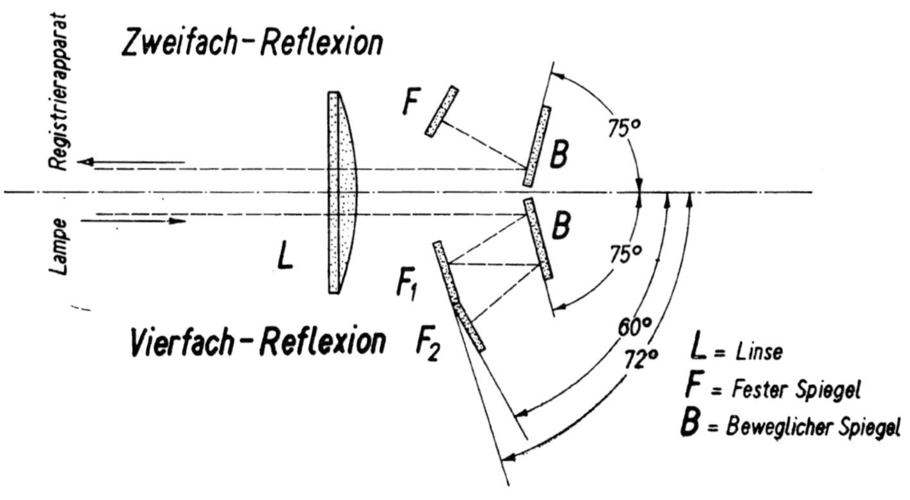

Abb. 1

findlichkeit, d. h. verkleinert man e_0, so hat man den großen Vorteil, e_m konstant lassen zu können oder gegebenenfalls sogar zu vergrößern und trotzdem den effektiven Skalenwert zu verkleinern oder wenigstens konstant zu erhalten. Dies wirkt sich naturgemäß äußerst günstig auf die rein mechanischen Stabilitätsverhältnisse des Variometers aus. Ich hatte daher schon vor vielen Jahren die Absicht, die bei den geomagnetischen Variometern übliche doppelte Reflexion durch eine dreifache oder Mehrfachreflexion zu ersetzen. Die bisher übliche doppelte Reflexion ist aus der Abbildung zu ersehen. Der Spiegel F sitzt justierbar fest im Gehäuse des Variometers, während der Spiegel B der bewegliche ist, der, am Magneten befestigt, die Drehungen des Magneten mitmacht. B ist aus naheliegenden Gründen als Pultspiegel ausgebildet, um so durch das Vorhandensein von zwei Registrierpunkten den Registrierbereich zu verdoppeln. Ich hatte daran gedacht, den festen Spiegel zu knicken oder sogar gegebenenfalls in eine optisch wirksame Kurve aufzulösen, deren Krümmung so bemessen sein sollte, daß der Strahl mehrmals zwischen festem und beweglichem Spiegel hin- und hergeworfen wird, bevor er das Variometer auf seinem Weg zum Registrierapparat wieder verläßt.

Ich hatte dann Herrn OTTO RAUCHFUSS gebeten, das Problem optisch zunächst für eine Dreifachreflexion am beweglichen Spiegel zu lösen. Leider erwies sich die von ihm vorgeschlagene Lösung als praktisch nicht durchführbar. Das ganze Problem blieb dann nach dem Weggang von Herrn RAUCHFUSS vom Observatorium Niemegk lange Jahre liegen, bis aus Anlaß des Baues einiger Feldregistrierstationen [1] der Wunsch nahegelegt wurde, durch eine Dreifachreflexion die Empfindlichkeit der dort benutzten, auf relativ kurze Entfernung registrierenden Variometer zu erhöhen. Nun beschäftigte sich Herr HELMUTH OESTERITZ, der Werkstattleiter des Observatoriums Niemegk, auf meine Bitte erneut mit diesem Problem, und es gelang ihm, eine brauchbare Lösung zu finden. Er legte die notwendige Knickung eines der beiden Spiegel F und B auf den beweglichen Spiegel und erzielte eine gute dreifache Reflexion. Nachteilig war nur der Umstand, daß der Pultspiegel einen sehr spitzen Winkel erhalten mußte, worunter die Lichtausbeute erheblich litt; außerdem wurde das Magnetsystem mit seinen nunmehr vier Spiegeln etwas schwer. Es erschien daher doch zweckmäßig, die Knickung wieder auf den festen Spiegel F zu verlegen; Herr MATING — Firma Mating & Wiesenberg, Potsdam — erklärte sich dankenswerterweise bereit, das Problem nochmals aufzugreifen, um die Mehrfachreflexion in die von ihm hergestellten Feldregistrierstationen einzubauen. Die von ihm vorgeschlagene und auch jetzt endgültig benutzte Lösung zeigt die Abbildung. Man erkennt, daß eine einfache Knickung sogar schon eine Vierfachreflexion ermöglicht. Die mit dieser Spiegelanordnung ausgerüsteten Variometer erniedrigen also einen Skalenwert von 10γ/mm bei einfacher Reflexion auf einen solchen von $2{,}5\gamma$/mm. Selbstverständlich bringen die höheren Mehrfachreflexionen absolut gesehen keine allzu wesentliche Steigerung der Empfindlichkeit. Den größten Schritt zur Verbesserung tut man zweifellos bei der doppelten Reflexion, Halbierung des Skalenwerts der einfachen Reflexion, d. h. Übergang von 10γ/mm auf 5γ/mm. Die dreifache Reflexion liefert entsprechend $3{,}3\gamma$/mm, die vierfache $2{,}5\gamma$/mm. Weiterzugehen wird im allgemeinen keinen großen Zweck haben, besonders im Hinblick auf die Lichtverluste, die in Kauf genommen werden müssen. Da sich aber die Vierfachreflexion bereits durch den einfachen Schritt nur einer einzigen Knickung des festen Spiegels leicht erreichen läßt, sollte sie auf alle Fälle stets ausgenutzt werden.

Zum Schluß sei noch bemerkt, daß jeder Teil des Pultspiegels B für sich fünf Registrierpunkte entwirft:

einfache Reflexion, doppelte Reflexion, zweimal dreifache Reflexion und vierfache Reflexion. Die beiden Dreifachreflexionen erklären sich aus den beiden Möglichkeiten des Strahlenganges, entweder auf dem Hin- oder auf dem Rückwege die beiden Spiegelteile F_I und F_{II} zu passieren. Es braucht wohl nicht noch besonders darauf aufmerksam gemacht zu werden, daß eine geschickte Ausnutzung dieser fünf Registriermöglichkeiten in verschiedenen Kombinationen manche wertvolle Ergänzung der Registrierung eines solchen Variometers gestattet.

Herrn O. MATING möchte ich auch bei dieser Gelegenheit nochmals meinen besten Dank für die praktisch brauchbare Lösung dieses an sich sehr einfachen, aber doch meßtechnisch bedeutungsvollen Problems aussprechen.

Literaturangabe

[1] FANSELAU, G.: Gedanken über die technische Durchführung des geomagnetischen Registrierbetriebes. Z. f. Met., Dez. 1951, Bd. 5, H. 12, S. 364—373.

Zur Vergrößerung von Lichtzeigerausschlägen mittels reflektierender gekrümmter Flächen

Von

Herbert Schmidt

Mit 10 Abbildungen

In zahlreichen Meßverfahren führt man die Bestimmung der gewünschten Meßgröße auf die Beobachtung oder Registrierung eines Spiegeldrehwinkels zurück. Oft handelt es sich um sehr kleine Winkelausschläge des Spiegels, so daß man von den verschiedenen Möglichkeiten der Vergrößerung von Lichtzeigerausschlägen Gebrauch macht [1]. Im allgemeinen wird man, sofern es die Anordnung räumlich zuläßt, den Lichtweg über viele feststehende Planspiegel führen. Ergiebiger ist die Anordnung der sog. Mehrfachreflexion, bei der der Lichtweg mehrmals über den Drehspiegel und feste Spiegel führt. Diese Verfahren stellen erhebliche Ansprüche an die Justiertechnik und lassen sich infolge ihrer Forderungen an die Lichtwegführung nicht in allen Anordnungen verwirklichen. Der naheliegende (in [1] nicht angegebene) Gedanke, die Ausschlagvergrößerung ohne wesentliche Verlängerung des Lichtweges durch reflektierende gekrümmte Flächen bewirken zu lassen, wurde bereits 1934 durch v. Voss und Korff [2] geäußert, hierbei stand die Anzeige-Vergrößerung von Lichtmarkengalvanometern zur Debatte. Eine industrielle Anwendung ist — soweit es die verfügbare Literatur erkennen läßt — nicht bekannt geworden. Da nun im Geomagnetismus das Problem der Vergrößerung von Lichtzeigerausschlägen wiederum aktuell

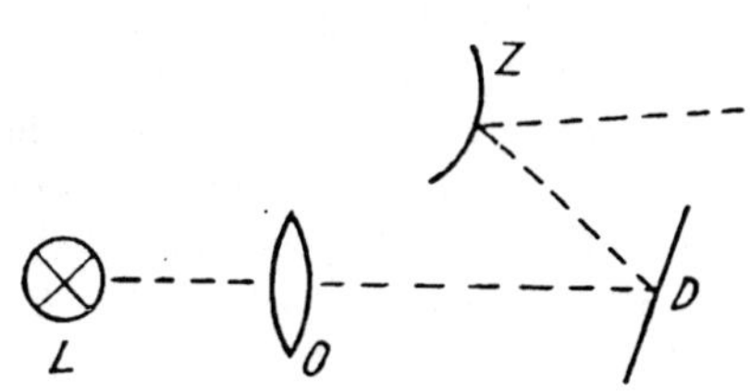

Abb. 1

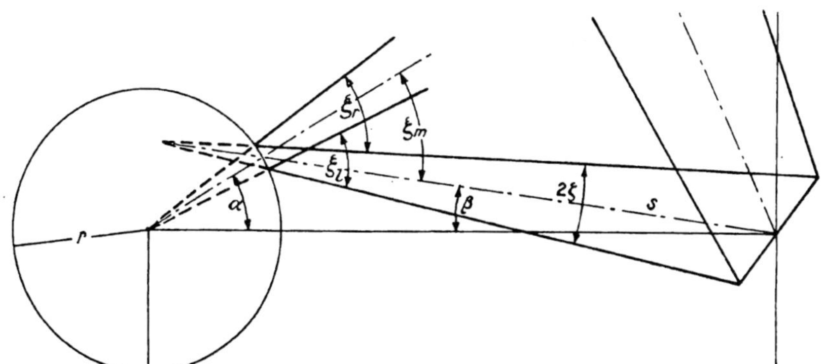

Abb. 2

ist, erscheint eine Behandlung dieser Frage angebracht, wobei sich die Betrachtungen nicht wie in [2] nur auf den Bündelmittelstrahl, sondern auf das gesamte Bündel erstrecken. Es seien die Gesetze der geometrischen Optik zugrunde gelegt, wobei Beugungs- und Streueffekte vernachlässigt werden. Weiterhin werde monochromatisches Licht vorausgesetzt.

Die zu diskutierende Anordnung bestehe aus dem Drehspiegel D (Galvanometer, Magnetometer, Gravimeter usw.), der gekrümmten Fläche Z, der Lichtquelle L, der Optik O und dem Auffangschirm A, wie Abb. 1 zeigt. Der Einfachheit halber sei Z als kreisförmig gekrümmter Zylinder mit Radius r angenommen. Der Spiegeldrehpunkt befinde sich im Abstand l vom Zylindermittelpunkt (Abb. 2). Der Spiegeldrehwinkel sei mit $\frac{\beta}{2}$, die halbe Öffnung des einfallenden Bündels mit ζ bezeichnet. Einfalls- und Reflexionswinkel tragen die Bezeichnung ξ, hierbei gilt ξ_m für den Mittelstrahl, ξ_l für den linken und ξ_r für den rechten Seitenstrahl des Bündels. β kennzeichnet den Winkel zwischen den Verbindungslinien Spiegeldrehpunkt—Zylindermitte und Spiegeldrehpunkt—Auftreffpunkt. Die Entfernung Lichtquellenbild—Spiegel werde s genannt, mit dem Ausdruck Lichtquellenbild ist hierbei das Bild der Lichtquelle ohne reflektierenden Zylinder gemeint.

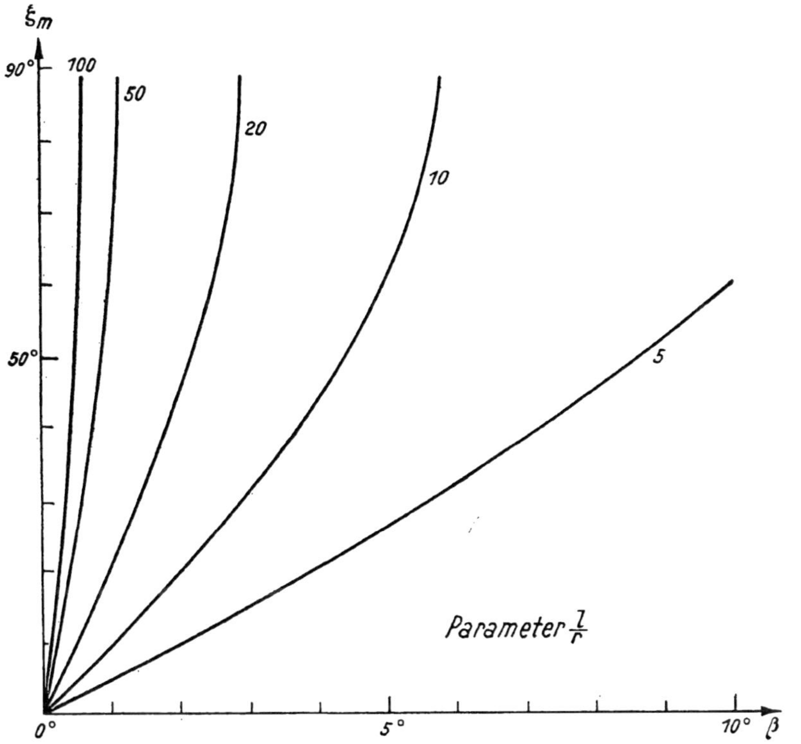

Abb. 3

Das Ziel der Rechnung liegt nun im Abgrenzen derjenigen Bereiche, in denen die durch die Krümmung verursachte Bündelöffnungsänderung so gering bleibt, daß registriertechnisch noch von einer brauchbaren Abbildung gesprochen werden kann.

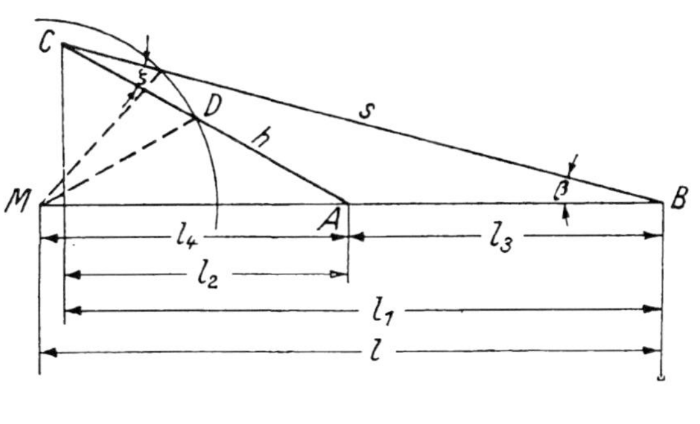

Abb. 4

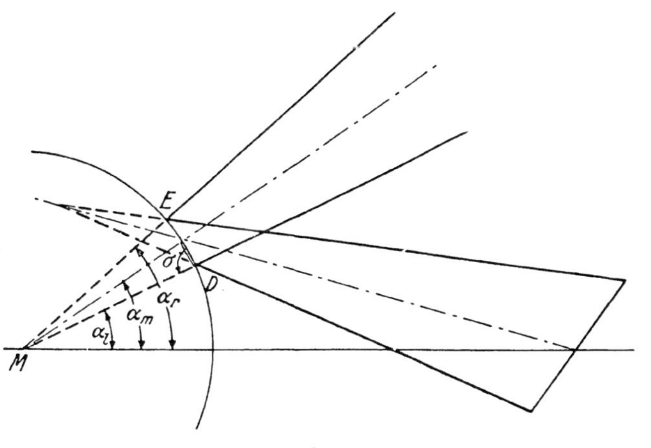

Abb. 5

Es werde angenommen, daß das von der Lichtquelle ausgesandte Bündel durch die Optik O so beeinflußt werde, daß es als konvergentes Bündel der Öffnung 2ζ auf den Drehspiegel falle, der es mit derselben Öffnung reflektiert. Das Bündel fällt dann auf den reflektierenden Zylinder und gelangt auf den Bildschirm bzw. die Registriereinrichtung. Für den Mittelstrahl gilt

$$\frac{\sin\beta}{\sin\xi_m} = \frac{r}{l},$$

woraus folgt

$$\xi_m = \arcsin\left[\frac{l}{r}\sin\beta\right] \tag{1}$$

Für kleine β gilt somit $$\xi_m = \arc \sin \frac{l\beta}{r} . \tag{2}$$

Abb. 3 zeigt die durch (1) gegebene Abhängigkeit des reflektierten Winkels vom doppelten Spiegeldrehwinkel. Parameter ist das Verhältnis $\frac{l}{r}$, das praktisch den Faktor der Winkelvergrößerung angibt.

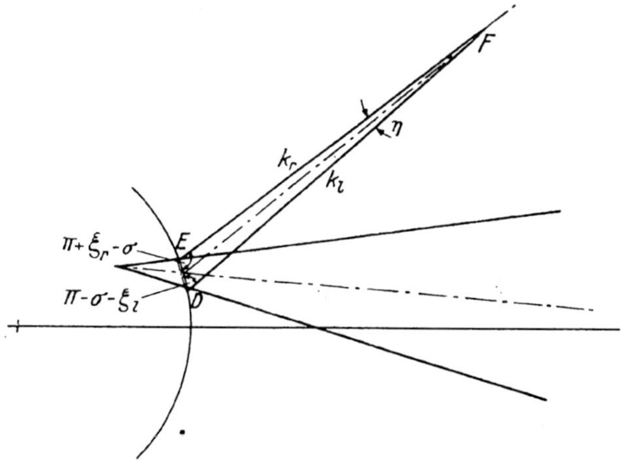

Abb. 6

Das Bündel läßt sich durch folgende Dreiecksbetrachtungen bestimmen. Zur Berechnung des linken Seitenstrahles führt man die Hilfsgrößen l_1, l_2, l_3, l_4 und h, die in Abb. 4 angegeben sind, ein. Der Sinussatz, angewandt auf das Dreieck ABC, liefert

$$\frac{\sin \beta}{\sin (\pi - (\beta + \zeta))} = \frac{h}{s},$$

somit wird

$$h = \frac{s \sin \beta}{\sin (\beta + \zeta)} .$$

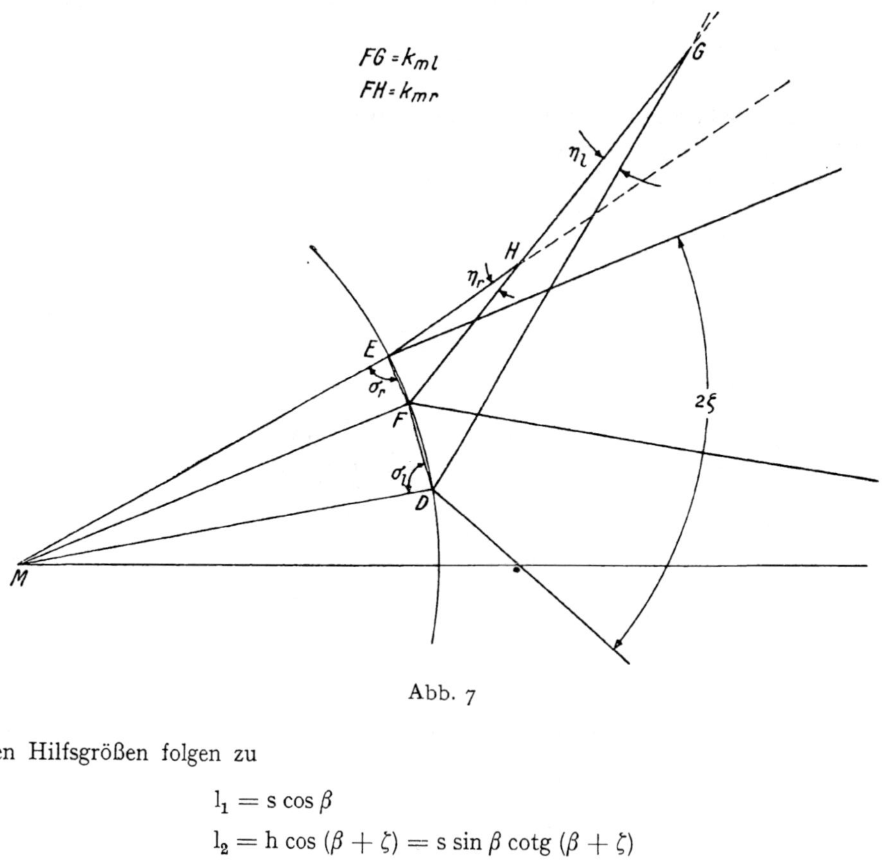

Abb. 7

Die weiteren Hilfsgrößen folgen zu

$$l_1 = s \cos \beta$$
$$l_2 = h \cos (\beta + \zeta) = s \sin \beta \operatorname{cotg} (\beta + \zeta)$$
$$l_3 = l_1 - l_2 = s [\cos \beta - \sin \beta \operatorname{cotg} (\beta + \zeta)]$$
$$l_4 = l - l_3 = l - s [\cos \beta - \sin \beta \operatorname{cotg} (\beta + \zeta)] .$$

Die Anwendung des Sinussatzes auf Dreieck MDA liefert

$$\frac{\sin(\pi - (\beta + \zeta))}{\sin(\pi - \xi_l)} = \frac{r}{l_4},$$

also

$$\sin \xi_l = \frac{l - s\,[\cos\beta - \sin\beta \operatorname{cotg}(\beta + \zeta)]}{r} \cdot \sin(\beta + \zeta),$$

woraus mit einem Additionstheorem

$$\xi_l = \arcsin\left[\frac{l}{r}\sin(\beta + \zeta) - \frac{s}{r}\sin\zeta\right] \tag{3}$$

wird. In gleicher Weise folgt der Einfallswinkel des rechten Seitenstrahles zu

$$\xi_r = \arcsin\left[\frac{l}{r}\sin(\beta - \zeta) + \frac{s}{r}\sin\zeta\right]. \tag{4}$$

Die Seitenstrahlen verlassen nach der Reflexion den Zylinderspiegel unter den Winkeln ξ_r und ξ_l. Es interessiert nun der Winkel η, unter dem sich die beiden Grenzstrahlen schneiden, weiterhin wird die Entfernung dieses Schnittpunktes vom Zylinder gesucht.

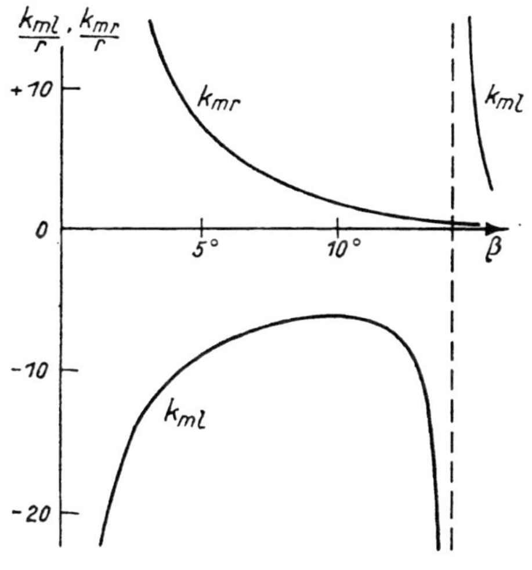

Abb. 8

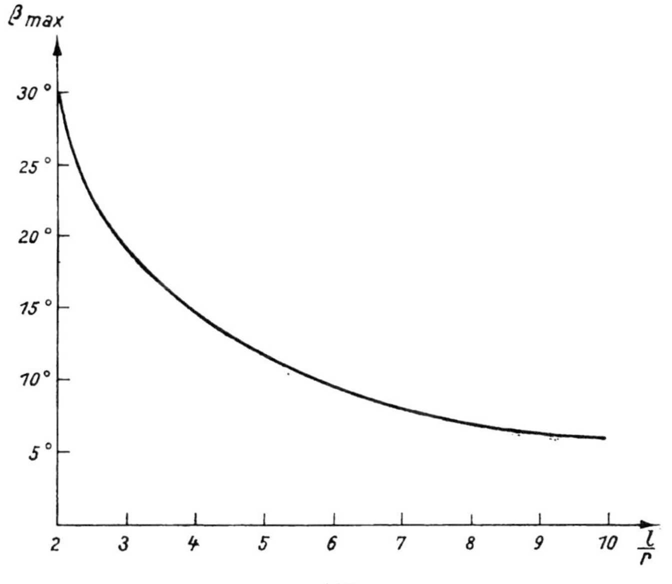

Abb. 9

Aus dem Satz über die Winkelsumme im Dreieck berechnet man die in Abb. 5 angegebenen Winkel

$$\alpha_m = \xi_m - \beta$$
$$\alpha_l = \xi_l - (\beta + \zeta)$$
$$\alpha_r = \xi_r - (\beta - \zeta).$$

Der Winkel σ des gleichschenkligen Dreiecks MDE ergibt sich zu

$$\sigma = \frac{\pi}{2} - \frac{\xi_r - \xi_l}{2} - \zeta. \tag{5}$$

Mit dessen Hilfe läßt sich die Seite b dieses Dreiecks (Verbindung DE) bestimmen zu

$$b = 2r\cos\sigma = 2r\sin\left(\frac{\xi_r - \xi_l}{2} + \zeta\right). \tag{6}$$

Damit sind die Hilfsmittel zur Festlegung der Seiten k_r und k_l im Dreieck EDF (Abb. 6) gegeben. Der Der gesuchte Schnittwinkel folgt zu

$$\eta = 2(\xi_l - \xi_r - \zeta). \tag{7}$$

Der Sinussatz wiederum liefert

$$\frac{\sin(\pi - \sigma - \xi_l)}{\sin\eta} = \frac{k_r}{b},$$

damit

$$k_r = \frac{b\sin(\sigma + \xi_l)}{\sin\eta} \tag{8}$$

und entsprechend

$$k_l = \frac{b\sin(\sigma - \xi_r)}{\sin\eta}. \tag{9}$$

Damit ist die Lage des Schnittpunktes zwischen reflektiertem linken und rechten Seitenstrahl gegeben. Allerdings sind die Ausdrücke (8) und (9) wenig handlich für die numerische Rechnung, da sie noch die Beziehungen (5), (6) und (7) mit enthalten. Für die Rechnung erweist es sich als günstiger, die Entfernungen k_{ml} und k_{mr} auf dem Mittelstrahl zu bestimmen, die den Schnitt zwischen Mittelstrahl und den reflektierten Seitenstrahlen angeben. Abb. 7 verdeutlicht die Bezeichnungen, wobei zwecks anschaulicher Darstellung die Öffnung 2ζ des einfallenden Bündels übertrieben groß gezeichnet ist.

Aus dem Satz über die Winkelsumme im Dreieck MFD folgt

$$\sigma_l = \frac{\pi}{2} - \frac{\xi_m - \xi_l}{2} - \frac{\zeta}{2},$$

damit

$$b_l = 2\,r\cos\sigma_l = 2\,r\sin\frac{\xi_m - \xi_l + \zeta}{2}.$$

Der Winkel η_l ergibt sich aus Dreieck GFD zu

$$\eta_l = 2\xi_l - 2\xi_m - \zeta.$$

Nunmehr liefert der Sinussatz im Dreieck DFG

$$\frac{\sin\eta_l}{\sin(\pi - \sigma_l - \xi_l)} = \frac{b_l}{k_{ml}}.$$

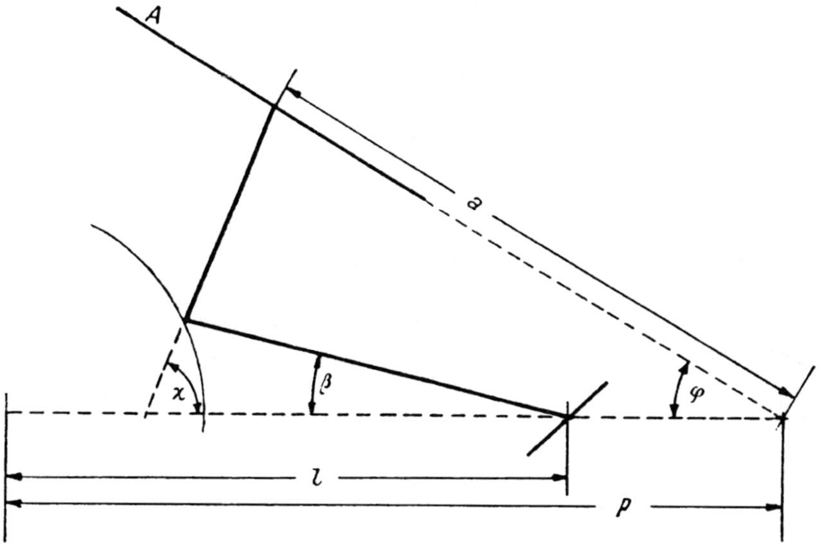

Abb. 10

Daraus folgt nach einigen Umformungen

$$k_{ml} = r\,\frac{\sin(\xi_m - 2\xi_l + \zeta) + \sin\xi_l}{\sin(2\xi_l - 2\xi_m - \zeta)}. \tag{10}$$

In gleicher Weise erhält man entsprechend die Verhältnisse für den rechten Seitenstrahl, für den das Dreieck EFG gilt:

$$k_{mr} = r\,\frac{\sin(2\xi_r - \xi_m + \zeta) - \sin\xi_r}{\sin(2\xi_m - 2\xi_r - \zeta)}. \tag{11}$$

Ersetzt man unter Beachtung von (2) den Winkel β durch $-\beta$, so gehen die Ausdrücke (10) und (11) ineinander über, wie es die Symmetrie der Anordnung erfordert. Damit ist der Verlauf der Bündelgrenzstrahlen bekannt. Es folgen die Betrachtungen, inwieweit man daraus Schlüsse für registriertechnisch günstige Anordnungen ziehen kann.

Der Verlauf von $\frac{k_{ml}}{r}$ und $\frac{k_{mr}}{r}$ in Abhängigkeit von β sei beispielsweise für die Anordnung

$$\frac{l}{r} = 3;\ \frac{s}{r} = 2{,}5;\ \zeta = 15^\circ$$

in Abb. 8 wiedergegeben.

Diese Darstellung, in der die Ordinate k_{ml} bzw. k_{mr} in relativen Einheiten $\frac{k_{ml}}{r}$ bzw. $\frac{k_{mr}}{r}$ und die Abszisse die β-Werte angibt, verdeutlicht, daß für diesen speziellen Fall $\frac{k_{mr}}{r}$ immer positiv ist, d. h. der reflektierte Mittelstrahl schneidet immer [im Gültigkeitsbereich von (2), (Abb. 9)], den reflektierten rechten Seitenstrahl. $\frac{k_{ml}}{r}$ hingegen ist nur für große β-Werte positiv, bei einem bestimmten β-Wert ergibt sich durch Nullwerden des Nenners in (10) eine Polstelle, von der ab bei kleiner werdenden β die nunmehr negativen $\frac{k_{mr}}{r}$

anzeigen, daß das reflektierte linksseitige Bündel divergent weiterläuft. Es ist somit die Tatsache zu verzeichnen, daß zwischen reflektierter linker und rechter Bündelhälfte grundsätzliche Unterschiede bestehen. Dies führt zu dem Schluß, die linke Bündelhälfte auszublenden und nur mit der rechten zu arbeiten, damit *erzielt man „quasikonvergente" Abbildung der Lichtquelle bei gleichzeitiger Vergrößerung des Spiegeldrehwinkels um einen Faktor, der etwa dem Verhältnis* $\frac{2l}{r}$ *entspricht.*

Offenbar ist das Verhalten des Nenners in (10) entscheidend für das Bündelverhalten. Die weitere Analyse zeigt nun, daß bei Anwachsen von ζ die Polstellen nach dem Nullpunkt hin wandern, daß das gleiche bei Verminderung von $\frac{s}{r}$ erreicht wird, daß bei Vergrößerung von $\frac{s}{r}$ bis zum Werte $\frac{l}{r}$ alle $\frac{k_{mr}}{r}$ und $\frac{k_{ml}}{r}$ negativ werden, d. h. eine vollständige Zerstreuung des Bündels eintritt.

Bei Anwendung reflektierender Zylinderflächen zur Registrierung wird man natürlich von dieser „Quasikonvergenz" Gebrauch machen. Man wird sich diejenigen Gebiete heraussuchen, in denen der Winkel η_l selbst und zudem sein Wert $\frac{d\eta_l}{d\beta}$ besonders klein bleiben. Eine genauere Diskussion dieser Verhältnisse sei später gegeben.

Der Skalenwert, der natürlich möglichst linear sein sollte, ist wie folgt zu ermitteln:

In Abb. 10 sei die Anordnung mit dem Auffangschirm angegeben, der ebenso wie die Zylinderachse, die Drehspiegelachse und die Lichtquelle senkrecht stehe. Die Ebene des Auffangschirmes schließe mit derjenigen, die die Zylinderachse und die Drehspiegelachse enthält, den Winkel φ ein. Die Schnittgerade beider Ebenen befinde sich im Abstand p von der Zylinderachse. In der in Abb. 10 dargestellten Horizontalebene erzeuge der Mittelstrahl eine Marke, die den Abstand a von der Schnittgeraden habe. Mit den aus Abb. 10 hervorgehenden Bezeichnungen folgt

$$\chi = 2\xi_m - \beta \tag{12}$$

und nach einer Zwischenrechnung

$$a = \frac{p \sin \chi - l \sin \beta}{\sin (\chi + \varphi)}. \tag{13}$$

Der Skalenwert ergibt sich hieraus zu

$$\frac{da}{d\beta} = \frac{B\,[p \sin \varphi + l \sin \beta \cos (\chi + \varphi)]}{\sin^2 (\chi + \varphi)} \tag{14}$$

mit

$$B = \frac{2\,l \cos \beta}{r \sqrt{1 - \frac{l^2}{r^2} \sin^2 \beta}} - 1.$$

Beim Entwurf einer Registriereinrichtung ermittelt man mit (14) den β-Bereich, in dem der Skalenwert genügend wenig variiert, und prüft dann mit (11), inwieweit in diesem Bereich passende k_{mr} vorhanden sind.

Die hier beschriebenen Untersuchungen lassen sich überall dort anwenden, wo es sich um die rein optische Vergrößerung kleiner Drehwinkel handelt und gewisse Raumbeschränkungen, die eine Reflexion an vielen Planspiegeln nicht ermöglichen, beachtet werden müssen.

Besonders hohe Vergrößerungsfaktoren lassen sich jedoch dann erzielen, wenn es sich darum handelt, einen bestimmten Winkel dauernd wieder einzustellen und nur die Abweichung von diesem Winkel zu beobachten, wie es beispielsweise sämtliche Kompensationsverfahren erheischen, bei denen die Kompensationsstellung als fester Winkel gegeben ist. Dieser Fall liegt bei Gravimetern, Feldwaagen und anderen geophysikalischen Meßinstrumenten vor.

Den Herren SCHILLER und ZANDER danke ich für Durchführung tabellarischer Rechnungen.

Literaturangabe

[1] MEYER, E., und MOERDER, C.: Spiegelgalvanometer und Lichtzeigerinstrumente. Leipzig 1952. S. 379.

[2] VON VOSS, R., und KORFF, G.: DRP 627529, 1934.

METEOROLOGISCHER UND HYDROLOGISCHER DIENST DER DEUTSCHEN DEMOKRATISCHEN REPUBLIK

Erdmagnetisches Jahrbuch

Heft 1 Ergebnisse der Beobachtungen am Adolf-Schmidt-Observatorium für Erdmagnetismus in Niemegk in den Jahren 1932 und 1933

68 Seiten mit Tabellen und 11 Abbildungen — 4° — 1952 — DM 10,—

Heft 2 Ergebnisse der Beobachtungen am Adolf-Schmidt-Observatorium für Erdmagnetismus in Niemegk in den Jahren 1939 bis 1944

I. Teil: Stunden-, Tages-, Monats- und Jahresmittel der erdmagnetischen Elemente
114 Seiten mit Tabellen — 1 ganzseitige Schemazeichnung — 4° — 1950 — DM 10,—

Heft 3 Ergebnisse der Beobachtungen am Adolf-Schmidt-Observatorium für Erdmagnetismus in Niemegk in den Jahren 1939 bis 1944

II. Teil: Aktivitätszahlen, Kennziffern, tägliche Gänge usw.
108 Seiten — 4° — 1952 — DM 15,—

Heft 4 Ergebnisse der Beobachtungen am Adolf-Schmidt-Observatorium für Erdmagnetismus in Niemegk im Jahre 1951

Anhang:
Täglicher Gang an ausgewählt ruhigen und gleichmäßig gestörten Tagen 1908—1944 in Potsdam-Seddin-Niemegk
76 Seiten — 3 Abbildungen — 15 Tafeln — 4° — 1954 — DM 28,50

Heft 5 Ergebnisse der Beobachtungen am Adolf-Schmidt-Observatorium für Erdmagnetismus in Niemegk in den Jahren 1939 bis 1944

III. Teil: Zeichnerische Darstellung der typischen Variationen, Störungskurven und Tagesmittel der Komponenten
16 Seiten — 14 Abbildungen — 110 Tafeln — 4° — 1954 — DM 34,—

Heft 6 Ergebnisse der Beobachtungen am Adolf-Schmidt-Observatorium für Erdmagnetismus in Niemegk im Jahre 1952

Vorliegendes Heft

Heft 7 Ergebnisse der Beobachtungen am Adolf-Schmidt-Observatorium für Erdmagnetismus in Niemegk im Jahre 1953

In Vorbereitung

Bestellungen durch eine Buchhandlung erbeten

AKADEMIE-VERLAG · BERLIN

MIX
Papier | Fördert gute Waldnutzung
FSC® C083411

Zeitfracht Medien GmbH
Ferdinand-Jühlke-Straße 7
99095 Erfurt, Deutschland
produktsicherheit@kolibri360.de